고르고 고른
천연 화장품
레시피

왓숍 12년의 노하우가 담긴 보물 같은 레시피 290여 가지

뚝딱뚝딱 섞어 만드는 초간단 레시피부터
왓숍의 노하우를 담은 전문가 레시피까지

고르고 고른
천연 화장품
레시피 290

채병제 · 채은숙 · 김근섭 지음

pan'n'pen

천연 화장품을
시 작 하 는
분 들 에 게

🌢

핸드메이드 비누를 만들면서 그 매력에 빠져 천연 화장품에 입문한지 어느덧 12년이란 시간이 지났습니다. 처음엔 누구보다 열정적으로 시작했지만 직업이 되다 보니 가끔 힘들고 지루할 때도 있었습니다. 하지만 새로운 트렌드가 유행하거나 효과가 뛰어난 원료가 개발되면 처음 시작했을 때의 열정이 다시 되살아나 즐겁게 일하게 됩니다.

천연 화장품은 새로운 생각을 통해 다양한 선택을 만들어내는 것이 가장 큰 매력이라고 생각합니다. 화장품을 선택할 때 어떤 브랜드를 구입할 것인가를 생각하는 것에서 벗어나 다양한 선택을 할 수 있기 때문입니다. 아마 여러분도 화장품을 직접 만드는 일이 낯설다는 생각에서 벗어나면 '이렇게 간단하고 좋은데 왜 지금까지 몰랐을까?'라고 느끼게 되리라 생각합니다. 저희 역시 피부 타입에 맞게 직접 만든 화장품이 너무 신기해서 몇 번이나 발라보고, 여러 가지 화장품을 만들어서 주위 사람들에게 나눠주면서 즐거워했던 기억이 있습니다. 특히 가족이나 친구들에게 조금 더 안전하고 효능이 뛰어난 화장품을 만들어 주었을 때의 기쁨과 뿌듯함이 컸기 때문에 지금까지 천연 화장품 만드는 일을 하게 된 것이 아닐까 합니다.

이 책은 2016년 발간된 초판 〈고르고 고른 천연 화장품 레시피 170〉에 내용을 보충하여 펴내는 개정증보판입니다. 천연 화장품 재료는 날로 다양해지며 환경과 뷰티 트렌드에 빠르게 영향을 받고 있습니다. 새로 꾸린 이번 책에는 그간 천연 화장품 메이커들에게 이슈가 된 '트렌디 천연 재료'를 소개하고 이를 활용한 간단 레시피를 함께 알려드립니다. 더불어 천연 화장품을 만들고 남은 자투리 재료를 활용하여 생활과 미용, 심신 안정과 건강 관리에 도움이 되는 '수퍼 심플 레시피'를 정리해 놓았습니다.

이 책에는 그동안 천연 화장품 레시피를 만들면서 쌓아온 왓숍과 저자의 개인적인 노하우가 고스란히 담겨있습니다. 하루가 멀다 하고 쏟아져나오는 화장품 재료를 실험하고 직접 바르면서 가장 좋은 조합을 찾아내려고 애써왔던 결과물이라고 할 수 있습니다. 특히 수많은 레시피 중에서 독자 여러분의 피부 고민을 해결할 수 있는 가장 효과적이고 안전한 레시피만을 엄선해서 담았습니다.
그리고 천연 화장품에 대한 호기심 또는 믿음으로 시작하는 모든 분들이 신뢰할 수 있는 레시피를 선별해서 실었습니다. 아무쪼록 독자 여러분들이 나만의 화장품을 만들어가는 과정에 이 책이 도움이 되었으면 합니다.

책에 게재된 약 280여 개의 레시피에는 재료의 설명이나 효능이 자세히 기재되어 있습니다. 많은 분들이 직접 만들어보면서 자신의 피부에 꼭 맞는 천연 화장품을 발견하는 즐거움을 누리시길 바랍니다. 그리고 앞으로 더 많은 분들이 천연화장품을 만들고 나누는 즐거움을 공유했으면 하는 마음입니다.

이 책을 내기까지 여러모로 마음을 써준 왓숍 직원들과 좋은 책을만들기 위해 애쓴 최유리 실장님, 사진가 기성율 님, 스타일리스트 김수경 님에게다시 한 번 고마운 마음을 전합니다.

2018

채병제 · 채은숙 · 김근섭

C.O.N.T.E.N.T.S

004 프롤로그
012 이 책을 활용하는 법

P.A.R.T. 1

FOR BEGINNERS

B.A.S.I.C I.N.F.O

018 천연 화장품에 대하여
020 천연 화장품의 도구와 재료
034 초보자를 위한 어드바이스
037 내 피부 타입 알아보기

B.A.S.I.C R.E.C.I.P.E

024 그린티시드 클렌징 오일
026 프레시 워터 토너
028 워터호호바 에센스
030 퍼펙트 솔루션 로션
032 보르피린 크림

P.A.R.T. 2

FACIAL CARE

C.L.E.A.N.S.E.R

043 콜드포도씨 클렌징 오일
044 모이스처 클렌징 오일
045 로즈 클렌저
046 아이 리무버 오일
048 그린티 클렌징 크림
049 그린티 클렌징 버터
051 블랙차콜 폼 클렌저

M.I.S.T & T.O.N.E.R

053 캐모마일저먼 워터 미스트
054 내추럴 모이스처 미스트
055 코엔자임Q10 토너
056 로즈 워터 토너
058 워터아르간 토너
059 나만의 토너 레시피

L.O.T.I.O.N

061 솔잎 콜라겐 로션
062 석류 로션
063 윈터 모이스처 로션
064 FGF 로션
066 헴프시드 로션

E.S.S.E.N.C.E

067 알로에 화이트닝 에센스
068 보르피린 화이트닝 에센스
071 피토 갈락토미세스 에센스
072 비피다 에센스
073 콜라겐 에센스
074 퍼펙트 솔루션 에센스
075 나만의 에센스 레시피

C.R.E.A.M

076 알로에 수분 크림
078 마유 크림
079 시벅턴 크림
080 바오밥 크림
083 FGF 리페어 아이 크림
084 레티놀 아이 크림
085 스윗아몬드 크림
086 나이트 모이스처 크림
088 나만의 로션 · 크림 레시피

P.A.R.T. 3

BODY CARE

S.P.E.C.I.A.L   I.T.E.M

090   발효 브라이트닝 앰플
090   피토 갈락토미세스 앰플
092   시벅턴 페이스 오일
092   마유 페이스 오일
094   건성 피부를 위한 페이스 오일
095   지성 피부를 위한 페이스 오일
096   트러블 스팟
096   링클 스팟
098   화이트닝 스팟
099   리커버리 스팟
101   한방 필링젤
102   BHA 필링젤
103   올리브 오일 팩
104   단호박 팩
106   오트밀 팩
107   살구씨 팩

S.C.R.U.B & C.L.E.A.N.S.E.R

113   버블 블랙슈거 스크럽
114   커피 바디 스크럽
115   곡물 바디 스크럽
116   마일드 젤 바디 클렌저
118   심플 바디 클렌저
119   로즈 바디 클렌저

M.O.I.S.T.U.R.E

121   모이스처 바디 로션
122   슬림 바디 로션
123   스쿠알란 바디 크림
124   스쿠알란 바디 밤
127   화이트닝 바디 밤
128   모이스처 바디 오일
129   바디 리프팅 오일

H.A.I.R   C.A.R.E

130   한방 샴푸
133   퍼퓸 샴푸
134   쿠퍼펩타이드 샴푸
135   탈모 샴푸
136   두피 에센스
139   베이직 로우 푸
140   마일드 로우 푸
141   나만의 샴푸 레시피
143   로즈 비니거 린스
144   헤나 비니거 린스
145   동백 헤어 린스
146   동백 헤어 에센스

B.A.T.H   S.A.L.T

147   릴랙싱 바스 솔트
149   디톡스 족욕 솔트

D.E.O.D.O.R.A.N.T

151   레몬 데오도란트 스프레이
152   데오도란트 롤온
152   데오도란트 스틱

P.A.R.T. 4

FAMILY
CARE

B.A.B.Y C.A.R.E

159　베이비 올인원 워시
160　베이비 마사지 오일
161　베이비 모이스처 로션
162　베이비 땀띠 스프레이

A.T.O.P.Y C.A.R.E

165　아토 클렌징 오일
166　블랙차콜 아토피 클렌저
167　아토프리 파우더 로션
168　아토 자운고 크림
170　아토 마사지 버터
170　아토 자운고 롤온

M.E.N's C.A.R.E

173　서머쿨링 바디 워시
174　맨즈 올인원 크림
175　쿨링 샴푸
176　쿨링 두피 에센스
178　쿨링 밤

T.E.E.N.A.G.E.R's C.A.R.E

179　로즈 립밤
180　코코넛 립밤
183　로즈 립글로스
184　망고 립글로스
185　여드름 자운고 롤온
186　여드름 스팟
188　여드름 연고

A.N.T.I B.U.G

189　안티버그 자운고 연고
191　안티버그 오일
193　안티버그 연고
194　모기 퇴치 스프레이
195　진드기 스프레이

H.A.N.D C.A.R.E

196　심플 핸드 클렌저
196　마일드 핸드 클렌저
198　카보머프리젤 핸드 클렌저
199　올리브 핸드 크림
200　망고 핸드 버터
202　아쿠아 시어버터 핸드 로션
203　서머 워터 핸드 로션

S.P.E.C.I.A.L I.T.E.M

204　큐티클 밤
204　큐티클 오일
206　풋 오일
206　풋 스프레이
208　풋 밤
209　풋 크림
211　에뮤 재생 밤
212　선번 밤
213　코막힘 밤

P.A.R.T. 5

TRENDY CARE

HOT ITEM.1
코코넛 오일

219 코코넛 크림
220 코코넛 만능 크림
221 코코넛 밤
222 코코넛 버터 크림
223 코코넛 헤어 팩

HOT ITEM.2
코엔자임

225 코엔자임 리프팅 스팟
226 코엔자임 아이 워터 팩
227 코엔자임 워터 세럼

HOT ITEM.3
콜라겐

229 마린콜라겐 탄력 에센스
230 마린콜라겐 보습 에센스
231 마린콜라겐 세럼

HOT ITEM.4
히아루론산

233 초간단 히아루론산 크림
233 히아루론산 진정 워터
234 히아루론산 세럼
235 히아루론산 스크럽

HOT ITEM.5
식물성 플라센터

237 초간단 식물성 플라센터 스킨
237 식물성 플라센터 재생 스킨
238 식물성 플라센터 브라이트닝 스킨
239 식물성 플라센터 재생 크림

HOT ITEM.6
브로콜리 추출물

241 초간단 브로콜리 솔트 미온수
241 브로콜리 항산화 미스트
242 브로콜리 톤업 스팟
243 브로콜리 크림

HOT ITEM.7
시어버터

245 초간단 시어버터 고보습 크림
245 시어버터 습진 케어 크림
246 시어버터 핸드 로션

HOT ITEM.8
알로에베라 겔

249 초간단 알로에 수분 크림
249 초간단 피부 타입별 맞춤 수분 크림
249 초간단 알로에 풋 팩
250 알로에 한방 크림

HOT ITEM.9
락토바실러스 발효여과물

252 초간단 락토바실러스 발효여과물 세럼
252 초간단 락토바실러스 발효여과물 보습 에센스
252 초간단 팔꿈치, 발꿈치 톤업 팩
253 락토바실러스 발효여과물 스킨

HOT ITEM.10
과일산

255 초간단 과일산 코 스크럽
255 초간단 과일산 풋 스크럽
256 과일산 클렌징 스킨

HOT ITEM.11
유기농 로즈힙 오일

258 초간단 유기농 로즈힙 페이스 오일
258 초간단 유기농 로즈힙 바디 워터
259 유기농 로즈힙 오일 세럼

P.A.R.T. 6

AROMA
THERAPY

D.I.F.F.U.S.E.R

265　로즈 아로마 디퓨저
266　디스트레스 디퓨저
269　다양한 기능성 디퓨저

C.A.N.D.L.E

270　베이식 아로마 캔들
273　레인보우 캔들
274　크레파스 캔들
275　워터 캔들

P.E.R.F.U.M.E

277　퍼퓸
278　아로마 네크리스
279　나만의 향수 레시피

F.R.E.S.H.E.N.E.R

281　크리스탈 볼 방향제
282　석고 방향제
285　룸 스프레이
286　디스트레스 룸 스프레이
287　디스트레스 베딩 스프레이
288　페브리즈

P.A.R.T. 7

SUPER SIMPLE CARE

FACIAL & SKIN CARE

293 영양 스킨
293 보습 크림
293 페이스 오일
293 안티에이징 페이스 오일
293 피부 재생 페이스 오일
294 주름 방지
294 보습 세안
294 보습 클렌징
294 슬리핑 팩
294 여드름, 뾰루지 진정
295 지성·여드름 피부용 스팟
295 화농성 여드름, 지루성 피부염 완화
295 입술 포진 완화 오일
295 속눈썹 영양

BODY & HAIR CARE

297 탈모 방지 두피 에센스
297 헤어 에센스
297 트러블 두피 샴푸
298 보디 미스트
298 입욕제
298 전신 마사지
298 셀룰라이트 제거
299 튼살 방지
299 피부 열감 저하
299 습진 완화
299 흉터 완화
299 큐티클 크림

BABY CARE

300 만성 아토피 연고
300 베이비 올인원 샤워젤
301 잠투정 아기 아로마 케어
301 예민한 아기 아로마 케어
301 유아용 비염 오일
301 유아용 모기 퇴치 스프레이

WOMAN'S CARE

302 생리통 완화
302 폐경기 마사지 오일
302 질염 예방
302 여성 청결제

HEALTH CARE

303 오일풀링
303 비염 완화
303 비염 디퓨저
303 코 막힘
304 기관지염 완화
304 호흡기 질환 목욕 솔트
304 호흡기 강화
304 편두통 롤온
304 두통 완화
304 해열 시트
305 환절기 목욕 오일
305 화상
305 대상포진 연고
305 근육통 완화
305 어깨 결림 완화
306 관절염 완화
306 통풍 완화
306 배앓이 완화
306 소화 촉진 디퓨저
306 멀미 완화
307 변비 완화 오일
307 벌레 물림
307 버물리 연고
307 무좀 예방

STRESS CARE

308 명상, 요가
308 스트레스 완화 마사지 오일
308 스트레스 완화 미니 스프레이
308 디스트레스 퍼퓸
308 디스트레스 스팟
309 디톡스 마사지 오일
309 림프 순환 마사지 오일
309 숙면
309 불면증 완화
309 힐링 목욕 오일
309 힐링 족욕 솔트

HOME CARE

311 룸 스프레이
311 침구 스프레이
311 해충 퇴치 스프레이
312 탈취 & 살균 스프레이
312 집먼지 진드기 스프레이
312 곰팡이 & 악취 제거
313 곰팡이 제거 스프레이
313 향수

314 원료 용어 정리
316 Index

이 책을
활용하는 법
🌢

초보자부터 나만의 레시피 만들기까지

이 책은 천연 화장품 만들기에 처음 도전하는 초보자부터 나만의 레시피를 만들 수 있는 분들까지 모두 활용할 수 있도록 만들었습니다. 천연 화장품을 처음 만드는 초보자라면 PART 1을 먼저 펼쳐서 재료와 도구 설명을 차근차근 읽어 보세요. 재료나 도구에 나오는 용어를 충분히 이해한 다음 전자저울 사용법을 익히세요. 그 다음 재료를 계량해서 섞기만 하면 되는 클렌징 오일, 토너, 에센스부터 차근차근 만들어 보세요. 만들면서 궁금한 점이 있다면 032페이지에 있는 초보자를 위한 어드바이스를 참고하세요.

재료와 도구 준비

재료 옆 괄호 안의 숫자는 완성된 화장품의 총량입니다. 총량을 고려해서 화장품 용기를 선택하세요. 재료의 계량은 그램(g)을 기준으로 했습니다. 왼쪽에 있는 재료, 도구 부분을 참조해서 먼저 모든 재료와 도구를 준비합니다. 도구와 화장품을 담을 용기는 미리 에탄올 스프레이를 뿌려서 소독하는 것을 잊지 마세요.

모든 준비가 끝났다면 전자저울을 On 상태로 놓고 유리 비커를 올린 다음 사진을 참고하면서 재료를 차례로 계량하면서 섞으면 됩니다.

수상층, 유상층, 첨가물, 에센셜 오일

유화 과정이 있는 로션, 크림이나 재료 중 어떤 것을 먼저 넣어서 녹여야 할 경우 수상층, 유상층, 첨가물, 에센셜 오일로 구분했습니다. 정제수, 워터 종류가 수상층, 각종 오일이 유상층으로 구분됩니다. 재료를 먼저 준비한 다음 만드는 방법을 보면서 순서대로 넣으세요.

---

17. LOTION

완벽한 피부 보습을 위한 로션

헴프시드 로션

계절의 변화에 대처하는 가장 좋은 방법은 지속적인 보습입니다.
뛰어난 보습 기능을 가진 헴프시드버터와 오일, 수분 가득한 알로에베라 겔까지 넣어
그야말로 완벽한 보습을 위한 로션을 만들었어요.
로션처럼 묽은 제형이지만 보습력이 강하기 때문에
크림을 덧바르는 대신 페이셜 오일 1~2방울을 섞어서 사용하세요.

난이도 🌢🌢🌢
피부 타입 건성 트러블, 노화
효능 보습, 피부 톤 개선
보관 실온
사용기간 1~2개월
rHLB 7.31

재료(100g)

수상층
정제수 53g

유상층
헴프시드 버터 5g
헴프시드 오일 3g
올리브에스테르 오일 8g
올리브 유화왁스 2.5g
GMS 1.5g

첨가물
세라마이드 1g
알로에베라 겔 20g
비타민E 1g
글리세린 3g
히아루론산 1g
나프리 1g

에센셜 오일
3%로즈호호바오일 E. O. 10방울

도구
유리 비커 2개
저울
주걱
핫플레이트
온도계
미니 핸드블렌더
에센스 용기(100ml)

64

How to Make

1. 유리 비커를 저울에 올려놓고 수상층(정제수)을 계량한다.

2. 다른 유리 비커를 저울에 올려놓고 유상층(헴프시드 버터, 헴프시드 오일, 올리브에스테르 오일, 올리브 유화왁스, GMS)을 차례로 계량한다.

3. 2개의 비커를 핫플레이트에 놓고 약 70~75℃가 될 때까지 가열한다.

4. 2개 비커가 약 70~75℃, 3℃ 정도의 차이 내에서 온도가 비슷해지도록 조절한다.

5. 수상층 비커에 유상층 비커를 천천히 부어주면서 주걱과 핸드블렌더를 번갈아 사용하면서 계속 저어준다.

6. 온도가 약 50~55℃ 정도가 되어 약간의 점도가 생기면 첨가물(세라마이드, 알로에베라 겔, 비타민E, 글리세린, 히아루론산, 나프리)을 차례대로 넣으면서 계속 주걱으로 저어준다.

7. 에센셜 오일(3%로즈호호바오일)을 넣으면서 혼합한다.

8. 약 40~45℃ 정도가 되면 미리 소독한 용기에 넣는다.

헴프시드 오일은 대마 나무에서 추출한 것으로 오메가3, 오메가6를 포함하고 있어 뛰어난 보습력을 가지고 있는 오일이에요. 또한 비타민E를 다량 함유하고 있어 피부의 항산화를 막아주는 역할을 해서 밝고 환한 얼굴로 만들어줍니다.

➡ **대체 재료**
정제수 ➡ 라벤더 워터
알로에베라 겔 20g ➡ 카보머프리젤 10g
나프리 ➡ 인디가드

대체 재료

천연 화장품을 만들면서 모든 재료를 구비할 필요는 없어요. 같은 효능을 가진 재료를 대체해서 사용할 수 있기 때문입니다. 대체 재료를 체크해서 가지고 있는 재료를 최대한으로 활용할 수 있도록 했습니다. 기존 재료와 대체 재료의 양이 다른 경우 따로 표시했고, 그 외에는 같은 양을 넣으면 됩니다.

18. ESSENCE

밝고 환한 피부를 위한 서머 에센스

알로에 화이트닝 에센스

여러 가지 재료를 간단하게 섞어서 만드는 에센스입니다.
피부결을 개선해 주는 알로에, 대표적인 화이트닝 성분으로
특히 피부톤 개선에 탁월한 효과를 보이는 알부틴 리포좀을 함께 넣었어요.
사계절 내내 사용할 수 있지만 특히 자외선이 강한 여름에 사용하는 것을 추천해요.
자외선에 자극받은 피부를 회복시키고 수분을 공급해서 밝고 환한 피부로 만들어줄테니까요.

난이도 ◐◐◌
피부 타입 건성, 어두운 톤 피부
효능 미백, 진정
보관 실온
사용기간 1~2개월

재료(100g)

알로에 워터 45g
알로에베라 겔 35g
녹차 추출물 5g
히아루론산 4g
알부틴 리포좀 10g
나프리 1g
라벤더트루 E. O. 9방울
일랑일랑 E. O. 1방울

도구

유리 비커
저울
주걱
에센스 용기(100ml)

How to Make

1. 유리 비커를 저울에 올려놓고 알로에베라 겔,
    에센셜 오일(라벤더트루, 일랑일랑)을 넣고 주걱으로 잘 섞는다.

2. 녹차 추출물, 히아루론산, 알부틴 리포좀, 나프리를 차례대로 넣으면서
    혼합한다.

3. 충분히 섞였다면 알로에 워터를 넣고 주걱으로 혼합한다.
    에센셜 오일과 알로에베라 겔을 먼저 섞고 알로에 워터를 마지막에
    넣어야 분리가 일어나지 않는다.

4. 미리 소독한 에센스 용기에 담아 잘 흔들어서 섞는다.

5. 하루 숙성한 다음 사용한다.

How to Use

세안을 한 다음 토너로 피부결을 정리하고 화이트닝에센스를 바르세요. 에센스가 흡수된 다음
피부 상태에 따라 수분 로션이나 크림을 바르면 됩니다.

 알부틴은 월귤나무잎, 덩굴월귤잎, 서양배나무잎 등의 식물에서 추출한 천연 성분이에요. 피부
톤을 개선하는 효과가 탁월한데 특히 멜라닌의 생성을 억제해주기 때문에 대표적인 미백제로
사용됩니다.

65

FACIAL CARE

난이도, 피부 타입 체크

초보자라면 난이도를 먼저 체크하세요.
물방울 1개(◐◌◌)는 재료를 차례대로 섞어서 만
드는 아주 간단한 레시피입니다. 물방울 2개
(◐◐◌)는 유리 비커 1개에 오일, 왁스 등을 녹
인 다음 에센셜 오일을 넣는 레시피입니다. 물방
울 3개(◐◐◐)는 유리 비커 2개를 핫플레이트에
올려서 가열하면서 2개의 비커 온도를 맞추는 유
화 과정이 있습니다. 그리고 건성, 노화, 지성 등
피부 타입을 체크해서 내 피부에 맞는 레시피를
선택하면 됩니다.

보관 방법

모든 레시피에는 천연 방부제가 들어있기 때문에
실온에서 3개월 정도 두고 사용할 수 있습니다.
습하지 않은 서늘한 곳에서 직사광선을 피해 보
관하는 것이 기본입니다. 냉장할 경우 사용 기간
이 1~2개월 정도 늘어납니다. 주의할 것은 냉장
했던 화장품을 깜빡 잊고 실온에 보관하는 경우
입니다. 반드시 냉장 보관해야 하는 화장품은
'냉장'으로 표시했습니다.

How to Use

완성된 화장품을 어떻게 사용하는지, 주의할 사
항은 무엇인지 자세히 설명했습니다.

재료 설명

재료에 대한 자세한 실닝을 넣었으니 꼭 읽어보
세요. 어떤 효능이 있는지 읽다보면 재료에 대한
지식이 쌓이고, 나중에는 내 피부를 위한 맞춤 레
시피를 직접 만들 수 있게 됩니다. 남은 재료를
활용하는 방법 등 유용한 팁도 담았습니다.

외래어 표기

이 책의 외래어 표기는 우리에게 익숙한 단어를 우선으로 했습니다.
예를 들어 히아루론산은 외래어 표기상 '히알루론산'이 맞지만, 혼동
을 주지 않기 위해서 천연화장품 재료를 구입할 때 흔히 통용되는
'히아루론산'을 사용했습니다. 주로 사용하는 재료의 영어 표기는
314페이지 '원료 용어 정리'를 참고하세요.

FOR BEGINNERS

초보자를 위한 심플 레시피

처음 도전하는 천연화장품 만들기.

재료 이름과 도구가 낯설고 어렵게 느껴지겠지만, 일단 시작해 보세요.

초보자를 위한 심플 레시피에서는 먼저 재료와 도구를 자세히 설명합니다.

그리고 모든 재료를 섞어서 만들 수 있는 아주 간단하고 쉬운,

그렇지만 피부에 좋은 성분만을 담은 레시피를 소개합니다.

클렌저부터 수분 크림까지 가장 기본이 되는 천연 화장품을 만들어볼까요.

처음 도전하는 천연 화장품 만들기.
모든 재료를 섞어서 만들 수 있는
간단하고 쉬운, 피부에 좋은 성분만을 담은
레시피를 소개합니다.

B.A.S.I.C I.N.F.O

018   천연 화장품에 대하여
020   천연 화장품의 도구와 재료
034   초보자를 위한 어드바이스
037   내 피부 타입 알아보기

B.A.S.I.C R.E.C.I.P.E

024   그린티시드 클렌징 오일
026   프레시 워터 토너
028   워터호호바 에센스
030   퍼펙트 솔루션 로션
032   보르피린 크림

천연 화장품에
대 하 여
♦

그동안 우리 생활에서 당연하게 여겨져왔던 화학 성분의 제품들이 환경은 물론 건강까지 위협하고 있습니다. 그 결과 보다 친환경적이고 천연에 가까운 라이프스타일을 추구하는 사람들이 늘어났습니다. 그런 분들에게 내 피부 타입에 맞는 원료를 직접 선택하고, 화학적인 성분을 거의 넣지 않고 직접 만드는 천연 화장품을 소개합니다.

천연 화장품은 식물성 원료만을 이용해서 만드는 화장품을 말합니다. 화학적인 방부제(메칠파라벤, 페녹시에탄올, 프로필파라벤 등)를 사용하지 않고 식물성 원료, 식물성 방부제만을 첨가해서 제작합니다.

시중에서 판매하는 천연 화장품은 화학 방부제를 넣지 않기 때문에 분류상으로는 천연 화장품에 속하지만, 정확히 말해 식물성 원료만 사용하는 것은 아닙니다. 예를 들어 파라벤프리 화장품일 경우 파라벤을 넣지 않은 화장품일뿐 기타 화학 성분이 첨가되었을 가능성이 높습니다. 100% 천연 화장품은 있을수 없지만 최대한 천연에 가까운 화장품을 사용하려면 시중에서 판매되는 화장품보다는 직접 만들어 쓰는 천연 화장품을 추천합니다.

천 연 화 장 품 과 일 반 화 장 품 의 차 이 점

화장품 분류에서 화학적 방부제(메칠파라벤, 페녹시에탄올, 프로필파라벤 등)가 첨가되지 않은 경우 모두 천연 화장품으로 분류합니다. 그러나 이 책에 실린 레시피로 만드는 천연 화장품은 방부제뿐만 아니라 기본 원료까지 식물성 원료를 지향합니다.

원료의 차이점

첨가 원료	천연 화장품	일반 화장품
방부제	천연 한방방부제	화학 방부제
유상층(오일)	식물성 오일	광물성 오일, 실리콘 오일
보습제	식물성 보습제	일반 보습제
항산화제	식물성 비타민E	비타민E
기능성 첨가물	천연 기능성 첨가물 5~20%	기능성 첨가물 1~5%
수상층(정제수)	정제수	정제수

모든 일반 화장품에 화학 성분만 첨가되는 것은 아니지만, 천연 화장품에 비해 높은 비중을 차지하고 있습니다. 화장품에 첨가된 화학 성분은 피부를 자극하거나 트러블을 발생시키기 때문에 그 대안으로 많은 분들에게 사랑받고 있는 것이 바로 천연 화장품입니다.

천연 화장품 제작의 원리

일반 화장품을 만드는 원리와 천연 화장품의 제작 원리는 동일합니다. 예를 들어 우리가 늘 사용하는 로션이나 크림은 유상(오일)과 수상(물)의 혼합으로 제작합니다. 유화제를 이용해 잘 섞이지 않는 물과 오일을 혼합하고 이 과정을 통해 점성이 생기면 로션이나 크림의 제형이 되는데, 다양한 종류의 기능성 첨가물(콜라겐, 히아루론산 등)을 추가하면 완성됩니다.

화장품 제조사에서는 이 모든 과정을 기계를 이용해서 대량생산하는데, 이 과정을 축소해 집에서도 간단하게 화장품을 만들 수 있습니다. 이 책에 실린 레시피가 바로 간단한 도구, 쉽게 구할수 있는 원료로 직접 만드는 화장품을 만드는 과정입니다.

로션과 크림뿐만 아니라 각종 스킨, 팩은 물론 세안에 관련된 비누, 샴푸, 린스, 클렌저 등 대부분의 제품을 직접 만들 수 있습니다. 그리고 만드는 방법은 누구나 따라할수 있을만큼 쉬운 것이 특징입니다.

로션, 크림	물과 식물성 오일을 유화제로 혼합하고 기능성 첨가물을 첨가해 제작
샴푸, 린스	식물성 계면활성제와 식물성 추출물을 혼합해 제작
클렌징 오일	식물성 오일과 가용화제를 혼합해 간단하게 제작
비누	식물성 오일과 가성소다를 혼합해 비누화시켜 제작
스킨, 미스트	물(정제수)과 기능성 첨가물 혼합으로 제작
기능성 크림	로션, 크림과 동일한 제작 방법에 기능성 첨가물 첨가
에센스, 앰플	고기능성 첨가물 혼합으로 제작

위의 표는 간단한 제작 원리만 설명했지만 이 책의 모든 레시피에는 보다 자세한 과정이 나와있기 때문에 설명대로 따라하면 누구나 쉽게 천연 화장품을 만들 수 있습니다.

천연 화장품의

도 구 와 재 료

🌢

핸드메이드 천연 화장품을 만들기 위해서는 먼저 몇가지 용어를 이해한 다음 레시피를 보는 것이 좋습니다. 어렵고 전문적인 용어가 아니기 때문에 몇 번 읽다보면 금방 이해할 수 있어요. 용어에 익숙해지면 레시피를 보면서 화장품을 만들거나 직접 레시피를 작성할 수도 있습니다.

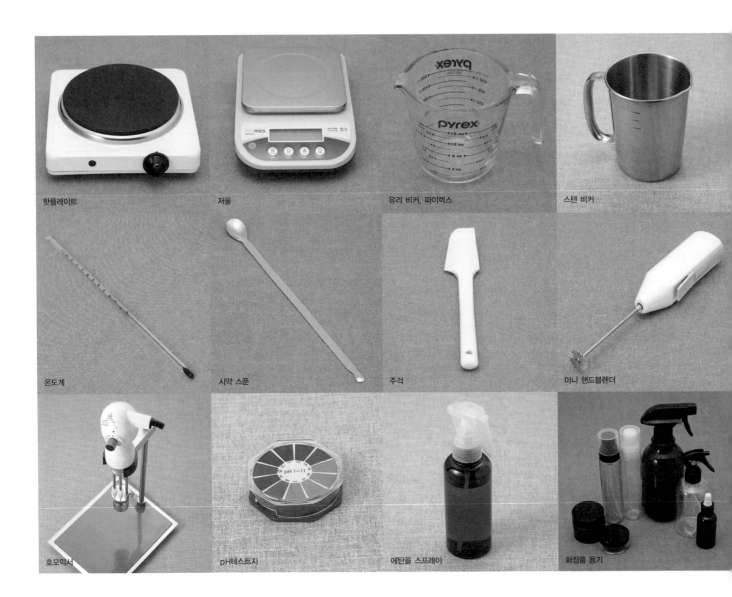

핫플레이트   저울   유리 비커, 파이렉스   스텐 비커

온도계   시약 스푼   주걱   미니 핸드블렌더

호모믹서   pH테스트지   에탄올 스프레이   화장품 용기

핸드메이드 천연 화장품의 도구

핫플레이트

화장품이나 비누를 만들 때는 가열 과정이 필요한데 가열 도구로 사용하는 핫플레이트는 가스레인지나 전자레인지 보다 안전하다는 장점이 있습니다. 사용하고 나서 항상 전원 플러그를 뽑는 습관을 가지는 것이 중요합니다. 그리고 사용하지 않을 때는 핫플레이트에 무거운 물건을 올려놓지 않아야 합니다.

저울

비누나 화장품 등 모든 천연 제품을 만들 때 중요한 것은 정확한 계량입니다. 저울은 종류에 따라 1g 단위 또는 0.1g 단위를 계량할 수 있습니다. 천연 화장품을 만들기 위해 저울이 필요하다면 0.1g 단위까지 계량할 수 있는 저울을 사용하세요.

유리 비커, 파이렉스

재료를 계량하고 가열할 때 사용하는 용기로 재질이 약해 쉽게 깨질 염려가 있지만 투명해서 내용물을 확인하기 쉽다는 장점이 있습니다. 그리고 소독하기에도 편리하기 때문에 많이 사용합니다. 두께가 얇은 유리 비커가 부담스러울 경우에는 파이렉스로 대체해서 사용하세요. 파이렉스는 유리 비커와 동일한 용도로 사용하지만 단단하고 내열성이 좋습니다. 높은 온도로 가열하거나 아이들과 함께 만들 때 사용하세요.

스텐 비커

스테인리스스틸 재질로 만든 스텐 비커는 물리적인 충격에도 깨지지 않고 높은 온도의 가열에 변화가 없는 것이 특징입니다. 한꺼번에 많은 양의 화장품이나 비누를 만들 때 사용하세요. 샴푸를 만들 때 사용할 경우 깨끗하게 세척해 해야 합니다. 재료 중에 포함된 계면활성제 때문에 부식될 염려가 있기 때문입니다.

온도계

천연 화장품 레시피 중에서 일부는 가열 과정이 없지만, 대부분의 레시피가 가열하는 과성이 있습니다. 가열 온도가 정해져 있기 때문에 온도계는 반드시 필요한 도구중 하나입니다.

시약 스푼

재료를 담거나 계량할 때 사용하는 스푼입니다. 스테인리스 스틸 재질이기 때문에 부식되지 않고 소독이 쉽다는 장점이 있습니다.

주걱

실리콘 재질로 만든 알뜰 주걱은 유리 비커, 파이렉스에서 제작한 천연 화장품을 용기에 옮길 때 사용합니다.

미니 핸드블렌더

건전지로 작동하는 미니 핸드블렌더는 100ml 정도의 소량 재료를 혼합할 때 편리합니다. 손으로 저어서 만드는 것보다 훨씬 수월하게 만들 수 있어요. 사용 후에는 배터리를 분리하고 습기에 오랫동안 노출되면 쉽게 고장이 나기도 합니다.

호모믹서

화장품 회사나 제조 공장에서 실험용으로 사용하는 호모믹서를 계량해서 가정에서 사용할 수 있도록 제작한 제품입니다. 손이나 미니 핸드블렌더로 혼합하는 것보다 훨씬 안정적인 유화가 이루어집니다. 점도가 높은 크림 종류를 만들 때 호모 믹서를 오랜 시간동안 작동할 경우 기계에 무리가 갈 수 있기 때문에 대략 10분 내외로 사용하세요.

pH테스트지

화장품을 만들고 나서 pH(수소이온 농도)를 측정하는 테스터입니다. 화장품의 산도를 측정해서 사용했을 때 피부에 이상이 없는지 체크할 수 있어요. pH 1~11까지 체크할 수 있는데 1~6은 산성, 7은 중성, 8~11은 알칼리성을 나타냅니다.

에탄올 스프레이

에탄올을 스프레이 용기에 담은 것입니다. 천연 화장품을 만들 때는 도구, 용기 등을 미리 소독하는 과정이 반드시 필요합니다. 에탄올을 직접 부어서 닦는 것보다 스프레이 용기에 담아서 적당량을 뿌려주는 것이 효과적입니다.

화장품 용기

천연 화장품을 담을 용기는 종류에 따라 스프레이, 에센스, 펌프, 디스펜서 등 다양합니다. 완성된 화장품의 양을 먼저 체크한 다음 필요에 따라 선택하세요. 화장품을 담기 전 에탄올로 소독하는 과정이 필요합니다.

1. 전자 저울을 평평한 곳에 올려놓고 ON/OFF 버튼을 누른다.

2. 저울에 '0'이 표시되면 유리 비커나 파이렉스를 올려 놓는다.

3. 영점 버튼을 눌러 무게 단위를 '0'으로 세팅한다.
   재료를 천천히 넣으면서 계량한다.

4. 다시 영점 버튼을 누른 다음 다른 재료를 계량한다.

핸드메이드 천연 화장품의 재료

수상층

정제수를 비롯해 친수성(親水性) 재료는 수상층이라고 표기합니다. 로션이나 크림을 만들 때는 유상층과 수상층이 기본 재료가 되는데, 수상층에는 정제수와 보습제등이 포함됩니다.

유상층

식물성 오일을 포함한 모든 오일 종류를 말합니다. 대부분의 핸드메이드 천연 화장품을 만들 때 들어가는 재료인 식물성 오일, 친유성(親油性) 재료를 유상층으로 표기합니다.

정제수

핸드메이드 천연 화장품의 거의 모든 레시피에 들어가는 기본 재료입니다. 물을 증류하거나 이온교환수지를 통하여 정제한 깨끗한 물로 크림이나 로션에는 60∼80%까지 첨가합니다.

첨가물(기능성 첨가물)

첨가물은 말 그대로 화장에 첨가되어 기능성을 높여주는 역할을 하는데 대표적으로는 추출물, 기능성 재료 등이 첨가물에 속합니다. 핸드메이드 천연 화장품 초창기에는 추출물을 많이 넣었지만,

최근에는 각종 기능성 재료를 선호하는 추세입니다. EGF, 레티놀, 콜라겐, 엘라스틴, 모이스트24 등 고기능성 재료가 대표적입니다. 기능성 첨가물을 효능에 따라 분류하면 주름개선, 보습, 미백, 안티에이징, 트러블 개선, 피부 진정 등으로 나뉩니다.

주름개선 첨가물	EGF, FGF, 콜라겐, 레티놀, 엘라스틴, 히아루론산 등
보습 첨가물	글리세린, 히아루론산, 모이스트24, 리피듀어, 실크아미노산 등
미백 첨가물	알부틴, 알부틴 리포좀, 감초 추출물, 나이아신마이드

유화제

크림이나 로션을 제작할 때 기본적으로 첨가하는 재료입니다. 섞이지 않는 성질의 물과 오일을 혼합해주고 동시에 우리에게 익숙한 점성을 만들어주는 재료입니다.

계면활성제(유화제)

물과 오일은 서로 섞이지 않으려는 성질이 있기 때문에 계면활성제를 넣어 혼합합니다. 로션이나 크림을 제작할 때 사용하는 왁스 종류는 유화제이며 계면활성제의 한 종류입니다. 비누, 샴푸의 주재료가 되는 재료도 계면활성제입니다.

식물성 오일

오일의 사전적 의미는 상온에서 액체이며 점성이 있고 가연성으로 물에 용해되지 않고 층을 이루며 퍼지는 물질을 뜻합니다. 오일은 스테아르산, 팔미트산, 미리스트산 등 각종 지방산으로 이루어져 있으며, 여러 가지 포화지방산과 불포화지방산도 함유하고 있습니다.

오일은 추출하는 재료나 방법에 따라 구분되는데 크게 광물성 오일, 식물성 오일, 동물성 오일로 나뉩니다. 식물에서 추출한 식물성 오일은 핸드메이드 천연 화장품을 만들 때 유상층 재료로 사용되는데, 캐리어오일 또는 베이스 오일이라고도 합니다. 식물성 오일은 피부 친화력이 높고 여러 가지 효능을 가진 성분을 함유하고 있습니다. 식물성 오일의 종류로는 대마유, 콩기름, 해바라기씨 오일, 유채유, 달맞이꽃 오일, 올리브 오일 등 여러 가지가 있고 흔히 가정에서 쓰는 식용유도 포함됩니다.

에센셜 오일(Essential Oil)

천연 약용 식물에서 추출한 향기가 있는 오일을 말하며 식물이 가진 생명, 에너지 등의 중요한 기능을 수행하는 성분이 다량 함유된 오일입니다. 에센셜 오일의 향은 코, 피부를 통해서 몸으로 흡수되어 중추신경에 작용할뿐만 아니라 체내 장기 속 또는 피부 속으로 침투하여 여러 가지 효능을 보이게 됩니다.

에센셜 오일은 아로마테라피로 사용되며 이는 대부분 코를 통해 흡수되어 기분을 좋게 한다거나 심신을 안정시키거나 불안감 해소 등 여러 가지로 사용됩니다. 또한 피부에 사용할 경우 에센셜 오일의 여러 성분이 주름 개선, 피부 트러블 개선, 수렴 효과, 살균 효과 등 다양한 효능을 발휘합니다. 에센셜 오일은 피부에 직접 사용하거나 많은 양을 사용하면 자극적일 수 있기 때문에 반드시 레시피에 제시된 양만큼 사용해야 합니다.

플레이버 오일(Flavor Oil)

플레이버 오일은 식향 오일입니다. 우리가 흔히 마시는 딸기우유, 바나나우유, 립밤, 립글로스에 첨가되어 있습니다. 핸드메이드 천연 화장품을 만들 때 기초 화장품에는 사용하지 않지만 립밤, 립글로스를 만들 때 사용합니다.

에탄올

에탄올은 우리가 흔히 알고있는 알코올입니다. 용기를 소독하거나 스킨에 소량 사용하기도 하며 일부 레시피에는 유화기능을 위해 첨가되기도 합니다.

천연분말

율무, 녹두 등의 곡물 종류의 분말이나 황토, 클레이 등의 분말도 있습니다. 한약재를 이용한 감초, 어성초 등의 분말도 모두 천연분말에 속합니다. 각 분말마다 고유한 성분이 있어 천연 팩으로 이용될 뿐 아니라 비누 제작에서 중요한 재료로 사용합니다.

물로 씻어내는 상큼한 워셔블 타입

그린티시드 클렌징 오일

몇 가지 재료를 간단하게 섞어서 만드는 레시피지만
피부의 노폐물을 부드럽고 상큼하게 지워준답니다.
가볍게 메이크업하는 편이라면 클렌징 오일로 얼굴 전체를 살짝 마사지한 다음 물로 세안하세요.
색조 메이크업을 했을 때는 먼저 메이크업을 닦아낸 다음 사용하면 됩니다.
하루의 피로까지 씻겨 나가는 느낌이 정말 상쾌해요.

난이도 ●○○
시간 10분
피부 타입 지성, 여드름
효능 트러블 진정
보관 실온
사용기간 2~3개월

재료(100g)

녹차씨 오일 60g
살구씨 오일 15g
호호바 오일 10g
올리브 리퀴드 13g
비타민E 2g
라벤더트루 E. O. 5방울
티트리 E. O. 2방울

도구

유리 비커
저울
주걱
에탄올 스프레이
에센스 용기(100ml)

How to Make

1. 에탄올을 스프레이 용기에 넣고 유리 비커, 주걱 전체에 3~4번 펌핑해서 골고루 뿌린다. 에센스 용기도 미리 소독한다.

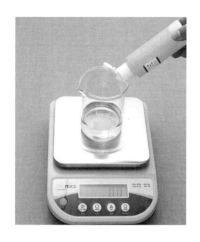

2. 유리 비커를 전자 저울에 올려 놓고 녹차씨 오일, 살구씨 오일, 호호바 오일, 비타민E를 차례대로 정확하게 계량해서 넣는다. 저울이 없다면 눈금 비커 옆에 표시된 숫자를 참조해서 계량한다.

3. 올리브 리퀴드를 넣고 주걱으로 저어준다.

4. 라벤더트루, 티트리 에센셜 오일을 넣고 주걱으로 잘 저어서 혼합한다.

5. 미리 소독한 오일 용기에 담고, 손바닥으로 가볍게 감싸 쥔 다음 굴리면서 섞는다.

How to Use

만드는 방법도 간단하지만 워셔블 클렌저 하나면 세안이 끝나기 때문에 한 번 사용하면 계속 만들게 된답니다. 워셔블 클렌징 오일을 사용할 때는 먼저 손을 깨끗하게 씻은 다음 2~3번 펌핑해서 덜어주세요. 얼굴에 바르고 살살 마사지하면서 메이크업 잔여물을 깨끗하게 닦아냅니다. 1분 이상 마사지하면 노폐물이 다시 피부에 흡착된다고 해요. 미지근한 물로 씻어낸 다음 비누로 다시 한 번 세안하세요.

녹차에는 피지를 조절하는 카테킨 성분이 들어있어 피지 조절과 피부 트러블을 완화해 주고 비타민 C를 함유하고 있어서 피부를 맑게 만들어 줍니다.

호호바 오일은 피부에 트러블이 없는 식물성 오일인데, 피부 흡수가 빠르다는 것이 장점이에요. 건성 피부라면 로션 대신 호호바 오일을 발라도 됩니다.

FOR BEGINNERS

산뜻하고 부드러운 사용감에 향기까지

프레시 워터 토너

세안 후 처음 바르는 토너는 피부에 남아있는 노폐물을 다시 닦아내고 피부에 상쾌한 느낌을 준답니다.
그래서 산뜻한 느낌과 수분감, 그리고 기분 좋은 향기까지 느낄 수 있다면 더할 나위 없겠죠.
로즈 워터에 주름 완화, 피부 조직 재생 효과가 뛰어난
아카시아 콜라겐을 넣어 보습에 탄력까지 고려했어요.
보습 기능이 뛰어난 토너는 스프레이 용기에 넣어 미스트로 활용하세요.

난이도	●○○
시간	10분
피부 타입	건성
효능	보습, 탄력
보관	실온
사용기간	1~2개월

재료(100g)

로즈 워터 60g
정제수 30g
아카시아 콜라겐 2g
캐모마일 추출물 3g
글리세린 3g
올리브 리퀴드 1g
나프리 1g
3%로즈호호바오일 E. O. 5방울

도구

유리 비커
저울
주걱
에타올 스프레이
토너 용기(100ml)

How to Make

1. 유리 비커, 주걱, 토너 용기에 에탄올을 뿌려 소독한다.

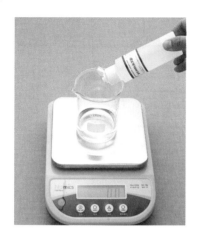

2. 유리 비커를 전자 저울에 올려 놓고 로즈 워터, 정제수를 정확하게 계량해서 넣은 다음 주 걱으로 저어준다.

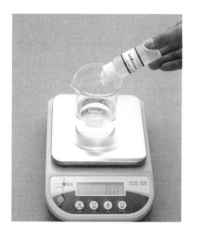

3. 아카시아 콜라겐, 캐모마일 추출물, 글리세린, 올리브 리퀴드, 나프리를 차례대로 넣고 주걱으로 저어준다.

4. 3%로즈호호바오일 에센셜 오일을 넣고 주걱으로 잘 저어준다.

5. 미리 소독한 용기에 담고, 하루 정도 숙성한 다음 사용한다.

✚ 플러스 레시피
프레시 워터 미스트(100g)
로즈 워터 95g, 히아루론산 3g, 나프리 1g, 아카시아 콜라겐 1g, 3%로즈호호바오일 E. O. 5방울

How to Use

세안 후 화장솜에 토너를 듬뿍 묻혀 얼굴 전체를 닦아주세요. 클렌징을 했지만 피부 표면에 노폐물이 남아있을지 모르니까요. 오늘따라 유난히 눈가가 건조하다고 느끼거나, 각질이 생긴 곳이 눈에 띈다면, '5분 토너 팩'을 해보세요. 화장솜을 작게 자른 다음 토너를 충분히 적셔서 눈 밑이나 각질 위에 밀착해서 붙여줍니다. 약 5분이 지나 화장솜을 떼고 다시 기초 화장을 시작하면 됩니다. 화장솜의 경우 가능하면 유기농 제품을 선택하세요. 형광 물질이 들어있거나 표백제를 사용한 솜은 피부에 강한 자극을 줄 수 있기 때문입니다.

로즈 워터는 로즈 에센셜 오일을 생산하면서 생기는 부산물로 스킨 또는 미스트로 사용하기에 좋은 원료입니다.

토너의 사용 기간을 더 늘리려면 로즈 워터와 정제수를 섞어 핫플레이트에서 약 60℃까지 가열해주세요.

피부에 빠르게 수분을 전달해주는

워터호호바 에센스

피부에 수분과 영양분을 공급해주는 에센스는 '세럼'이라고도 해요.
재료를 섞기만 하면 만들 수 있는 간단한 에센스를 만들려고 했을 때
가장 먼저 생각난 것이 바로 워터호호바 오일입니다.
물에 잘 녹아서 만들기도 쉽고 피부에 빠르게 흡수되기 때문에
촉촉한 수분감을 느낄 수 있어요.

난이도 ●○○
시간 10분
피부 타입 건성, 노화
효능 보습, 피부 톤 개선
보관 실온
사용기간 1~2개월

재료(80g)

로즈 워터 38g
워터호호바 오일 7g
히아루론산 2g
알로에베라 겔 32g
나프리 1g
라벤더트루 E. O. 5방울
프랑킨센스 E. O. 5방울

도구

유리 비커
저울
시약 스푼
주걱
미니 핸드블렌더
에센스 용기(100ml)

028

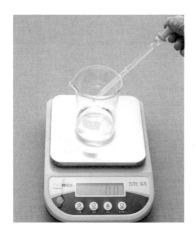

1. 유리 비커를 전자 저울에 올려 놓고 로즈 워터, 워터호호바 오일을 계량한다.

2. 미니 핸드블렌더로 혼합한다.

3. 시약 스푼으로 히아루론산, 알 로에베라 겔, 나프리를 넣으면 서 주걱으로 섞는다.

4. 라벤더트루, 프랑킨센스 에센 셜 오일을 차례대로 넣고 주걱 으로 혼합한다.

5. 점도가 생기면 미리 소독한 용 기에 담아서 실온에서 하루 정 도 보관해서 숙성한 다음 사용 한다.

워터호호바 오일은 유기농 호호바골든 오 일을 리포좀 공법으로 물에 잘 녹게 만든 것이에요. 리포좀 공법은 물과 오일이 잘 섞이지 않기 때문에 토너나 에센스로 만들 기가 어려운데, 이러한 단점을 개선한 공 법이에요. 아침 저녁으로 바르면 칙칙했던 피부 톤이 서서히 바뀌는 것을 느낄 수 있 답니다. 피부 톤 때문에 고민인 분에게 강 력 추천!

강력한 보습막에 안티에이징 기능까지

퍼펙트 솔루션 로션

어떤 로션이길래 '완벽한 해결책'이라고 이름 붙였을까요?
보습력이 탁월한 것은 물론이고 안티에이징 성분까지 넣었기 때문이랍니다.
로션이나 오일을 발라도 금방 건조해서 당기는 느낌이 들고,
탄력 때문에 고민이라면 퍼펙트 솔루션 로션을 추천해요.
재료를 간단하게 섞어서 만들었던 것과는 달리 만드는 과정에 '유화'가 있지만,
천천히 순서대로 따라하다 보면 금방 익숙해질 거에요.

난이도 ●●●	재료(100g)			도구
시간 20분				유리 비커 2개
피부 타입 건성, 노화	수상층	유상층	첨가물	저울
효능 보습, 안티에이징	갈락토미세스 65g	시어 버터 6g	FGF 6g	주걱
보관 냉장	글리세린 2g	아보카도 오일 8g	알로에 추출물 3g	핫플레이트
사용기간 1~2개월	히아루론산 2g	윗점 오일 2g	비타민E 1g	온도계
rHLB 7.38	나프리 1g	올리브 유화왁스 2.8g	에센셜 오일	미니 핸드블렌더
		GMS 1.2g	3%로즈호호바오일 E. O.	에센스 용기(100ml)
			10방울	

How to Make

1. 유리 비커를 저울에 올린 다음 수상층(갈락토미세스, 글리세린, 히아루론산, 나프리)을 계량한다. 수상층 재료는 증발될 것을 예상하여 약 1~2g 정도 더 넣어도 된다.

2. 비커를 핫플레이트에 올려 약 70~75℃ 정도로 가열한다. 수상층은 유상층보다 온도가 천천히 올라가기 때문에 핫플레이트의 온도 게이지를 3~4정도로 설정한다.

3. 다른 비커를 저울에 올린 다음 유상층(시어 버터, 아보카도 오일, 윗점 오일, 올리브 유화왁스, GMS)을 차례대로 계량한다.

FGF는 값비싼 안티에이징 화장품에 반드시 들어가는 재료입니다. '섬유아세포증식인자' 라는 긴 이름을 가지고 있는데, 피부 세포를 활성화해서 피부 전체가 밝아지고 뿐만 피부를 유지할 수 있게 해줘요. 피부에 최적화된 FGF에 시어 버터, 아보카도 오일을 섞어 두툼하고 묵직한 보습 보호막을 씌우는 느낌이에요. 그래서 하루 종일 탄력 있고 촉촉한 피부를 유지할 수 있답니다.

➡ 대체 재료

갈락토미세스 ⋯ **로즈 워터**
나프리 ⋯ **인디가드**
알로에 추출물 ⋯ **장미 추출물**

4. 유상층 비커를 핫플레이트에 올려 약 70~75℃ 정도로 가열한다. 핫플레이트의 온도 게이지를 2에 맞추고, 약 70~75℃까지 가열한다. 중간중간 저어주면 왁스가 더 잘 녹는다.

5. 2개의 비커 온도를 약 70~75℃로 맞춘다. 수상층과 유상층의 온도는 3℃ 차이 이내여야 안정적으로 유화된다.

6. 핫플레이트에서 2개의 비커를 내린다. 첫 번째 비커(수상층)에 두 번째 비커(유상층)를 천천히 부으면서 주걱으로 계속 저어준다.

7. 미니 핸드블렌더로 혼합한다. 수걱으로 저으면 유화가 풀려 로션 점도가 묽어질 수 있기 때문에 핸드블렌더를 사용하는 것이 좋다.

8. 온도가 약 50~55℃ 정도로 내려가 짐도가 생기면, 첨가물(FGF, 알로에 추출물, 비타민E)을 한 가지씩 차례대로 넣으면서 주걱으로 계속 저어준다. 핸드블렌더를 사용한 다음 마지막에는 주걱으로 1~2분 정도 저어주어야 기포가 없어진다.

9. 에센셜 오일(3%로즈호호바 오일)을 넣고 혼합한다. 온도가 약 40~45℃ 정도가 되면 바로 로션 용기에 넣는다.

탄력, 주름 완화를 위한 새로운 성분

보르피린 크림

보르피린은 백합과에 속하는 여러해살이 풀인
지모의 뿌리에서 추출한 새로운 화장품 성분입니다.
인삼의 주요 성분인 사포닌이 많이 함유되어 있기 때문에
피부 탄력, 영양 공급에 효과적인 원료라고 할 수 있어요.
잔주름이 생기기 쉬운 눈가나 팔자 주름 등 탄력이 걱정되는 부분에 바르세요.
가볍게 스며들어서 피부 속까지 영양분을 공급해 줄 거예요.

난이도 ♦♦♦		
시간 20분		
피부 타입 노화		
효능 주름 개선, 탄력		
보관 실온		
사용기간 1~2개월		
rHLB 6.67		

재료(50g)

수상층
보르피린 추출물 5g
정제수 18g
로즈 워터 5g

유상층
에뮤 오일 3g
호호바 오일 7g
로즈힙 오일 2g
올리브 유화왁스 2g
GMS 1g

첨가물
히아루론산 2g
세라마이드(수상용) 1g
나프리 1g
레티놀 1g
비타민E 1g

에센셜 오일
라벤더트루 E. O. 10방울
프랑킨센스 E. O. 3방울
3%로즈호호바오일 E. O. 10방울

도구
유리 비커 2개
저울
주걱
핫플레이트
온도계
시약 스푼
미니 핸드블렌더
크림 용기(50ml)

How to Make

1. 유리 비커를 저울에 올린 다음 수상층(보르피린 추출물, 정제수, 로즈 워터)을 계량한다.

2. 비커를 핫플레이트에 올려 약 70~75℃ 정도로 가열한다.

3. 다른 유리 비커를 저울에 올린 다음 시약 스푼으로 유상층(에뮤 오일, 호호바 오일, 로즈힙 오일, 올리브 유화왁스, GMS)을 차례대로 계량한다.

4. 비커를 핫플레이트에 올려 가열한다. 온도 게이지를 2에 맞추고, 약 70~75℃ 까지 가열한다. 중간중간 저어주면 왁스가 더 잘 녹는다.

5. 2개의 비커 온도를 약 70~75℃로 맞춘다.

6. 핫플레이트에서 2개의 비커를 내린다. 첫 번째 비커(수상층)에 두 번째 비커(유상층)를 천천히 붓는다.

7. 미니 핸드블렌더로 혼합한다. 주걱으로 저으면 유화가 풀려 크림 점도가 묽어질 수 있다.

8. 온도가 약 50~55℃ 정도 되면 약간의 점도가 생긴다. 이때 첨가물(히아루론산, 세라마이드, 나프리, 레티놀, 비타민E)을 차례대로 넣으면서 주걱으로 계속 저어준다.

9. 에센셜 오일(라벤더트루, 프랑킨센스, 3%로즈호호바오일)을 넣고 저어준다.

10. 온도가 약 40~45℃ 정도가 되면 바로 크림 용기에 넣는다. 점도가 더 생기면 용기에 넣기가 어려워진다.

보르피린은 아시아 지역에서 자생하는 식물인 '지모'의 뿌리에서 추출한 성분입니다. 지방활성화 성분을 가지고 있으며 안전성이 높고 뛰어난 성능을 인정받아 전세계적으로 널리 사용되고 있습니다. 피부 톤 개선, 탄력 강화, 영양 공급, 보습 등에 탁월한 효과를 지닌 사포닌을 다량 함유하고 있어서 주름 개선을 위한 화장품에 많이 사용되고 있어요.

GMS(글리세릴모노스테아레이트)는 야자 열매와 콩 오일에서 추출한 성분으로 자극이 적은 유화제입니다.

초보자를 위한

어 드 바 이 스

♦

천연 화장품을 직접 만들다 보면 여러 가지 궁금증이 생기게 됩니다. 처음 천연 화장품 만들기에 도전한 분들이 가장 많이 하는 질문을 모았습니다. 계량부터 유화까지 초보자의 궁금증을 해결해 줄 질문을 한 번 읽어보세요.

핫플레이트가 없는데 전기레인지를 사용해도 되나요?
네, 전기레인지에 유리 비커를 올린 다음 온도계로 온도를 체크하면서 사용하면 됩니다.

화장품마다 방부제를 꼭 넣어야하나요?
천연 화장품을 만들 때는 반드시 천연 방부제를 넣어야 합니다. 식물과 허브에서 추출한 성분으로 만든 천연 방부제는 항균력과 약간의 보습력을 가지고 있습니다. 천연 화장품에서 사용하는 천연 방부제는 멀티나트로틱스, 인디가드, 나프리 등이 있어요. 멀티나트로틱스는 캐모마일, 목련, 측백나무, 버드나무 등에서 추출하고, 인디가드는 오배자, 가자, 석곡, 산초, 그리고 나프리는 산초, 백도홍, 이끼에서 추출한 성분으로 만듭니다.
천연 방부제를 넣으면 실온에서 3개월 정도 두고 사용할 수 있습니다. 습하지 않은 서늘한 곳에서 직사광선을 피해서 보관하세요. 더운 여름이나 더 안정적인 방부 효과를 원할 경우 냉장 보관하는 것을 추천하는데, 화장품 전용 냉장고를 사용하는 것이 좋습니다. 천연방부제를 넣지 않은 화장품은 반드시 냉장 보관하고 가능한 2주 안에 사용해야 합니다.

유리 비커가 자꾸 깨지는데 왜 그런가요?
유리 비커는 온도 차이나 충격 때문에 쉽게 깨질 수 있어요. 차가운 곳에 있었던 비커를 가열된 핫플레이트에 바로 올리거나, 반대로 가열된 비커를 차가운 바닥에 놓을 경우 온도 차이가 발생하면서 깨지곤 합니다. 뜨거운 비커를 바닥에 놓을 때는 실리콘 받침, 키친 타월, 천 등을 깔아주세요. 그리고 재료를 넣고 섞으면서 시약 스푼으로 비커 벽면을 세게 두드리는 경우에도 쉽게 깨질 수 있어요.

정제수 대신 정수기물이나 수돗물을 사용해도 되나요?
사용 가능하지만 정제수를 추천합니다. 약국에서 구입할 수 있는 정제수는 여러 번의 정제 과정을 거쳐 불순물이 거의 없는 가장 순수한 상태의 물입니다. 따라서 화장품에 넣었을 때 변질될 가능성을 낮출 수 있어요. 수돗물을 사용할 경우 칼륨, 마그네슘 등의 성분이 화장품의 기능성 첨가물과 반응을 일으켜 변색이나 변질의 우려가 있습니다. 정수기 물 역시 정수기의 상태 등을 고려하면 정제수를 사용하는 것이 좋습니다.

첨가물 종류가 다양한데 많이 넣어도 될까요?
화장품을 만들 때 첨가물은 보통 3~5가지 정도를 넣습니다. 그 이상 넣는다고 해서 크게 문제가 되는 것은 아니지만, 만약 트러블이 생겼을 때 어떤 재료 때문인지 역학조사를 하기가 어려울 수 있어요. 그리고 너무 많은 재료를 넣다 보면 각 성분이 충돌하는 경우도 있습니다.

추출물을 그대로 피부에 발라도 되나요?
추출물 자체를 피부에 바르는 것은 추천하지 않아요. 추출물을 화장품에 넣을 때는 전체 양에서 1~5% 정도 넣고, 세정제는 10%까지 넣기도 합니다.

비타민E를 계량하는데 많이 넣었는데도 저울의 숫자에 변화가 없어요. 뭐가 잘못된 건가요?
비타민E, RMA, 히아루론산, 글리세린 등 점도가 있는 재료를 조금씩 넣을 때는 저울에 제대로 측정되지 않는 경우가 많아요. 특히 다른 재료를 계량한 다음 연속해서 계량할 때 오류가 많습니다. 점도가 있는 재료는 가장 먼저 계량하세요.

에센셜 오일 원액을 사용해도 될까요?
에센셜 오일의 원액 사용은 원칙적으로 불가하고, 반드시 희석해서 사용해야 합니다. 예외적으로 라벤더트루와 티트리 에센셜 오일은 국소부위에 한해서 허용하기도 하지만, 안전한 사용이 가장 중요합니다. 반드시 권장량을 희석해서 사용하세요.

임산부는 에센셜 오일을 사용하지 말라고 하는데 이유가 뭐죠?
에센셜 오일은 여러 가지 천연 화학성분을 함유하고 있어서 호르몬에 작용합니다. 임산부의 경우 이미 호르몬 변화를 겪고 있는 상태이기 때문에 에센셜 오일을 사용했을 때 문제가 생길 수 있어요. 따라서 가급적이면 사용하지 않는 것이 좋습니다.

레시피에 나온 양보다 재료가 많이 들어갔어요. 어떻게 해야 할까요?
화장품을 만들다 보면 실수로 재료가 더 첨가되는 경우가 많아요. 만약 보습제가 많이 들어갔다면 먼저 최대 첨가량을 확인하세요. 최대 첨가량 범위 내라면 문제가 되지 않아요. 그리고 레시피에 보습제가 한 가지 더 있다면, 더 첨가된 양만큼 그 재료를 줄이면 됩니다. 또 다른 방법은 첨가된 양만큼 전체 레시피의 양을 늘려서 만들면 됩니다.

레시피에 있는 재료 대신 다른 재료를 활용하고 싶어요. 어떻게 하면 되나요?
먼저 대체하고 싶은 재료가 어떤 카테고리인지 확인하세요. 보습제, 유화제 등 같은 카테고리 내에서 대체할 수 있습니다. 이 책에 수록된 레시피에는 대체 가능한 재료가 함께 표시되어 있어요.

로션을 만들어보려고 하는데 유화가 뭐죠?
물(수상층)과 오일(유상층)을 섞어서 점도가 있는 크림, 로션을 만드는 과정이 유화(Emulsion)입니다. 먼저 재료에 있는 수상층, 유상층이라는 용어에 익숙해진 다음 만드는 과정을 몇 번 되풀이해서 읽어보세요. 로션 재류와 도구를 준비한 다음 천천히 순서대로 따라하다 보면 금방 익숙해질 거예요.

유화 과정에 처음 도전하는데 어떤 점을 주의해야 할까요?
먼저 유화제 양을 정확하게 계량하는 것이 중요합니다. 그리고 수상층과 유상층 2개의 비커 온도 체크만 잘하면 어렵지 않을 거예요. 수상층과 유상층 비커의 온도 차이가 3℃ 이상이거나, 2개 비커 모두 온도가 너무 내려가면 유화가 되지 않고 풀어져 버립니다.

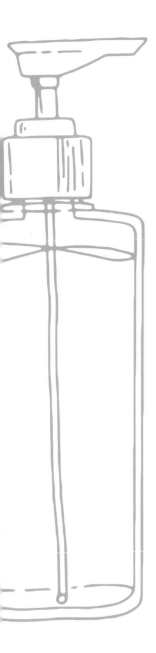

로션을 만들어보려고 하는데 유화 과정을 잘 할 수 있는 팁이 있을까요?

2개의 비커 내용물을 섞을 때 주걱과 미니 핸드블렌더를 번갈아 사용해 보세요. 자세히 설명하면, 수상층 비커에 유상층 비커 내용물을 천천히 부으면서 한 손으로는 주걱을 쥐고 천천히 섞어 줍니다. 바로 미니 핸드블렌더를 비커의 내용물에 잠길 만큼 넣고 5초 동안 3번을 끊어서 돌립니다. 끊어 돌리지 않고 5초 동안 계속 돌리면 기포가 너무 많이 생겨서 발림성이 떨어진답니다.

유화가 되지 않고 풀어진 상태의 로션, 크림은 어떻게 하죠?

유화가 되지 않았다고 해서 화장품 성분이 이상한 건 아니니까 안심하세요. 약간 발림성이 떨어지는 상태, 즉 로션이나 크림의 텍스처가 나오지 않은 것뿐이거든요. 그래서 묽은 에센스처럼 사용해도 좋아요. 수상층과 유상층이 분리된 상태니까 사용할 때마다 잘 흔들어 주세요.

유화에 성공했는데 점도가 묽은 것 같아요. 어떻게 해야 할까요?

히아루론산, 글리세린, 바다포도 추출물 등의 첨가물을 넣어 보세요. 재료 자체에 어느 정도 점도가 있기 때문에 넣고 주걱으로 잘 섞으면 보다 쫀쫀한 텍스처가 된답니다. 히아루론산, 글리세린, 바다포도 추출물을 넣을 때는 전체 로션, 크림 양의 2~3% 정도를 넣으면 됩니다.

유화 과정에서 온도를 체크했는데 계속 달라져요. 뭐가 문제인가요?

핫플레이트에 비커를 올린 다음 가열하면서 내용물을 계속 저어 주세요. 모든 재료의 온도가 같을 때 측정해야 정확하기 때문입니다. 가열 중에 섞지 않고 그냥 온도계를 꽂아서 측정하면 온도가 더 높게 나올 수 있어요.

샴푸를 만드는데 폴리쿼터가 잘 녹지 않아요. 어떻게 해야 할까요?

샴푸를 만들기 전 먼저 정제수에 폴리쿼터를 첨가한 다음 실온에서 하루 정도 놔두면 자연스럽게 녹아요. 폴리쿼터가 잘 녹지 않으면 분말이 두피에 닿아 가려움증을 유발할 수 있습니다.

요즘 계면활성제가 화제인데 어떤 재료인가요?

계면활성제는 액체의 표면에 흡착해서 계면(서로 맞닿아 있는 두 물질의 경계면)의 활성을 크게 하고 성질을 현저하게 변화시키는 물질입니다. 표면장력을 떨어뜨리고 세정력, 분산력, 유화력, 가용력, 살균력 등이 뛰어나 가정용 세제를 포함해 널리 활용되고 있어요.
인공계면활성제가 문제가 되는 것은 천연계면활성제에 비해 피부자극이 심하고, 인체에 해로운 유해물질이 함유되어 있기 때문입니다. 그 중에서 가장 큰 문제가 되는 것은 발암성분과 호르몬 교란 성분입니다.
천연계면활성제는 천연유래 성분을 기반으로 소량의 화학성분을 첨가한 제품입니다. 세정력이 조금 떨어질 수 있지만 피부자극을 최소화할 수 있고 생분해성이 높아 환경 오염도 줄일 수 있습니다.

GMS 대신 올리브 유화왁스를 사용해도 되나요?

네, 대체 가능합니다. 올리브 유화왁스는 하나만 사용해도 유화가 안정적으로 이루어지는 유화제입니다. 단, 단독 사용할 경우 GMS를 첨가할 때보다 백탁현상이 두드러질수 있어요.

히아루론산과 나프리를 함께 넣어도 되나요?

스킨 토너를 만들때 히아루론산과 나프리를 함께 사용하면 탁해지고 얇은 실막이 생겨 엉김 현상이 나타나기도 합니다. 이물질처럼 보이기도 하고 스프레이 용기에 넣으면 분사가 잘 안될 수 있기 때문에 권장하지 않아요. 히아루론산 대신 글리세린이나 모이스트24로 대체해주세요. 스킨 토너가 아니라 로션, 크림을 만들 경우에는 문제가 없습니다.

석고로 오너먼트를 만들고 싶은데, 어떤 제품을 사용하는 것이 좋을까요?

석고는 제품마다 혼수율이 다른데, 가장 많이 사용하는 것은 내추럴 플라스트와 젬마 석고입니다. 내추럴 플라스트 석고는 젬마 석고보다 물의 양이 적어요. 석고 100g을 기준으로 했을 때 젬마 석고는 정제수 50g, 내추럴 플라스트 석고는 정제수 40g 정도를 넣으면 됩니다.

캔들을 만들 때 향유는 몇% 정도 넣나요?

왁스마다 향 첨가율이 조금씩 다르지만 보통 5~10% 정도를 첨가합니다. 가장 많이 첨가하는 비율은 7~8%입니다.

내 피부 타입 알아보기

지성 피부	건성 피부	중성 피부	복합성 피부	민감성 피부
얼굴 전체가 번들거리면서 여드름이나 뾰루지가 잘 생기고 모공이 넓은 것이 특징입니다. 세안 후 피부를 손으로 만졌을 때 매끄럽지 않고 거칠게 느껴지고, 유분으로 인해 화장이 잘 지워집니다. 세안 후 로션을 바르지 않아두 당김이 없을 경우 지성 피부일 가능성이 크고, 세안 직후에는 피부가 당기지만 몇 분 내에 사라지면서 유분이 생길 경우에도 지성 피부라고 판단합니다.	건성 피부는 건조함으로 인해 피부가 자주 당기는 느낌이 드는 것이 특징입니다. 전체적으로 유분이 적기 때문에 주름이 발생할 가능성이 크고 노화가 빠르게 진행되는 편입니다. 세안 후 얼굴 당김이 심하고 각질이 많이 생긴다면 건성 피부일 가능성이 크고, 피부가 자주 가렵거나 세안하고 나서 시간이 지나도 유분이 생기지 않는다면 건성 피부라고 봐도 무방합니다.	중성 피부는 가장 축복받은 피부 타입이라고 볼 수 있습니다. 지성과 건성의 중간 단계인 피부 타입으로 유수분의 밸런스가 매우 좋은 것이 특징입니다. 또한 어떤 화장품을 사용해도 트러블이 거의 없습니다. 평소 유분이 많지도 않고 건조함을 느끼지 않을 경우 중성 피부일 가능성이 크지만, 다만 100% 중성 피부는 거의 없고 대부분 건성이나 지성 어느 한쪽의 특징이 나타납니다.	피부에 지성과 건성이 복합적으로 나타나는 피부입니다. 중성 피부와는 다르게 부위에 따라 지성과 건성이 공존하는 피부라고 할 수 있습니다. 이마와 코, 즉 T존은 지성이지만 나머지 부분은 건성인 타입입니다. 세안 후 아무 것도 바르지 않은 상태에서 시간이 지나 T존 부위만 번들거린다면 복합성 피부일 가능성이 높습니다.	피부가 예민해서 약한 자극에도 금방 붉어지고 트러블이 발생하는 것이 특징입니다. 지성 피부처럼 여드름이나 뾰루지 발생과는 다르게 약한 자극에도 쉽게 피부가 손상됩니다. 민감성 피부는 피부 타입에 상관없이 나타날 수 있기 때문에 화장품을 선택할 때 향, 화학적 방부제가 첨가되지 않은 제품을 선택해서 사용하세요.

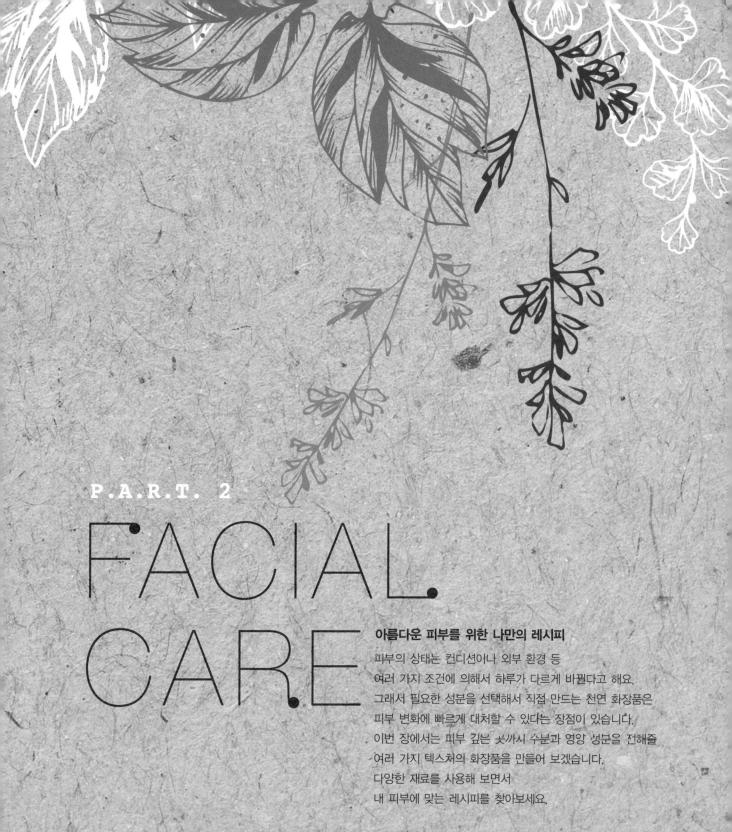

FACIAL CARE

아름다운 피부를 위한 나만의 레시피

피부의 상태는 컨디션이나 외부 환경 등
여러 가지 조건에 의해서 하루가 다르게 바뀐다고 해요.
그래서 필요한 성분을 선택해서 직접 만드는 천연 화장품은
피부 변화에 빠르게 대처할 수 있다는 장점이 있습니다.
이번 장에서는 피부 깊은 곳까지 수분과 영양 성분을 전해줄
여러 가지 텍스처의 화장품을 만들어 보겠습니다.
다양한 재료를 사용해 보면서
내 피부에 맞는 레시피를 찾아보세요.

피부는 컨디션이나 외부 환경 등
여러 가지 조건에 의해서 바뀐다고 해요.
필요한 성분을 선택해서 직접 만드는 천연화장품은
피부 변화에 빠르게 대처할 수 있다는 장점이 있습니다.

C.L.E.A.N.S.E.R

043 콜드포도씨 클렌징 오일
044 모이스처 클렌징 오일
045 로즈 클렌저
046 아이 리무버 오일
048 그린티 클렌징 크림
049 그린티 클렌징 버터
051 블랙차콜 폼 클렌저

M.I.S.T & T.O.N.E.R

053 캐모마일저먼 워터 미스트
054 내추럴 모이스처 미스트
055 코엔자임Q10 토너
056 로즈 워터 토너
058 워터아르간 토너
059 ◊ 나만의 토너 레시피

L.O.T.I.O.N

061 솔잎 콜라겐 로션
062 석류 로션
063 윈터 모이스처 로션
064 FGF 로션
066 헴프시드 로션

E.S.S.E.N.C.E

067 알로에 화이트닝 에센스
068 보르피린 화이트닝 에센스
071 피토 갈락토미세스 에센스
072 비피다 에센스
073 콜라겐 에센스
074 퍼펙트 솔루션 에센스
075 ◊ 나만의 에센스 레시피

C.R.E.A.M

077 알로에 수분 크림
078 마유 크림
079 시벅턴 크림
080 바오밥 크림
083 FGF 리페어 아이 크림
084 레티놀 아이 크림
085 스윗아몬드 크림
086 나이트 모이스처 크림
088 ◊ 나만의 로션 · 크림 레시피

S.P.E.C.I.A.L I.T.E.M

090 발효 브라이트닝 앰플
090 피토 갈락토미세스 앰플
092 시벅턴 페이스 오일
092 마유 페이스 오일
094 건성 피부를 위한 페이스 오일
095 지성 피부를 위한 페이스 오일
096 트러블 스팟
096 링클 스팟
098 화이트닝 스팟
099 리커버리 스팟
101 한방 필링젤
102 BHA 필링젤
103 올리브 오일 팩
104 단호박 팩
106 오트밀 팩
107 살구씨 팩

FACIAL
CARE

콜드포도씨 클렌징 오일

모이스처 클렌징 오일

가볍게 물로 씻어내는 워셔블 클렌저

콜드포도씨 클렌징 오일

포도의 속살처럼 맑고 상큼한 연녹색의 클렌징 오일입니다.
무겁고 끈적한 느낌이 싫어서 클렌징 오일을 부담스러워했다면
산뜻하고 부드러운 사용감을 가진 콜드포도씨 오일을 사용해 보세요.
특히 지성 피부인 사람들에게 안성맞춤인 라이트한 오일입니다.
간단하게 물로 세안하니까 편하고 상쾌해서 누구에게나 사랑받는 아이템이에요.

난이도	●○○
피부 타입	지성
효능	클렌징, 보습
보관	실온
사용기간	2~3개월

재료(100g)

콜드포도씨 오일 30g
버진올리브 오일 15g
살구씨 오일 37g
올리브 리퀴드 16g
비타민E 2g
라벤더트루 E. O. 10방울

도구

유리 비커
저울
주걱
에센스 용기(120ml)

How to Make

1. 유리 비커를 저울에 올려놓고 콜드포도씨 오일, 버진올리브 오일,
살구씨 오일을 차례대로 넣고 계량한 다음 주걱으로 저어준다.

2. 올리브 리퀴드, 비타민E를 넣고 주걱으로 섞는다.

3. 라벤더트루 에센셜 오일을 넣고 주걱으로 잘 저어준다.

4. 미리 소독한 용기에 담고, 손바닥으로 가볍게 감싸 쥔 다음
굴리면서 섞는다.

5. 하루 정도 숙성한 다음 사용한다.

How to Use

흔들어 사용할 수 있도록 120~150ml 정도의 넉넉한 용기(펌핑할 수 있는 샴푸, 에센스 용기
등)를 선택해서 넣으세요. 손을 깨끗하게 씻은 다음 2~3번 펌핑해서 덜어주세요. 얼굴에 바
르고 살살 마사지하면서 메이크업 잔여물을 깨끗하게 닦아냅니다. 미지근한 물로 씻어낸 다음
비누로 다시 한 번 세안하세요. 클렌징 오일이 눈에 들어갈 경우 물로 살짝 씻어내세요.

콜드포도씨 오일은 열을 가하지 않고 냉압착해서 추출한 오일이기 때문에 '콜드'가 붙었답니
다. 이름대로 열을 가하지 않았기 때문에 포도씨가 함유하고 있는 비타민, 항산화 성분이 그대
로 녹아있어요. 보습과 탄력 유지에 효과가 있는데, 오일 종류 중에서도 유분감이 굉장히 적어
서 지성 피부에도 잘 맞아요.

노폐물은 깨끗하게, 촉촉함은 남아있는

모이스처 클렌징 오일

지성 피부라면 클렌저를 사용하고 나서 개운하고 산뜻한 느낌을 좋아하지만,
건성 피부일 경우에는 촉촉하고 부드러운 느낌이 남기를 원한답니다.
건성 피부용 클렌징 오일은 올리브 리퀴드 함량을 줄여 보습감을 높여줍니다.
만들기도 쉽고 간편하게 물로 씻어내는 워셔블 타입이라 더욱 좋아요.

난이도	●○○
피부 타입	건성
효능	클렌징, 보습
보관	실온
사용기간	2~3개월

재료(100g)

스윗아몬드 오일 30g
살구씨 오일 30g
해바라기씨 오일 16g
연꽃 오일 10g
올리브 리퀴드 12g
비타민E 2g
레몬 E. O. 5방울

도구

유리 비커
저울
주걱
에센스 용기(120ml)

How to Make

1. 유리 비커를 저울에 올려놓고 스윗아몬드 오일, 살구씨 오일,
해바라기씨 오일, 연꽃 오일을 차례대로 넣고 계량한 다음
주걱으로 저어준다.

2. 올리브 리퀴드, 비타민E를 넣고 주걱으로 섞는다.

3. 레몬 에센셜 오일을 넣고 주걱으로 잘 저어준다.

4. 미리 소독한 용기에 담고, 손바닥으로 가볍게 감싸 쥔 다음
굴리면서 섞는다.

5. 하루 정도 숙성한 다음 사용한다.

How to Use

넉넉하게 120~150ml 정도의 용기(펌핑할 수 있는 샴푸, 에센스 용기 등)에 넣으세요. 세안
할 때는 오일 병을 흔들어서 오일이 충분히 섞이도록 한 다음 사용하면 됩니다. 오일이 눈에
들어갈 경우 물로 살짝 씻어내세요.

스윗아몬드 오일이 들어가기 때문에 견과류 알레르기가 있다면 꼭 '패치 테스트'를 하세요.
패치 테스트는 접촉성 피부염을 진단하는 방법 중 한 가지예요. 손목 등 피부 안쪽에 오일을
떨어뜨린 다음 48시간 동안 피부에 어떤 변화가 있는지 확인하면 됩니다. 스윗아몬드 오일에
반응할 경우 해바라기씨 오일로 대체하면 됩니다.

연꽃 오일은 은은하고 고급스러운 향기가 특징으로 감페롤 성분을 함유하고 있어요. 감페롤은
피부 노화의 원인인 유해 활성 산소를 감소시키는 항산화 작용을 하기 때문에 피부 세포를 보
호해서 건강하고 촉촉하게 가꿔줍니다.

물비누 베이스를 활용한 초간단 클렌저

로즈 클렌저

오일 클렌저보다 순하고 부드러운 느낌을 주는 클렌저입니다.
물비누 베이스를 활용하면 더욱 쉽고 간단하게 만들 수 있어요.
물비누 베이스를 바로 클렌저로 사용해도 상관없지만,
히아루론산으로 보습력을 높여주고 우아하고 여성스런 로즈향을 넣었어요.
물비누 베이스에 여러 가지 추출물을 넣어서 내 피부 타입에 맞는 클렌저를 만들어 보세요.

난이도 ●○○
피부 타입 건성
효능 클렌징, 보습
보관 실온
사용기간 2~3개월

재료(150g)

올리브 물비누 베이스 120g
장미 추출물 14g
로즈 워터 10g
히아루론산 5g
올리브 리퀴드 1g
3%로즈호호바오일 E. O. 10방울
로즈 F. O. 3~6방울

도구

유리 비커
저울
주걱
거품 용기(150ml)

How to Make

1. 유리 비커를 저울에 올려놓고 3%로즈호호바오일 에센셜 오일,
로즈 프래그런스 오일, 올리브 리퀴드를 계량해서 넣고
주걱으로 잘 섞는다.

2. 올리브 물비누 베이스, 장미 추출물, 로즈 워터, 히아루론산을
차례대로 넣으면서 주걱으로 잘 저어준다.

3. 미리 소독한 용기에 담고 하루 정도 숙성한 다음 사용한다.

How to Use

손을 깨끗하게 씻고 로즈 클렌저를 덜어서 거품을 낸 다음 얼굴 전체를 마사지하듯 부드럽게
문지르고 물로 깨끗하게 씻으면 됩니다. 메이크업을 가볍게 했을 때는 로즈 클렌저만으로 충
분하지만, 아이섀도, 쉐이딩, 블러셔 등 컬러 메이크업을 하는 편이라면 먼저 오일 클렌저를
사용한 다음 로즈 클렌저로 마무리해주세요.

3%로즈호호바오일 에센셜 오일은 식물성 오일에 에센셜 오일을 희석한 것입니다. 97%호호
바 오일에 3%로즈 에센셜 오일을 블렌딩한 것으로 로션이나 크림에 1~2방울씩 혼합해서 사
용하면 피부가 맑아지는 효과가 있습니다.

민감한 눈가 피부를 건강하게 지켜주는

아이 리무버 오일

아이 메이크업을 즐겨하는 편이라면 아이 리무버를 꼭 사용해야 합니다.
마스카라, 아이섀도, 아이라이너 등 민감하고 예민한 눈가에 바르는 화장품 종류가 많아질수록
더욱 세심하게 관리하세요. 특히 얼굴 전체를 씻어낸 다음 아이 리무버 오일로
다시 한 번 눈가의 메이크업 잔여물을 닦아내는 과정이 필요합니다.
순하고 부드러운 리무버 오일을 사용하는 것도 잊지 마세요.

난이도	●○○
피부 타입	건성
효능	노폐물 제거, 보습
보관	실온
사용기간	2~3개월

재료(30g)

호호바 오일 10g
살구씨 오일 10g
아르간 오일 6g
올리브 리퀴드 3g
비타민E 1g
라벤더트루 E. O. 3방울
프랑킨센스 E. O. 3방울

도구

유리 비커
저울
주걱
에센스 용기(40ml)

How to Make

1. 유리 비커를 저울에 올려놓고 호호바 오일, 살구씨 오일, 아르간 오일, 올리브 리퀴드, 비타민E를 차례대로 계량해서 넣고 주걱으로 저어준다.

2. 라벤더트루, 프랑킨센스 에센셜 오일을 넣고 잘 혼합한다.

3. 미리 소독한 용기에 담아서 하루 정도 숙성한 다음 사용한다.

How to Use

얼굴 전체를 클렌저로 닦아낸 다음 아이 리무버 오일을 덜어서 눈가를 살살 마사지해주세요. 손가락에 물을 묻혀 다시 롤링하듯 부드럽게 굴려준 후에 세안합니다. 눈가 피부를 당기거나 거칠게 문지르지 않도록 조심하세요.

살구씨 오일은 노화 방지, 미백에 효과가 있고 보습력도 탁월해요. 아기 피부에도 적합할 만큼 순해 누구나 사용할 수 있습니다. 살구씨 오일이 많이 남았거나 유통 기한이 얼마 남지 않았다면 목욕할 때 사용하세요. 살구씨 오일 50g에 올리브 리퀴드 8g을 넣어서 샤워할 때 온몸에 바르고 물로 씻어내면 샤워 후에도 촉촉함이 유지됩니다.

● 지성 피부라면 프랑킨센스 에센셜 오일 대신 만다린 에센셜 오일 3방울을 넣으면 됩니다.

로즈 클렌저

아이 리무버 오일

Natural
HANDMADE

자극없이 부드러운 워셔블 타입의 클렌저

그린티 클렌징 크림

말갛고 투명해 보이는 피부는 누구나 부러워하는 이상적인 피부입니다.
녹차씨 오일에는 비타민C가 많이 함유되어 있어 피부 톤을 맑게 해줍니다.
그리고 카테킨 성분이 피지를 조절해주고 트러블을 진정시키기 때문에
자극없이 부드럽게 클렌징할 수 있어요.
노폐물을 부드럽게 녹여주는 크림 타입의 클렌저를 만들어 볼까요.

난이도	◆◆◆
피부 타입	지성
효능	노폐물 제거, 보습
보관	실온
사용기간	2~3개월
rHLB	7.00

재료(100g)

수상층
정제수 45g

유상층
녹차씨 오일 20g
살구씨 오일 5g
콜드포도씨 오일 15g
올리브 유화왁스 4.3g
GMS 2.7g

첨가물
글리세린 4g
세라마이드(수상) 2g
나프리 1g
비타민E 1g

에센셜 오일
스윗오렌지 E. O. 10방울

도구

유리 비커 2개
저울
주걱
핫플레이트
온도계
미니 핸드블렌더
크림 용기(100ml)

How to Make

1. 유리 비커를 저울에 올려놓고 유상층(녹차씨 오일, 살구씨 오일, 콜드포도씨 오일, 올리브 유화왁스, GMS)을 계량한다.

2. 다른 비커에 수상층(정제수)을 계량한다.

3. 2개의 비커를 핫플레이트에 올린 다음 70~75℃ 까지 가열한다.

4. 수상층에 유상층을 천천히 부으면서 계속해서 주걱과 핸드블렌더를 번갈아 사용하여 저어준다. 유화가 풀리지 않도록 꾸준히 저어야 한다.

5. 온도가 약 50~55℃ 정도로 내려가면 약간의 점도가 생긴다. 이때 첨가물(글리세린, 세라마이드, 나프리, 비타민E), 스윗오렌지 에센셜 오일을 넣고 저어준다.

6. 온도가 약 40~45℃ 정도가 되면 미리 소독한 용기에 넣는다.

How to Use

어릴 때 어머니 화장대에서 가장 큰 용기에 담겨있던 바로 그 '콜드 크림' 이에요. 유분이 많은 크림 타입 클렌저인데, 부드럽게 노폐물을 녹여내는 느낌이 좋은데다 물로 씻어내는 워셔블 타입이라 즐겨 사용하고 있어요. 메이크업한 얼굴에 바르고 살살 마사지해준 다음, 손가락에 물을 묻혀 다시 한 번 마사지 해주면 하얗게 유화가 일어납니다. 그 상태에서 1~2분 정도 클렌징 후 세안하세요.

상쾌한 녹차의 기운이 가득한 버터 타입 클렌저

그린티 클렌징 버터

마치 버터처럼 되직한 텍스처의 클렌저입니다.
얼굴에 마사지하면 부드럽게 녹아내리는 느낌이 정말 독특하답니다.
녹차 분말이 산뜻하고 상쾌한 느낌을, 시어 버터가 든든한 수분 보호막을
만들어 주기 때문에 특히 건성 피부에 잘 맞아요.
티슈로 닦아낼 필요 없는 워셔블 타입이라서 간편하고 세정력도 좋은 클렌저랍니다.

난이도	◆◆◇
피부 타입	건성
효능	클렌징, 보습
보관	실온
사용기간	2~3개월

재료(50g)

유상층
올리브 퓨어 오일 15g
살구씨 오일 10g
망고 버터 10g
비즈 왁스 2g
올리브 유화왁스 6g
비타민E 1g
올리브 리퀴드 5g

첨가물
녹차 분말 0.5g

에센셜 오일
레몬 E. O. 9방울
레몬그라스 E. O. 1방울

도구

유리 비커
저울
주걱
핫플레이트
온도계
크림 용기(50ml)

How to Make

1. 유리 비커를 저울에 올려놓고 유상층(올리브퓨어 오일, 살구씨 오일, 망고 버터, 비즈 왁스, 올리브 유화왁스, 비타민E, 올리브 리퀴드)을 순서대로 계량한다.

2. 비커를 핫플레이트에 올리고 왁스가 다 녹을 때까지 가열한다.

3. 가열을 끝내고 녹차 분말을 넣고 덩어리가 생기지 않도록 주걱으로 섞는다.

4. 온도가 50~55℃까지 떨어지면 레몬, 레몬그라스 에센셜 오일을 넣고 혼합한다.

5. 미리 소독한 용기에 담고 하루 정도 숙성한 다음 사용한다.

How to Use

클렌징 버터는 만들고 나서 바로 사용해도 되지만, 하루 정도 숙성하면 사용감이 더 좋아요. 얼굴에 바르고 마사지한 다음, 손가락에 물을 묻혀 다시 한 번 마사지하면 하얗게 유화가 일어납니다. 그 상태에서 1~2분 정도 클렌징하고 세안하세요.

숯 분말이 깨끗하고 건강한 피부로 가꿔주는

블랙차콜 폼 클렌저

지치고 푸석해보이는 피부가 신경쓰인다면 클렌징 단계부터 새롭게 시작해보세요.
특히 피부 깊숙한 곳에 숨은 노폐물까지 클렌징하고 싶다면 블랙차콜 폼 클렌저로 세안하세요.
흡착력이 좋은 숯 분말은 피부 깊숙한 곳의 노폐물까지 제거해주고,
미네랄도 풍부해서 피부의 순환 작용을 도와줍니다.
깨끗하고 건강한 피부를 위한 폼 클렌저로 추천해요.

난이도	●○○
피부 타입	모든 피부
효능	클렌징, 보습
보관	실온
사용기간	2~3개월

재료(100g)

살구씨 오일 18g
아보카도 오일 10g
스윗아몬드 오일 18g
애플 계면활성제 30g
숯 분말 1g
유카 추출물 4g
올리브 리퀴드 15g
캐비어 추출물 3g
나프리 1g
라벤더트루 E. O. 10방울

도구

유리 비커
저울
미니 핸드블렌더
주걱
거품 용기(100ml)

How to Make

1. 유리 비커를 저울에 올려놓고 살구씨 오일, 아보카도 오일,
스윗아몬드 오일, 애플 계면활성제를 계량한다.

2. 숯 분말을 계량해서 넣고 잘 섞는다. 숯 분말이 잘 섞이지 않으면
주걱으로 여러 번 저어주거나 미니 핸드블렌더를 사용한다.

3. 유카 추출물, 올리브 리퀴드, 캐비어 추출물, 나프리를 넣고 섞는다.

4. 라벤더트루 에센셜 오일을 넣고 저어준다.

5. 미리 소독한 폼 클렌저 용기에 담고 1~2일 정도 숙성한 다음
흔들어서 사용한다.

How to Use

판매되고 있는 클렌저처럼 풍부한 거품이 아니라, 보다 조밀한 거품이 생깁니다. 클렌징 오일
에 세정력을 더한 느낌인데 부드럽고 순한 사용감이 특징이에요.

숯 분말은 비누 제작에도 많이 사용하는 원료입니다. 노폐물을 흡착해서 깨끗하게 제거해주기
때문에 뽀드득하는 느낌을 좋아한다면 꼭 만들어 보세요. 숯 분말을 너무 많이 넣으면 모공을
막을 수도 있기 때문에 정확한 양을 넣어야 합니다. 숯 분말이 많이 날리기 때문에 계량할 때
조심하고, 클렌서를 사용일 때는 세면대에 튀이시 검은 얼룩이 남지 않도록 주이하세요.
애플 계면활성제는 기타 계면활성제보다 자극이 적어서 어린이용 클렌저로 사용해도 좋아요.

➡ 대체 재료
유카 추출물 ⋯ 애플 계면활성제

캐모마일저먼 워터 미스트

내추럴 모이스처 미스트

촉촉한 수분과 향기까지 즐길 수 있는

캐모마일저먼 워터 미스트

매서운 바람이 부는 겨울이나 에어컨이 작동 중인 실내에서는 피부가 빠르게 건조해지지만,
사실 뚜렷한 해결책은 없어요. 그래서 피부에 즉각적인 수분과 영양을 공급해주는 미스트를 만들었습니다.
건성 피부에 효과적인 캐모마일저먼 워터를 넣은 미스트는 만들기도 쉽고,
언제 어디서든 간편하게 뿌릴 수 있어서 추천합니다.

난이도	●○○
피부 타입	모든 피부
효능	보습, 피부 톤 개선
보관	실온
사용기간	1~2개월

재료(110g)

캐모마일저먼 워터 60g
정제수 25g
토마토 추출물 15g
글리세린 5g
에탄올 5g
3%로즈호호바오일 E. O. 10방울
제라늄 E. O. 5방울

도구

유리 비커 2개
저울
주걱
스프레이 용기(110~150ml)

How to Make

1. 유리 비커를 저울에 올려놓고 캐모마일저먼 워터, 정제수,
토마토 추출물, 글리세린을 차례대로 계량한 다음 주걱으로 섞어준다.

2. 다른 유리 비커에 에탄올, 에센셜 오일(3%로즈호호바오일, 제라늄)을
따로 계량해서 잘 섞는다.

3. ①과 ②를 미리 소독한 용기에 담고 흔들어서 섞는다.

How to Use

먼저 손을 깨끗하게 씻은 다음 얼굴에서 15cm 정도 떨어진 곳에서 분사하고, 손으로 톡톡 두
드려서 흡수시키면 됩니다. 아침 세안을 한 다음 기초 화장을 시작하기 전, 그리고 나른한 오
후 등 피부가 건조함을 느낄 때마다 뿌려주세요.

캐모마일 워터는 로즈 워터, 라벤더 워터와 마찬가지로 모두 플로럴 워터의 종류입니다. 플로
럴 워터는 에센셜 오일을 수증기 증류법으로 추출하고 남은 정제수예요. 종류에 따라 향이나
효능이 다르기 때문에 피부에 맞는 플로럴 워터를 선택해서 사용하세요.

토마토 추출물은 보습, 항산화, 피부 톤 개선 효과가 우수한 재료입니다. 특히 토마토에 함유
된 리코펜과 비타민의 활성 성분이 피부를 생생하고 밝게 가꾸어주는 효과가 있어요.

에탄올은 수렴과 방부 작용을 하는데 피부가 민감하거나 미스트를 사용하면서 따가운 증상을
느끼는 경우 넣지 않는 것이 좋습니다 이럴 때는 에탄올 대신 올리브 리퀴드 1g을 넣으세요.

➜ 대체 재료
캐모마일저먼 워터 ┄➔ **로즈 워터**
토마토 추출물 ┄➔ **석류 추출물**

FACIAL
CARE

보습력이 탁월한 알로에 추출물을 넣은

내추럴 모이스처 미스트

피부 보습에 효과가 있는 여러 가지 식물 중에서도 가장 탁월한 보습, 미백 효과를 가진 식물이
바로 알로에입니다. 천연 화장품에서도 알로에베라 겔, 추출물 등 다양한 형태로 활용하고 있습니다.
알로에 추출물은 보습 효과는 물론 자외선에 의한 피부 손상을 예방해 주기 때문에
여름철 피부 보호를 위한 미스트로 활용하세요.

난이도	●○○
피부 타입	건성
효능	보습, 미백
보관	실온
사용기간	1~2개월

재료(100g)

로즈 워터 60g
정제수 30g
알로에 추출물 5g
글리세린 4g
나프리 1g
로즈제라늄 E. O. 2방울
라벤더트루 E. O. 3방울

도구

유리 비커
저울
주걱
스프레이 용기(110ml)

How to Make

1. 유리 비커를 저울에 올려놓고 로즈 워터, 정제수, 알로에 추출물,
글리세린, 나프리를 차례대로 계량한 다음 주걱으로 섞어준다.

2. 로즈제라늄, 라벤더트루 에센셜 오일을 계량해서 잘 섞는다.

3. 미리 소독한 용기에 넣고 하루 정도 숙성한 다음 사용한다.

How to Use

먼저 손을 깨끗하게 씻은 다음 얼굴에서 15cm 정도 떨어진 곳에서 분사하고 톡톡 두드려 피
부에 흡수시키면 됩니다. 흡수되지 않은 미스트는 화장솜으로 가볍게 닦아주세요. 메이크업을
한 상태에서 뿌린 후에는 손으로 이마와 뺨을 지그시 눌러주세요.

로즈 워터는 플로럴 워터 중에서도 향이 강한 편입니다. 따라서 향기에 민감하다면 로즈 워터
의 양을 줄이고, 그만큼 정제수의 양을 늘려주세요.

➡ 대체 재료
로즈 워터 ⋯ **캐모마일저먼 워터**
알로에 추출물 ⋯ **로즈 워터**

상큼한 항산화 에너지가 가득한

코엔자임Q10 토너

비타민E보다 더 강력한 항산화제로 알려져 있는 코엔자임Q10은 노화 방지에 탁월한 원료입니다.
노화를 촉진하는 활성산소를 제거해 피부에 생기와 탄력을 되돌려 주기 때문이에요.
매일 아침 오렌지빛 토너를 화장솜에 듬뿍 적셔서 피부결을 정리해보세요.
코엔자임Q10의 강력한 에너지가 피부 속까지 전달되는 느낌이랍니다.

난이도	◐○○
피부 타입	노화
효능	주름 개선
보관	실온
사용기간	1~2개월

재료(100g)

정제수 50g
알로에 워터 20g
라벤더 워터 10g
백년초 추출물 10g
코엔자임Q10(수용성) 5g
글리세린 4g
나프리 1g

도구

유리 비커
저울
주걱
스프레이 용기(110ml)

How to Make

1. 유리 비커를 저울에 올려놓고 정제수, 알로에 워터, 라벤더 워터, 백년초 추출물, 코엔자임Q10, 글리세린, 나프리를 차례대로 계량한 다음 주걱으로 섞어준다.

2. 미리 소독한 용기에 넣고 하루 정도 숙성한 다음 사용한다.

How to Use

화장솜에 토너를 충분히 적신 다음 얼굴 중앙에서 바깥쪽으로 살짝 닦아내세요.

코엔자임Q10은 수용성과 지용성으로 나뉩니다. 수용성은 주로 정제수, 플로럴 워터 등의 수상층 재료에 섞어서 토너와 에센스를 만들 수 있어요. 지용성 코엔자임Q10은 유상층 재료 즉, 오일 등에 섞어서 로션과 크림 종류를 만들기 때문에 두 가지를 구분해서 사용하세요.

에센셜 오일을 넣지 않은 이유는 알로에 워터, 라벤더 워터, 백년초 추출물, 코엔자임Q10 등 워터 타입의 좋은 기능성 재료가 많이 들어갔기 때문입니다.

피부 건조와 스트레스까지 덜어주는

로즈 워터 토너

여성들에게 오랫동안 사랑받아온 로즈 에센셜 오일과 로즈 플로럴 워터를 함께 넣어서
화사하고 여성스런 느낌의 토너를 만들었어요.
로즈 워터는 피부 진정 작용이 뛰어나고 건조한 피부에 영양과 수분을 공급해준답니다.
모든 피부 타입에 잘 맞고 스트레스 완화와 기분 전환에도 도움을 주기 때문에
세안 후 피부에 바르는 토너로 정말 잘 어울립니다.

난이도	●○○
피부 타입	건성
효능	피부 진정, 보습
보관	실온
사용기간	1~2개월

재료(100g)

로즈 워터 70g
카렌듈라 추출물 15g
글리세린 4g
알로에베라 겔 10g
올리브 리퀴드 1g
3%로즈호호바오일 E. O. 10방울

도구

유리 비커
저울
주걱
스프레이 용기(110ml)

How to Make

1. 유리 비커를 저울에 올려놓고 3%로즈호호바오일을 계량한 다음
올리브 리퀴드를 넣고 섞는다.

2. 로즈 워터, 카렌듈라 추출물, 글리세린, 알로에베라 겔을 넣고
주걱으로 저어준다.

3. 알로에베라 겔이 잘 풀어지도록 주걱으로 충분히 저어서 혼합한다.
알로에베라 겔이 잘 풀어지지 않으면 미니 핸드블렌더를 1~2회
사용한다.

4. 미리 소독한 용기에 담고 하루 정도 숙성한 다음 사용한다.

로즈 워터는 피부 진정 작용이 뛰어나고 지친 피부를 활성화해주며 특히 여성의 호르몬, 생식
기 계통의 균형을 유지해 줍니다. 눈이 피로하거나 아플 때 로즈 워터를 화장솜에 적셔서 눈
위에 잠깐 올려두세요. 피로가 사라지고 기분이 훨씬 좋아진답니다.

카렌듈라 추출물은 피부 손상을 막아주고 가려움 등의 피부 자극을 완화해줍니다. 또 비타민E
를 함유하고 있어서 피부 구성 성분의 산화를 막아 노화를 방지하는 역할을 해요.

➡ 대체 재료
로즈 워터 ···▶ 캐모마일저먼 워터
글리세린 ···▶ 히아루론산

코엔자임O10 토너

로즈 워터 토너

맑고 생기있는 피부를 위한 첫걸음

워터아르간 토너

아르간 오일을 물에 잘 녹을 수 있게 만든 워터아르간 오일을 넣었어요.
물에 잘 녹기 때문에 흡수가 빠르고 촉촉한 느낌을 주는 토너입니다.
기존의 토너보다 훨씬 산뜻한 사용감을 느낄 수 있는 워터아르간 토너는
보습은 물론 칙칙한 피부를 맑고 생기있는 톤으로 개선해준답니다.

난이도	◑○○
피부 타입	건성, 노화
효능	보습, 피부 톤 개선
보관	실온
사용기간	2~3개월

재료(100g)

로즈 워터 88g
워터아르간 오일 7g
글리세린 4g
나프리 1g
팔마로사 E. O. 5방울
제라늄 E. O. 5방울

도구

유리 비커
저울
주걱
스프레이 용기(110ml)

How to Make

1. 유리 비커를 저울에 올려놓고 워터아르간 오일, 팔마로사,
   제라늄 에센셜 오일을 넣고 주걱으로 잘 섞는다.

2. 로즈 워터, 글리세린, 나프리를 계량한 다음 주걱으로 저어준다.

3. 미리 소독한 용기에 담고 하루 정도 숙성한 다음 사용한다.

워터아르간 오일은 그 자체로 에센스로 사용해도 좋을 만큼 효과적인 피부 개선 아이템이에
요. 워터아르간 오일 20g에 팔마로사 에센셜 오일 2방울을 섞어서 피부 재생을 위한 에센스
로 사용해도 됩니다.

토너(스킨)의 레시피 작성은 모든 화장품 레시피 중 가장 간단합니다.
화장품의 기본 구성인 유상층, 수상층 중에서 수상층이 99% 이상이고,
기본적인 워터와 보습제만을 이용하여 만들 수 있기 때문입니다.
특별하거나 다양한 재료를 첨가하지 않고 간단하게 나만의 레시피를 만들 수 있어요.

워터류(플로럴 워터)	90~99%
첨가물(추출물 및 보습제)	5~7%
천연방부제	0.5~2%
에센셜 오일	100ml 기준 5~10방울

플로럴 워터

플로럴 워터는 각종 허브에서 수증기 증류법으로 에센셜 오일을 추출할 때 나오는 허브 추출물입니다. 수용성이며 하이드로졸(Hydrosol)이라고도 합니다. 플로럴 워터의 pH는 2.9~6.5 정도의 약산성으로 피부에 자극이 적고 사용감도 부드러워 천연 스킨, 보습용 미스트, 애프터 쉐이빙 등으로 널리 사용됩니다.
플로럴 워터에는 1L당 에센셜 오일 성분이 0.02~0.05% 정도 함유되어 있어 그 자체로도 살균, 소독, 보습의 효과가 있습니다. 한 가지 워터로 사용해도 되지만 2~3가지 워터를 블렌딩해서 사용해도 효과적입니다. 플로럴 워터만으로도 스킨으로 사용할 수 있고, 소량의 보습제만 첨가해서 사용하는 경우도 많습니다.

첨가물

피부 타입에 따라 여러 가지 추출물을 소량 넣어 맞춤형 토너로 만들 수 있습니다. 첨가량은 10% 이내로 첨가하는 것이 좋고, 종류가 다양하기 때문에 피부 타입에 따라 선택하면 됩니다.

에센셜 오일

여러 가지 효능이 있는 에센셜 오일을 피부 타입에 따라 선택해서 토너에 넣을 수 있어요. 에센셜 오일은 피지 분비 조절, 염증 완화, 피부 재생, 살균 효과 등 피부에 좋은 효능뿐만 아니라 아로마 효과로 심리적인 스트레스를 완화해주기도 합니다.

솔잎 콜라겐 로션

석류 로션

피부 트러블 진정과 탄력까지 한 번에

솔잎 콜라겐 로션

피부 트러블은 늘 예고없이 생기는 게 문제입니다.
푹 자고 일어났는데도 조그만 뾰루지가 생긴 걸 발견한 순간 괜히 기분이 우울해질 때도 있어요.
얼굴에 트러블이 자주 생기는 편이라면 솔잎 콜라겐 로션을 만들어 보세요.
솔잎은 타닌, 클로로필 성분을 함유하고 있어 피부 질환을 예방하고
특히 트러블을 진정시키는 역할을 합니다.

난이도	◆◆◆
피부 타입	지성, 트러블 피부
효능	보습, 진정, 재생
보관	실온
사용기간	1~2개월
rHLB	6.92

재료(100g)

수상층
정제수 70g
솔잎 추출물 5g

유상층
호호바 오일 5g
시어 버터 4g
살구씨 오일 3g
이멀시파잉 왁스 2.3g
GMS 1.7g

첨가물
마린 콜라겐 4g
마린 엘라스틴 2g
모이스트24 2g
나프리 1g

에센셜 오일
라벤더트루 E. O. 10방울
로즈마리 E. O. 2방울
시더우드 E. O. 3방울

도구

유리 비커 2개
저울
핫플레이트
온도계
주걱
미니 핸드블렌더
에센스 용기(110ml)

How to Make

1. 유리 비커를 저울에 올려놓고 수상층(정제수, 솔잎 추출물)을 계량한다.

2. 다른 유리 비커를 저울에 올려놓고 유상층(호호바 오일, 시어 버터, 살구씨 오일, 이멀시파잉 왁스, GMS)을 차례로 계량한다.

3. 2개의 비커를 핫플레이트에 놓고 약 70~75℃가 될 때까지 가열한다.

4. 2개 비커가 약 70~75℃, 3℃ 정도의 차이 내에서 온도가 비슷해지도록 조절한다.

5. 수상층 비커에 유상층 비커를 천천히 붓는다. 부으면서 주걱과 핸드블렌더를 번갈아 사용하면서 계속 저어준다.

6. 온도가 약 50~55℃ 정도가 되어 약간의 점도가 생기면 첨가물(마린 콜라겐, 마린 엘라스틴, 모이스트24, 나프리)을 차례로 넣으면서 계속 주걱으로 저어준다.

7. 에센셜 오일(라벤더트루, 로즈마리, 시더우드)을 넣고 저어준 다음 약 40~45℃ 정도가 되면 미리 소독한 용기에 넣는다.

지성 피부에 뾰루지, 여드름 등의 트러블이 많이 생기기 때문에 트러블을 완화해주는 솔잎 성분을 넣었어요. 라벤더트루, 로즈마리, 시더우드 에센셜 오일 블렌딩은 지성 피부이 트러블 진정과 보습에 효과적입니다.

마린 콜라겐은 피부에 자극없이 진피까지 보습 성분을 전달하고 탄력을 주는 성분입니다. 마린 콜라겐과 마린 엘라스틴을 함께 사용하면 피부 재생력의 시너지 효과를 기대할 수 있어요.

➜ 대체 재료
솔잎 추출물 ⋯ **삼백초 추출물**
모이스트24 ⋯ **히아루론산**
나프리 ⋯ **멀티나트로틱스**

FACIAL CARE

풍부한 영양 성분으로 피부를 생기있게

석류 로션

붉고 탐스럽게 열린 석류 열매를 보면 에스트로겐이 떠오를만큼
석류는 천연 에스트로겐 성분이 풍부한 과일로 유명합니다.
에스트로겐은 기미, 잡티, 노화 방지에 효과적인 성분이에요.
석류 추출물과 석류씨 오일을 함께 넣어 영양 성분도 가득합니다.
석류 로션으로 티 없이 맑고 건강한 피부에 도전해 보세요.

난이도 ♦♦♦
피부 타입 건성, 노화
효능 보습, 재생, 주름 개선
보관 실온
사용기간 1~2개월
rHLB 8.27

재료(100g)

수상층
정제수 70g
석류 추출물 5g

유상층
달맞이꽃 오일 5g
시어 버터 3g
석류씨 오일 2g
IPM 3g
올리브 유화왁스 3.4g
GMS 0.6g

첨가물
히아루론산 4g
D-판테놀 3g
나프리 1g

에센셜 오일
3%로즈호호바오일 E. O. 5방울
제라늄 E. O. 3방울
로즈우드 E. O. 2방울

도구

유리 비커 2개
저울
핫플레이트
온도계
주걱
미니 핸드블렌더
에센스 용기(110ml)

How to Make

1. 유리 비커를 저울에 올려놓고 수상층(정제수, 석류 추출물)을 계량한다.

2. 다른 유리 비커를 저울에 올려놓고 유상층(달맞이꽃 오일, 시어 버터, 석류씨 오일, IPM, 올리브 유화왁스, GMS)을 차례로 계량한다.

3. 2개의 비커를 핫플레이트에 놓고 약 70~75℃가 될 때까지 가열한다.

4. 2개 비커가 약 70~75℃, 3℃ 정도의 차이 내에서 온도가 비슷해지도록 조절한다.

5. 수상층 비커에 유상층 비커를 천천히 부어주면서 주걱과 핸드블렌더를 번갈아 사용하면서 계속 저어준다.

6. 온도가 약 50~55℃ 정도가 되어 약간의 점도가 생기면 첨가물(히아루론산, D-판테놀, 나프리)을 차례대로 넣으면서 계속 주걱으로 저어준다.

7. 에센셜 오일(3%로즈호호바오일, 제라늄, 로즈우드)을 넣으면서 혼합한다.

8. 약 40~45℃ 정도가 되면 미리 소독한 용기에 넣는다.

석류씨 오일은 씨앗에서 추출한 오일로 지용성 영양 성분이 풍부한 것이 특징입니다. 피부의 노화 방지, 재생과 탄력 개선뿐만 아니라 건성 피부의 트러블을 완화해주는 작용을 합니다. 또한 피부에 좋은 알파토코페롤, 스테롤, 피토스쿠알란을 함유하고 있어요.

에센셜 오일 세 가지(3%로즈호호바오일, 제라늄, 로즈우드)를 블렌딩하면 피부 탄력과 재생에 도움을 줍니다.

건조한 겨울 피부를 위한 강력 보습막

윈터 모이스처 로션

피부는 계절이 바뀔 때마다 많은 변화를 겪는답니다.
특히 기온 변화가 심하고 건조해지는 가을, 그리고 차가운 바깥 날씨와 난방 때문에
건조한 실내를 오가는 겨울에는 지치고 힘들만도 하죠.
보습의 대명사 시어 버터, 건조한 피부에 좋은 살구씨 오일, 영양이 가득한 아보카도 오일을 넣은
윈터 모이스처 로션은 피부에 강력한 보습막을 만들어 줄 거예요.

난이도 ◆◆◆
피부 타입 건성
효능 보습, 진정
보관 실온
사용기간 2~3개월
rHLB 7.33

재료(100g)

수상층
정제수 55g
글리세린 5g
캐모마일 추출물 10g

유상층
시어 버터 2g
살구씨 오일 10g
아보카도 오일 7g
IPM 1g
올리브 유화왁스 4g
GMS 2g

첨가물
나프리 1g
리피듀어 2g

에센셜 오일
라벤더트루 E. O. 12방울
3%캐모마일저먼호호바오일 E. O.
8방울

도구

유리 비기 2개
저울
주걱
핫플레이트
온도계
유리 막대
미니 핸드블렌더
에센스 용기(110ml)

How to Make

1. 유리 비커를 저울에 올려놓고 수상층(정제수, 글리세린, 캐모마일 추출물)을 계량한다.

2. 다른 유리 비커를 저울에 올려놓고 유상층(시어 버터, 살구씨 오일, 아보카도 오일, IPM, 올리브 유화왁스, GMS)을 차례로 계량한다.

3. 2개의 비커를 핫플레이트에 놓고 약 70~75℃가 될 때까지 가열한다.

4. 2개 비커가 약 70~75℃, 3℃ 정도의 차이 내에서 온도가 비슷해지도록 조절한다.

5. 수상층 비커에 유상층 비커를 천천히 부어주면서 유리 막대와 핸드블렌더를 번갈아 사용하면서 계속 저어준다.

6. 온도가 약 50~55℃ 정도가 되어 약간의 점도가 생기면 첨가물(나프리, 리피듀어)을 차례대로 넣으면서 계속 주걱으로 저어준다.

7. 에센셜 오일(라벤더트루, 3%캐모마일저먼호호바오일)을 넣으면서 혼합한다.

8. 약 40~45℃ 정도가 되면 미리 소독한 용기에 넣는다.

아보카도 오일은 비타민A, D, E를 모두 함유하고 있어서 피부 조직을 부드럽게 해주고 재생하는 효과가 있습니다. 아보카도 오일 20g에 3%캐모마일저먼호호바오일 에센셜 오일 10방울을 섞으면 이토피 기선을 위한 바니 오일이 됩니다.

➜ **대체 재료**
정제수 ┈ **캐모마일 워터**
시어 버터 ┈ **알로에 버터**
살구씨 오일 ┈ **호호바 오일, 올리브 오일**
아보카도 오일 ┈ **윗점 오일, 달맞이꽃 오일**
나프리 ┈ **멀티나트로틱스**

안티에이징과 보습을 한 번에 해결해주는

FGF 로션

거울을 보니 유난히 피부 탄력이 떨어지고 생기가 없어 보일 때 느끼는 스트레스가 가장 심한 것 같아요.
그래서 안티에이징 성분으로 널리 쓰이고 있는 FGF에 수분감을 더해 줄 알로에베라 겔을 넣었어요.
디톡스 효과가 있는 바다포도 추출물까지 넣어 피부의 여러 가지 고민을 한 번에 해결해 줄 로션입니다.

난이도 ⬥⬥⬥
피부 타입 노화
효능 탄력
보관 냉장
사용기간 2~3개월
rHLB 6.88

재료(100g)

수상층
플로럴 워터 58g
바다포도 추출물 5g

유상층
스윗아몬드 오일 5g
호호바 오일 5g
시벅턴 오일 3g
시어 버터 3g
이멀시파잉 왁스 2g
GMS 2g

첨가물
히아루론산 3g
FGF 5g
아데노신 3g
알로에베라 겔 5g
나프리 1g

에센셜 오일
3%로즈호호바오일 E. O. 10방울
패츌리 E. O. 2방울
제라늄 E. O. 2방울

도구

유리 비커 2개
저울
주걱
핫플레이트
온도계
미니 핸드블렌더
에센스 용기(100ml)

How to Make

1. 유리 비커를 저울에 올려놓고 수상층(플로럴 워터, 바다포도 추출물)을
계량한다.

2. 다른 유리 비커를 저울에 올려놓고 유상층(스윗아몬드 오일, 호호바 오일,
시벅턴 오일, 시어 버터, 이멀시파잉 왁스, GMS)을 차례로 계량한다.

3. 2개의 비커를 핫플레이트에 놓고 약 70~75℃ 가 될 때까지 가열한다.

4. 2개 비커가 약 70~75℃, 3℃ 정도의 차이 내에서 온도가 비슷해지도록
조절한다.

5. 수상층 비커에 유상층 비커를 천천히 부어주면서
주걱과 핸드블렌더를 번갈아 사용하면서 계속 저어준다.

6. 온도가 약 50~55℃ 정도가 되어 약간의 점도가 생기면
첨가물(히아루론산, FGF, 아데노신, 알로에베라 겔, 나프리)을 차례대로
넣으면서 계속 주걱으로 저어준다.

7. 에센셜 오일(3%로즈호호바오일, 패츌리, 제라늄)을 넣으면서 혼합한다.

8. 약 40~45℃ 정도가 되면 미리 소독한 용기에 넣는다.

플로럴 워터는 라벤더 워터, 로즈 워터, 네롤리 워터 등 가장 좋아하는 것을 선택해서 넣으면
됩니다.

시벅턴 오일은 특이한 향이 있어서 냄새에 민감하다면 호호바 오일로 대체하세요.

FGF는 보습 단백질 생성을 촉진시켜서 수분 밸런스를 최적의 상태로 유지해주고, 피부 탄력
을 강화해 피부결을 윤기 있게 해줍니다. 귀한 대접을 받을만한 재료라고 할 수 있죠. 굉장히
비싼 가격을 자랑하는 안티에이징 화장품을 살펴보면 FGF를 함유하고 있는 경우가 많아요.

바다포도는 깊은 바다에서 자생하는 옥덩굴과의 해초로 투명한 녹색을 띤 작은 알갱이가 마
치 포도처럼 보여서 붙인 이름이에요. 미네랄, 비타민, 식이섬유, 알긴산 등의 성분을 함유하
고 있어서 피부를 부드럽게 해주고 탄력 유지는 물론 디톡스 효과까지 누릴 수 있습니다. 여
드름이 잘 생기는 피부라면 바다포도 추출물을 정제수로 대체하세요.

완벽한 피부 보습을 위한 로션

헴프시드 로션

계절의 변화에 대처하는 가장 좋은 방법은 지속적인 보습입니다.
뛰어난 보습 기능을 가진 헴프시드 버터와 오일, 수분 가득한 알로에베라 겔까지 넣어
그야말로 완벽한 보습을 위한 로션을 만들었어요.
로션처럼 묽은 제형이지만 보습력이 강하기 때문에
크림을 덧바르는 대신 페이스 오일 1~2방울을 섞어서 사용하세요.

난이도 ♦♦♦
피부 타입 건성 트러블, 노화
효능 보습, 피부 톤 개선
보관 실온
사용기간 1~2개월
rHLB 7.31

재료(100g)

수상층
정제수 53g

유상층
헴프시드 버터 5g
헴프시드 오일 3g
올리브에스테르 오일 8g
올리브 유화왁스 2.5g
GMS 1.5g

첨가물
세라마이드 1g
알로에베라 겔 20g
비타민E 1g
글리세린 3g
히아루론산 1g
나프리 1g

에센셜 오일
3%로즈호호바오일 E. O. 10방울

도구

유리 비커 2개
저울
주걱
핫플레이트
온도계
미니 핸드블렌더
에센스 용기(100ml)

How to Make

1. 유리 비커를 저울에 올려놓고 수상층(정제수)을 계량한다.

2. 다른 유리 비커를 저울에 올려놓고 유상층(헴프시드 버터, 헴프시드 오일, 올리브에스테르 오일, 올리브 유화왁스, GMS)을 차례로 계량한다.

3. 2개의 비커를 핫플레이트에 놓고 약 70~75℃가 될 때까지 가열한다.

4. 2개 비커가 약 70~75℃, 3℃ 정도의 차이 내에서 온도가 비슷해지도록 조절한다.

5. 수상층 비커에 유상층 비커를 천천히 부어주면서 주걱과 핸드블렌더를 번갈아 사용하면서 계속 저어준다.

6. 온도가 약 50~55℃ 정도가 되어 약간의 점도가 생기면 첨가물(세라마이드, 알로에베라 겔, 비타민E, 글리세린, 히아루론산, 나프리)을 차례대로 넣으면서 계속 주걱으로 저어준다.

7. 에센셜 오일(3%로즈호호바오일)을 넣으면서 혼합한다.

8. 약 40~45℃ 정도가 되면 미리 소독한 용기에 넣는다.

헴프시드 오일은 대마 나무에서 추출한 것으로 오메가3, 오메가6를 포함하고 있어 뛰어난 보습력을 가지고 있는 오일이에요. 또한 비타민E를 다량 함유하고 있어 피부의 항산화를 막아주는 역할을 해서 밝고 환한 얼굴로 만들어줍니다.

➡ 대체 재료
정제수 ⋯ 라벤더 워터
알로에베라 겔 20g ⋯ 카보머프리젤 10g
나프리 ⋯ 인디가드

밝고 환한 피부를 위한 서머 에센스

알로에 화이트닝 에센스

여러 가지 재료를 간단하게 섞어서 만드는 에센스입니다.
피부결을 개선해 주는 알로에, 대표적인 화이트닝 성분으로
특히 피부 톤 개선에 탁월한 효과를 보이는 알부틴 리포좀을 함께 넣었어요.
사계절 내내 사용할 수 있지만 특히 자외선이 강한 여름에 사용하는 것을 추천해요.
자외선에 자극받은 피부를 회복시키고 수분을 공급해서 밝고 환한 피부로 만들어줄테니까요.

난이도 ●○○
피부 타입 건성, 어두운 톤 피부
효능 미백, 진정
보관 실온
사용기간 1~2개월

재료(100g)

알로에 워터 45g
알로에베라 겔 35g
녹차 추출물 5g
히아루론산 4g
알부틴 리포좀 10g
나프리 1g
라벤더트루 E. O. 9방울
일랑일랑 E. O. 1방울

도구

유리 비커
저울
주걱
에센스 용기(100ml)

How to Make

1. 유리 비커를 저울에 올려놓고 알로에베라 겔,
   에센셜 오일(라벤더트루, 일랑일랑)을 넣고 주걱으로 잘 섞는다.

2. 녹차 추출물, 히아루론산, 알부틴 리포좀, 나프리를 차례대로 넣으면서
   혼합한다.

3. 충분히 섞였다면 알로에 워터를 넣고 주걱으로 혼합한다.
   에센셜 오일과 알로에베라 겔을 먼저 섞고 알로에 워터를 마지막에
   넣어야 분리가 일어나지 않는다.

4. 미리 소독한 에센스 용기에 담아 잘 흔들어서 섞는다.

5. 하루 숙성한 다음 사용한다.

How to Use

세안을 한 다음 토너로 피부결을 정리하고 화이트닝 에센스를 바르세요. 에센스가 흡수된 다음 피부 상태에 따라 수분 로션이나 크림을 바르면 됩니다.

알부틴은 월귤나무잎, 덩굴월귤잎, 서양배나무잎 등의 식물에서 추출한 천연 성분이에요. 피부 톤을 개선하는 효과가 탁월한데 특히 멜라닌의 생성을 억제해주기 때문에 대표적인 미백제로 사용됩니다.

영양 성분과 수분을 가득 담고 있는

보르피린 화이트닝 에센스

에센스는 여러 가지 영양 성분을 농축한 것으로 피부에 수분과 윤기를 더해주는 역할을 해요.
그래서 욕심을 내어 피부에 좋은 성분을 가득 넣었답니다.
피부 탄력에 탁월한 보르피린, 수분 공급을 위한 알로에베라 겔,
화이트닝 재료인 알부틴까지 들어있으니까요.
이렇게 좋은 성분이 듬뿍 들어있는 에센스라면 피부에 자신감이 생길 거에요.

난이도	●●○
피부 타입	노화, 어두운 톤 피부
효능	탄력, 재생, 화이트닝
보관	실온
사용기간	1~2개월

재료(110g)

수상층
정제수 48g

유상층
워터호호바 오일 10g

첨가물
나이아신아마이드 3g
보르피린 추출물 10g
알로에베라 겔 26g
모이스트24 5g
트레할로스 추출물 5g
식물성 플라센타 2g
나프리 1g

에센셜 오일
제라늄 E. O. 5방울
라벤더트루 E. O. 5방울

도구

유리 비커
저울
주걱
핫플레이트
온도계
에센스 용기(110ml)

How to Make

1. 유리 비커를 저울에 올려놓고 수상층(정제수)을 계량한 다음
핫플레이트에서 60℃까지 가열한다. 60℃로 가열하는 이유는
저온으로 살균하면 사용 기간을 늘릴 수 있기 때문이다.

2. 60℃가 되면 핫플레이트에서 내려 첨가물 중 나이아신아마이드를 넣고
분말이 모두 녹을 때까지 주걱으로 잘 저어준다.

3. 첨가물(보르피린 추출물, 알로에베라 겔, 모이스트24, 트레할로스 추출물,
식물성 플라센타, 나프리)을 한 가지씩 넣으면서 저어주는 작업을
반복한다.

4. 유상층(워터호호바 오일)을 넣어 잘 저어준 다음
에센셜 오일(제라늄, 라벤더트루)을 넣고 혼합한다.

5. 미리 소독한 용기에 넣고 하루 숙성한 다음 사용한다.

식물성 플라센타는 콩과 식물인 대두에서 얻은 식물 추출물로 동물의 태반과 같은 효능을 가
지고 있어요. 피부의 신진대사를 촉진하고 세포재생 작용을 가속화해 노화된 피부에 도움을
준다고 합니다. 그리고 멜라닌 형성을 억제하고 햇빛에 그을린 피부의 색소 침착에도 효과가
있어 미백 화장품의 원료로 쓰인답니다.

➡ **대체 재료**
모이스트24 ··· **히아루론산**
나프리 ··· **멀티나트로틱스**

알로에 화이트닝 에센스

보르피린 화이트닝 에센스

THANK YOU!

피토 갈락토미세스 에센스

비피다 에센스

직접 만드는 명품 안티에이징 에센스

피토 갈락토미세스 에센스

유명한 화장품 브랜드에서 선보였던 '피테라 에센스'의 주원료가
바로 갈락토미세스 발효용해물입니다. 보습, 피부 탄력 강화, 피부결 개선 등
좋은 효능이 많기 때문에 다양한 피부 고민을 가지고 있는 사람에게 추천해요.
화장품을 만들고 남았을 경우에는 피부에 직접 발라도 된답니다.
쉽게 섞어서 만들 수 있는 효과 좋은 에센스, 선물하기에도 좋아요.

난이도 ◆◇◇
피부 타입 노화, 어두운 톤 피부
효능 보습, 탄력, 피부 톤 개선
보관 실온
사용기간 2~3개월

재료(110g)

수상층
정제수 40g

유상층
워터호호바 오일 10g

첨가물
피토 갈락토미세스 발효용해물 13g
알로에베라 겔 33g
모이스트24 5g
트레할로스 추출물 5g
나이아신아마이드 3g
나프리 1g

에센셜 오일
제라늄 E. O. 5방울
라벤더트루 E. O. 5방울

도구

유리 비커
저울
주걱
에센스 용기(110ml)

How to Make

1. 유리 비커를 저울에 올려놓고 수상층(정제수)을 계량한다.

2. 첨가물(피토 갈락토미세스 발효용해물, 알로에베라 겔, 모이스트24,
트레할로스 추출물, 나이아신아마이드, 나프리)을 차례대로 한 가지씩
넣으면서 계속 저어준다.

3. 유상층(워터호호바 오일)을 넣어 혼합한다.

4. 에센셜 오일(제라늄, 라벤더트루)를 넣고 잘 섞은 다음 미리 소독한 용기에
넣는다.

피토 갈락토미세스는 양조장에서 술을 빚을 때 사용하는 효모 중 하나로 피부를 맑고 투명하게 해주고, 피부결을 정돈하고 탄력을 강화해주는 원료입니다. 그야말로 안티에이징 성분으로는 최고라고 할 수 있지요. 피부에 빠르게 흡수되고 보습과 영양이 풍부한 피토 갈락토미세스 발효용해물은 피부에 직접 발라도 됩니다. 세안을 하고 나서 피부에 바르고 톡톡 두드리면서 흡수시키면 피부 톤이 서서히 바뀌는 것을 느낄 수 있어요.

➜ **대체 재료**
워터호호바 오일 ··· **워터아르간 오일**

갈색병 에센스의 수분과 영양을 그대로

비피다 에센스

비피다 발효용해물은 유명한 화장품 브랜드에서 나오는 '갈색병 에센스'의 주원료입니다.
여러 가지 유해 환경 때문에 거칠어진 피부를 건강하게 가꿔주고,
수분과 영양을 공급해 촉촉하고 탄력있는 피부로 만들어준다고 해요.
가볍고 부드럽게 스며들기 때문에 지속적으로 사용하면 피부가 달라지는 것을 느낄 수 있답니다.
재료를 간단하게 섞어서 만들어 보세요.

난이도 ◐○○
피부 타입 모든 피부
효능 보습, 피부 톤 개선
보관 실온
사용기간 1~2개월

재료(110g)

수상층
정제수 36g

유상층
워터호호바 오일 10g

첨가물
비피다 발효용해물 15g
알로에베라 겔 35g
히아루론산 5g
트레할로스 추출물 5g
알부틴 3g
나프리 1g

에센셜 오일
제라늄 E. O. 5방울
라벤더트루 E. O. 5방울

도구

유리 비커
저울
주걱
온도계
에센스 용기(110ml)

How to Make

1. 유리 비커를 저울에 올려놓고 첨가물(비피다 발효용해물, 알로에베라 겔, 히아루론산, 트레할로스 추출물, 알부틴, 나프리)을 차례대로 한 가지씩 넣으면서 계속 저어준다.

2. 유상층(워터호호바 오일)을 넣고 주걱으로 혼합한다.

3. 에센셜 오일(제라늄, 라벤더트루)을 넣고 잘 섞는다.

4. 수상층(정제수)을 넣고 저어준다.

5. 미리 소독한 용기에 넣는다.

비피다 발효용해물은 약해진 피부 장벽을 강화하고, 어둡고 칙칙한 피부 톤을 개선해 맑고 빛나게 가꿔줘요. 피부 톤이 고르지 못해 고민이거나, 기초 제품을 전부 사용해도 뭔가 부족함을 느낀다면 비피다 발효용해물을 넣은 에센스를 사용해 보세요. 저녁에 바르고 자면 촉촉한 수분감과 영양을 공급해 탄력있는 피부로 바뀌는 것을 느낄 수 있습니다.

피부에 콜라겐을 충전해주는 에센스

콜라겐 에센스

우리 몸은 나이가 들수록 콜라겐 생성이 줄어들면서 노화 현상이 나타나기 시작해요.
피부도 마찬가지랍니다. 그래서 노화가 시작된 피부에 콜라겐을 공급해주면
피부 조직이 재생되는 효과가 있어요. 재생된 피부 조직은 탄력 증가와 함께 피부 톤까지 맑아지게 해요.
하루하루 피부 탄력이 몰라보게 달라질 수 있도록 콜라겐을 충전해주세요.

난이도	♦♦♦
피부 타입	건성, 노화
효능	재생, 탄력
보관	실온
사용기간	1~2개월
rHLB	6.583

재료(100g)

수상층
정제수 39g
자음단 추출물 5g
리피듀어 3g

유상층
달맞이꽃 오일 4g
호호바골드 오일 5g
올리브에스테르 오일 3g
올리브 유화왁스 2.5g
GMS 1.5g

첨가물
황금 추출물 3g
비타민E 1g
아카시아 콜라겐 3g
알로에베라 겔 30g

에센셜 오일
스윗오렌지 E. O. 5방울
네롤리 E. O. 5방울

도구

유리 비커 2개
저울
주걱
핫플레이트
온도계
미니 핸드블렌더
에센스 용기(110ml)

How to Make

1. 유리 비커를 저울에 올려놓고 수상층(정제수, 자음단 추출물, 리피듀어)을 계량한다.

2. 다른 유리 비커를 저울에 올려놓고 유상층(달맞이꽃 오일, 호호바골드 오일, 올리브에스테르 오일, 올리브 유화왁스, GMS)을 차례로 계량한다.

3. 2개의 비커를 핫플레이트에 놓고 약 70~75℃가 될 때까지 가열한다.

4. 2개의 비커가 약 70~75℃, 3℃ 정도의 차이 내에서 온도가 비슷해지도록 조절한다.

5. 수상층 비커에 유상층 비커를 천천히 부어주면서 주걱과 핸드블렌더를 번갈아 사용하면서 계속 저어준다.

6. 온도가 약 50~55℃ 정도가 되어 약간의 점도가 생기면 첨가물(황금 추출물, 비타민E, 아카시아 콜라겐)을 차례대로 넣으면서 계속 주걱으로 저어준다.

7. 마지막으로 알로에베라 겔, 에센셜 오일(스윗오렌지, 네롤리)을 넣으면서 혼합한다.

8. 약 40~45℃ 정도가 되면 미리 소독한 용기에 넣는다.

How to Use

피부의 구성물질인 콜라겐을 이용하여 만든 에센스예요. 로션 단계를 거치지 않고 에센스만 사용할 수 있을만큼 보습력이 충분하기 때문에 바로 크림으로 마무리하세요.

아카시아 콜라겐은 엘라스틴과 같이 우리 몸의 진피 세포를 구성하는 단백질입니다. 피부 조직을 단단하게 만들어 주기 때문에 피부 탄력에 도움을 주고 안티에이징에도 꼭 필요한 성분이에요.

➡ 대체 재료

정제수 ┈➤ 로즈 워터 | 자음단 추출물 ┈➤ 정제수 | 리피듀어 ┈➤ **히아루론산**

호호바골드 오일 ┈➤ **화이트호호바 오일** | 올리브에스테르 오일 ┈➤ **아르간 오일**

비타민E ┈➤ **자몽씨 추출물** | 알로에베라 겔 30g ┈➤ **카보머프리젤 10g**

FACIAL CARE

피부 탄력을 위한 최고의 안티에이징 솔루션

퍼펙트 솔루션 에센스

풍부한 영양 성분과 강력한 보습력을 갖춘 천연 오일, 마린 콜라겐, 아데노신 리포좀을 넣은
에센스입니다. 아데노신 리포좀은 피부 세포의 재생을 촉진하기 때문에
노화 방지, 탄력 증진, 주름 개선 등의 효능을 가진 기능성 재료입니다.
보습과 세포 재생까지 한 번에 관리할 수 있는 안티에이징 에센스를 만들어 볼까요.

난이도	◆◆◆
피부 타입	건성, 노화
효능	탄력, 재생
보관	실온
사용기간	1~2개월
rHLB	6.66

재료(100g)

수상층
정제수 38g

유상층
달맞이꽃 오일 5g
호호바골드 오일 4g
아르간 오일 3g
올리브 유화왁스 2.2g
GMS 1.8g

첨가물
EGF 5g
아데노신 리포좀 2g
비타민E 1g
마린 콜라겐 3g
히아루론산 5g
알로에베라 겔 30g

에센셜 오일
프랑킨센스 E. O. 2방울
라벤더트루 E. O. 2방울

도구

유리 비커 2개
저울
주걱
핫플레이트
온도계
미니 핸드블렌더
에센스 용기(110ml)

How to Make

1. 유리 비커를 저울에 올려놓고 수상층(정제수)을 계량한다.

2. 다른 유리 비커를 저울에 올려놓고 유상층(달맞이꽃 오일, 호호바골드 오일, 아르간 오일, 올리브 유화왁스, GMS)을 차례로 계량한다.

3. 2개의 비커를 핫플레이트에 놓고 약 70~75℃가 될 때까지 가열한다.

4. 2개 비커가 약 70~75℃, 3℃ 정도의 차이 내에서 온도가 비슷해지도록 조절한다.

5. 수상층 비커에 유상층 비커를 천천히 부어주면서 주걱과 핸드블렌더를 번갈아 사용하면서 계속 저어준다.

6. 온도가 약 50~55℃ 정도가 되어 약간의 점도가 생기면 첨가물(EGF, 아데노신 리포좀, 비타민E, 마린 콜라겐, 히아루론산)을 차례대로 넣으면서 계속 주걱으로 저어준다.

7. 알로에베라 겔, 에센셜 오일(프랑킨센스, 라벤더트루)을 넣으면서 혼합하고 미리 소독한 용기에 넣는다.

아르간 오일은 올리브 오일보다 비타민 함량이 4배나 많아요. 보습력이 탁월해서 건성 피부의 트러블이나 건조함을 완화해주고, 특히 피부 활성화를 통해 피부 처짐 개선에 효과가 있다고 합니다. 헤어 에센스나 마사지 오일 등 여러 제품에 활용되고 있는 것이 특징입니다.

➡ **대체 재료**

호호바골드 오일 ⋯▶ **화이트호호바 오일**
아르간 오일 ⋯▶ **올리브에스테르 오일**
올리브 유화왁스 ⋯▶ **이멀시파잉 왁스**
비타민E ⋯▶ **자몽씨 추출물**
마린 콜라겐 3g ⋯▶ **당근 콜라겐 2g**
알로에베라 겔 30g ⋯▶ **카보머프리젤 10g**
프랑킨센스 E. O. ⋯▶ **라벤더트루 E. O.**

에센스(세럼) 레시피 만들기에서 중요한 것은 점증제를 이용해
수상층을 젤 형태로 만드는 것입니다. 기존의 토너 레시피에
기능성 첨가물, 점증제를 넣으면 간단하게 젤 형태의 에센스 레시피를 만들 수 있습니다.

워터류(플로럴 워터)	90~99%
첨가물(추출물 및 보습제)	5~7%
천연방부제	0.5~2%
에센셜 오일	100ml 기준 5~10방울

수상층

에센스를 만들 때 수상층은 전체 양의 50~90% 정도이며, 베이스로 사용하는 정제수와 플로럴 워터류는
서로 대체할 수 있습니다. 젤 타입 에센스는 대부분 수상 재료이기 때문에 수상층과 첨가물을 구분해서 혼
합할 필요가 없지만, 좀 더 자세한 설명을 위해 구분해서 표기했습니다.

점증제

점증제는 화장품에 점성을 증가시키는 용도로 사용하는 재료인데 다양한 제형의 화장품을 만들 수 있습니
다. 점증제를 첨가하면 피부에 발랐을 때 안정감있게 밀착되어 사용감을 좋게 만들고, 유화가 분리되는 현
상을 막아주기도 합니다. 점증제 중에서 알로에베라 겔은 점증이 완성되어 있는 재료로 가열하는 과정 없
이 섞어주는 것만으로도 에센스의 점도를 올릴 수 있습니다. 하이셀, 쟁탄검 등 기타 점증제는 수상을 가
열한 뒤 첨가하면 점성이 생기게 됩니다.

재료명	첨가량	특징
쟁탄검	0.1~2%	미생물을 발효하여 생산하므로 천연물로 볼 수 있으며 화장품에 매우 안전하게 쓸 수 있다. 점증제 중 가장 천연 재료에 가깝다.
하이셀	0.1~1%	수상층에 첨가해 온도를 60℃ 정도로 높여 녹인 다음 저으면서 식히면 젤화가 진행된다.
알로에베라 겔	1~30%	첨가할 때 가열이 필요 없으며 첨가량에 따라 점도가 상승한다.

기능성 첨가물

기능성 첨가물은 미백, 탄력, 수렴, 영양 공급, 보습 등의 다양한 기능을 가지고 있는 재료입니다. 에센스
레시피를 만들 때 기본 첨가량은 10% 내외로 하는 것이 좋고, 에센셜 오일처럼 자극적인 재료일 경우 재
료별 첨가량을 꼭 지켜야 합니다. 기능성 첨가물은 일반적으로 고온에서 파괴되는 성분을 가지고 있기 때
문에 유화 과정이 끝난 다음 온도를 낮추면서 첨가합니다. 열에 강한 첨가물은 수상층과 함께 계량해서 가
열하기도 합니다. 기능성 첨가물은 다양한 종류가 있는데, 각기 다른 효과를 지닌 첨가물을 함께 넣으면
시너지 효과를 낼 수 있습니다.

알로에 수분 크림

마유 크림

가볍고 촉촉한 사계절 만능 크림

알로에 수분 크림

피부가 가장 편안할 때는 바로 수분과 유분이 균형이 이루었을 때입니다.
특히 피부에 수분을 듬뿍 주는 것이 가장 중요한 포인트죠.
사용감은 가볍지만 피부 깊숙하게 수분을 채워주는 알로에 수분 크림입니다.
EGF와 FGF를 넣어 수분과 함께 피부 탄력까지 챙겼으니까 사계절 만능 크림이라고 할 수 있겠네요.

난이도 ◐○○
피부 타입 건성, 지성
효능 보습, 진정, 미백
보관 실온
사용기간 1~2개월

재료(100g)

알로에베라 겔 79g
히아루론산 3g
달맞이꽃 오일 3g
로즈힙 오일 1g
모이스트24 3g
국화 추출물 3g
EGF 2g
FGF 2g
아데노신 리포좀 1g
코엔자임Q10(수용성) 2g
나프리 1g
네롤리 E. O. 2방울
프랑킨센스 E. O. 2방울

도구
유리 비커
저울
주걱
크림 용기(100ml)

How to Make

1. 유리 비커를 저울에 올려놓고 알로에베라 겔, 히아루론산을 정확하게 계량해서 넣는다.

2. 달맞이꽃 오일, 로즈힙 오일을 넣고 주걱으로 잘 섞는다.

3. 모이스트24, 국화 추출물, EGF, FGF, 아데노신 리포좀, 코엔자임Q10, 나프리를 차례대로 넣으면서 계속 주걱으로 혼합한다.

4. 네롤리, 프랑킨센스 에센셜 오일을 차례대로 넣고 주걱으로 저어준다.

5. 미리 소독한 용기에 담아 하루 정도 숙성 후 사용한다.

How to Use

세안을 한 다음 토너로 피부결을 정리하고 수분 크림을 바르세요. 손끝으로 얼굴을 톡톡 두드려 흡수시킨 다음 피부 상태에 따라 페이스 오일로 마무리하면 됩니다.

알로에는 멜라닌 색소 생성을 억제하는 성분을 가지고 있어 미백 효과가 뛰어난 원료예요. 또 알로에는 피부를 중성화하기 때문에 지성 피부나 극건성 피부일 때 꾸준히 바르면 피부의 밸런스를 맞춰줍니다.

산뜻하고 부드럽게 흡수되는 특별한 텍스처

마유 크림

마유는 말의 지방 조직에서 추출한 성분으로 화장품 원료로 많이 사용되고 있습니다.
팔미톨레산, 세라마이드 등의 성분을 함유하고 있고,
사람의 피지와 매우 비슷한 구조로 흡수가 빠른 것이 특징이에요.
묵직한 보습력을 가지고 있지만 흡수력이 좋기 때문에 피부에 가볍게 스며들어요.
오일리하면서도 산뜻한 느낌을 동시에 가지고 있는 마유 크림의 매력을 느껴보세요.

난이도	●●●
피부 타입	모든 피부
효능	보습, 재생
보관	실온
사용기간	1~2개월
rHLB	7.25

재료(100g)

수상층
라벤더 워터 68g

유상층
마유 10g
아르간 오일 5g
호호바 오일 5g
올리브 유화왁스 4g
GMS 2g

첨가물
글리세린 3g
낫또검 2g
나프리 1g

에센셜 오일
로즈 E. O. 2방울
프랑킨센스 E. O. 3방울

도구
유리 비커 2개
저울
주걱
핫플레이트
온도계
미니 핸드블렌더
크림 용기(50ml) 2개

How to Make

1. 유리 비커를 저울에 올리고 수상층(라벤더 워터), 첨가물 중에서 글리세린을 함께 계량한다. 글리세린은 가열 속도가 늦기 때문에 먼저 가열한다.

2. 다른 유리 비커를 저울에 올린 다음 유상층(마유, 아르간 오일, 호호바 호일, 올리브 유화왁스, GMS)을 계량한다.

3. 비커 2개를 핫플레이트에 같이 올린 다음 온도 게이지를 2에 맞추고 약 80~85℃가 될 때까지 온도계로 체크하면서 가열한다.

4. 2개의 비커 온도를 약 80~85℃로 맞춘다.

5. 수상층 비커에 천천히 유상층 비커를 부으면서 주걱과 미니 핸드블렌더를 번갈아 사용하면서 혼합한다. 점도가 높아서 유화 과정에서 핸드블렌더가 작동하지 않는다면 주걱으로 계속 저어가면서 유화한다.

6. 온도가 약 50~55℃ 정도가 되어 약간의 점도가 생기면 첨가물(낫또검, 나프리), 에센셜 오일(로즈, 프랑킨센스)를 넣는다.

7. 온도가 약 40~45℃ 가 되면 미리 소독한 용기에 넣는다.

How to Use

크림 용기 2개에 나눠서 보관하는 이유는 보존 기간을 늘리기 위해서 입니다. 천연 방부제를 넣는 천연 화장품은 일반 화장품보다 보존 기간을 최대한 짧게 하는 것이 좋아요. 그런데 크림의 경우 매번 적은 양을 만드는 것이 번거롭기 때문에 100g을 만들어서 2개의 용기에 나눠 담는 것이 팁입니다. 1개는 밀폐해서 냉장 보관하면 더 신선하게 보존할 수 있어요.

마유는 융점이 높기 때문에 다른 크림류와는 달리 80~85℃까지 가열해서 유화를 진행합니다. 85℃에서도 완전히 투명한 색으로 녹지 않으니까 '왜 안 녹을까, 뭘 잘못한건가?' 하고 놀라지 마세요.

비타민 나무의 피부 재생 효과

시벅턴 크림

겨울, 그리고 크림과 버터하면 가장 먼저 떠오르는 재료가 바로 시벅턴입니다.
보습과 피부 재생에 탁월한 효능을 보이고, 특히 비타민C의 함량이
사과보다 200~800배나 높기 때문에 '비타민 나무'라는 별명도 가지고 있습니다.
풍부한 비타민C의 항산화 작용으로 피부 노화를 방지해주는 시벅턴 오일로
부드러운 텍스처의 크림을 만들어 볼까요.

난이도 ◆◆◆
피부 타입 건성, 노화
효능 보습, 재생
보관 실온
사용기간 1~2개월
rHLB 6.24

재료(100g)

수상층
정제수 61g
글리세린 3g
히아루론산 5g
세라마이드(수상용) 2g

유상층
호호바골드 오일 12g
시벅턴 오일 5g
시어 버터 3g
IPM 1g
올리브 유화왁스 3.2g
GMS 2.8g

첨가물
나프리 1g
비타민E 1g

에센셜 오일
라벤더트루 E. O. 5방울
스윗오렌지 E. O. 5방울

도구
유리 비커 2개
저울
주걱
핫플레이트
온도계
미니 핸드블렌더
크림 용기(50ml) 2개

How to Make

1. 유리 비커를 저울에 올린 다음 수상층(정제수, 글리세린, 히아루론산, 세라마이드)을 계량한다.

2. 비커를 핫플레이트에 올려 약 70~75℃ 정도로 가열한다.

3. 다른 유리 비커를 저울에 올린 다음 유상층(호호바골드 오일, 시벅턴 오일, 시어 버터, IPM, 올리브 유화왁스, GMS)을 차례대로 계량한다.

4. 비커를 핫플레이트에 올려 가열한다. 온도 게이지를 2에 맞추고, 약 70~75℃ 까지 가열한다. 중간중간 저어주면 왁스가 더 잘 녹는다.

5. 2개의 비커 온도를 약 70~75℃로 맞춘다.

6. 핫플레이트에서 2개의 비커를 내린다. 수상층 비커에 유상층 비커를 천천히 붓는다.

7. 미니 핸드블렌더로 혼합한다. 주걱으로만 저으면 유화가 풀려 점도가 묽어질 수 있기 때문에 핸드블렌더를 번갈아 사용하는 것이 좋다.

8. 온도가 약 50~55℃ 정도 되면 약간의 점도가 생긴다. 이때 첨가물(나프리, 비타민E)을 차례대로 넣으면서 주걱으로 계속 저어준다.

9. 에센셜 오일(라벤더트루, 스윗오렌지)을 넣고 잘 섞은 다음 온도가 약 40~45℃ 정도가 되면 미리 소독한 용기에 넣는다.

시벅턴 오일은 비타민 함량이 높기 때문에 피부 재생은 물론 항산화 효과가 매우 뛰어난 오일입니다. 피부 노화 때문에 스트레스가 많은 편이라면 시벅턴 오일, 호호바 오일, 로즈힙 오일을 섞어서 재생 오일을 만들어 보세요. 전체 양을 정한 다음 호호바 오일 50~60%, 로즈힙 오일 30~40%, 시벅턴 오일을 10% 정도로 넣으면 됩니다. 잘 섞은 다음 얼굴 전체를 부드럽게 마사지하세요.

➡ **대체 재료**
정제수 ┅ **라벤더 워터** | 시벅턴 오일 ┅ **올리브에스테르 오일**
시어 버터 ┅ **올리브 버터** | IPM ┅ **올리브에스테르 오일**

FACIAL CARE

비타민의 영양과 풍부한 보습감을 지닌

바오밥 크림

바오밥 오일은 비타민A, D, E, F가 풍부하여 건조한 피부에 효과적인 오일이에요.
바오밥 오일과 시어 버터를 함께 넣었기 때문에 그 어떤 크림보다 오일리한 느낌이 강하답니다.
세안하고 나서 당김이 심하거나 건조한 피부 때문에 늘 고민인 악건성 피부에 추천합니다.
다양한 영양 성분과 깊은 보습감으로 피부를 부드럽게 감싸주는 느낌이 들 거에요.

난이도 ◆◆◆
피부 타입 악건성
효능 보습, 탄력
보관 실온
사용기간 1~2개월
rHLB 7.29

재료(100g)

수상층
캐모마일저먼 워터 66g

유상층
바오밥 오일 6g
시어 버터 5g
해바라기씨 오일 6g
올리브 유화왁스 4g
GMS 2g

첨가물
나프리 1g
알로에베라 겔 4g
히아루론산 2g
리피듀어 2g
모이스트24 2g

에센셜 오일
3%로즈호호바오일 E. O. 5방울

도구
유리 비커 2개
저울
주걱
핫플레이트
온도계
미니 핸드블렌더
크림 용기(50ml) 2개

How to Make

1. 유리 비커를 저울에 올리고 수상층(캐모마일저먼 워터)을
   차례대로 계량한다.

2. 다른 유리 비커를 저울에 올린 다음 유상층(바오밥 오일, 시어 버터,
   해바라기씨 오일, 올리브 유화왁스, GMS)을 계량한다.

3. 비커 2개를 핫플레이트에 같이 올린 다음,
   약 70~75℃가 될 때까지 온도계로 체크하면서 가열한다.
   수상층이 유상층보다 온도가 천천히 올라가기 때문에 먼저 가열한다.
   유상층 비커는 중간중간 저어주면 왁스가 더 잘 녹는다.

4. 2개의 비커 온도를 약 70~75℃ 정도로 맞춘다.

5. 수상층 비커에 유상층 비커를 천천히 부으면서 핸드블렌더와
   주걱으로 혼합한다. 핸드블렌더는 처음 1~2회 정도를 3~5초씩
   끊어서 돌린 다음 주걱으로 점도가 생길 때까지 계속 저어준다.

6. 온도가 50~55℃ 정도가 되면 첨가물(나프리, 알로에베라 겔, 히아루론산,
   리피듀어, 모이스트24)을 차례대로 넣으면서 섞는다.

7. 주걱으로 꼼꼼하게 저어서 기포를 제거한다.

8. 온도가 약 40~45℃ 정도가 되면 에센셜 오일을 넣고
   미리 소독한 크림 용기에 넣는다.

바오밥 나무는 자생력이 강해서 수령 6000년이 넘은 나무도 있다고 합니다. 바오밥 열매의
씨앗을 싸고 있는 부드러운 섬유질에는 비타민C가 오렌지보다 3배나 많고, 칼슘 함량이 우유
보다 더 높다고 해요. 바오밥에서 추출한 오일은 피부 흡수 속도가 빠르고 피부 탄력에 좋은
성분이 많아서 특히 건조한 피부에 잘 맞아요. 그래서 천연 화장품에서는 마사지 오일, 로션,
크림, 비누 등 여러 가지 제품을 만드는 데 활용도가 높은 재료입니다.

➜ **대체 재료**
캐모마일저먼 워터 ┈➤ 정제수 | 바오밥 오일 ┈➤ 올리브 오일
시어 버터 ┈➤ 올리브 버터 | 해바라기씨 오일 ┈➤ 아르간 오일 또는 호호바 오일
올리브 유화왁스 ┈➤ 이멀시파잉 왁스 | 리피듀어 ┈➤ 모이스트24

바오밥 크림

시벅턴 크림

Je Taime

FGF 리페어 아이 크림

레티놀 아이 크림

눈가 피부의 탄력을 위한 데이 & 나이트 크림

FGF 리페어 아이 크림

피곤하거나 스트레스를 받으면 눈에서부터 드러나는 것 같아요.
다크 서클부터 유난히 건조한 느낌, 그리고 잔주름까지 거울을 볼 때마다 한숨을 쉬게 됩니다.
눈가 피부는 피지선이 없기 때문에 쉽게 건조해지고 피부 장벽이 무너지기 쉬워요.
그래서 눈가 잔주름에 효과적인 FGF와 아데노신 리포좀을 넣어서 아이 크림을 만들었어요.
예민하고 건조한 눈가를 위해 아침 저녁으로 발라주세요.

난이도 ◆◆◆
피부 타입 건성, 노화
효능 보습, 재생, 주름 개선
보관 실온
사용기간 1~2개월
rHLB 6.88

재료(30g)

수상층
로즈 워터 11g
병풀 추출물 2g

유상층
로즈힙 오일 3g
화이트호호바 오일 3g
에뮤 오일 2g
이멀시파잉 왁스 1g
GMS 1g

첨가물
FGF 3g
아데노신 리포좀 2g
비타민E 1g
나프리 1g

에센셜 오일
3%로즈호호바오일 E. O. 2방울
네롤리 E. O. 1방울

도구

유리 비커 2개
저울
주걱
핫플레이트
온도계
미니 핸드블렌더
크림 용기(30ml)

How to Make

1. 유리 비커를 저울에 올리고 수상층(로즈 워터, 병풀 추출물)을 차례대로 계량한다.

2. 다른 유리 비커를 저울에 올린 다음 유상층(로즈힙 오일, 화이트호호바 오일, 에뮤 오일, 이멀시파잉 왁스, GMS)을 계량한다.

3. 비커 2개를 핫플레이트에 같이 올린 다음, 온도 게이지를 2에 맞추고 약 70~75℃가 될 때까지 온도계로 체크하면서 가열한다. 수상층이 유상층보다 온도가 천천히 올라가기 때문에 먼저 가열하고, 유상층은 중간중간 저어주면 왁스가 더 잘 녹는다.

4. 2개의 비커 온도를 약 70~75℃로 맞춘다.

5. 수상층 비커에 유상층을 천천히 붓는다. 이때 유화가 풀리지 않도록 주걱, 미니 핸드블렌더를 번갈아 사용하며 섞는다.

6. 온도가 50~55℃ 정도가 되면 첨가물(FGF, 아데노신 리포좀, 비타민E, 나프리), 에센셜 오일(3%로즈호호바오일, 네롤리)을 차례대로 넣으면서 계속 섞는다.

7. 온도가 약 40~45℃ 정도일 때 미리 소독한 크림 용기에 넣는다.

FGF는 섬유아세포증식인자라는 이름을 가지고 있는데 세포의 성장을 촉진하는 성장 인자의 하나입니다. 신경 세포 보호, 피부 상처의 재생에 뛰어난 효능을 가지고 있어요.

아데노신 리포좀은 피부 세포의 재생을 촉진하고 손상을 방지하는 효능을 가지고 있습니다. 그래서 피부 노화 방지, 탄력 증진, 주름 개선 등의 기능성 효과를 원할 때 선택하는 재료에요.

병풀 추출물은 콜라겐 합성을 조절하고 촉진하는 작용을 하는 성분으로 피부 탄력을 위해 넣었어요. 항산화 작용으로 노화 방지, 주름 개선에도 효과가 있는 것으로 알려져 있습니다.

3%로즈호호바오일, 네롤리 에센셜 오일 블렌딩은 피부 탄력과 재생에 도움을 줍니다.

피부 세포의 활성화로 탄력을 높여주는

레티놀 아이 크림

주름 개선하면 누구나 알만큼 유명한 성분이 바로 레티놀입니다.
피부 속에서 세포를 활성화하고 콜라겐과 엘라스틴 생성을 촉진해서 탄력을 높여주는 성분이에요.
레티놀과 함께 피부에 좋은 영양 성분이 농축된 캐비어 추출물을 넣어서
매끄럽고 촉촉한 느낌을 주는 아이 크림입니다.
눈가를 보며 나이 들었다는 생각이 들 때 레티놀 아이 크림으로 피부 탄력을 되돌려 보세요.

난이도 ◆◆◆
피부 타입 건성, 노화
효능 탄력, 재생, 주름 개선
보관 실온
사용기간 1~2개월
rHLB 7.00

재료(30g)

수상층
로즈 워터 12g
캐비어 추출물 2g

유상층
아르간 오일 4g
로즈힙 오일 2g
석류씨 오일 1g
올리브 유화왁스 1.2g
GMS 0.8g

첨가물
레티놀 2g
D-판테놀 1g
히아루론산 2g
비타민E 1g
나프리 1g

에센셜 오일
3%로즈호호바오일 E. O. 2방울
네롤리 E. O. 1방울

도구

유리 비커 2개
저울
주걱
핫플레이트
온도계
미니 핸드블렌더
크림 용기(30ml)

How to Make

1. 유리 비커를 저울에 올리고 수상층(로즈 워터, 캐비어 추출물)을 차례대로 계량한다.

2. 다른 유리 비커를 저울에 올린 다음 유상층(아르간 오일, 로즈힙 오일, 석류씨 오일, 올리브 유화왁스, GMS)을 계량한다.

3. 비커 2개를 핫플레이트에 같이 올린 다음 온도 게이지를 2에 맞추고 약 70~75℃가 될 때까지 온도계로 체크하면서 가열한다.
수상층이 유상층보다 온도가 천천히 올라가기 때문에 먼저 가열하고, 유상층은 중간중간 저어주면 왁스가 더 잘 녹는다.

4. 2개의 비커 온도를 약 70~75℃로 맞춘다.

5. 수상층 비커에 유상층을 천천히 붓는다. 이때 유화가 풀리지 않도록 주걱과 미니 핸드블렌더를 번갈아 사용하며 섞는다.

6. 온도가 50~55℃ 정도가 되면 첨가물(레티놀, D-판테놀, 히아루론산, 비타민E, 나프리), 에센셜 오일(3%로즈호호바오일, 네롤리)을 차례대로 넣으면서 계속 섞는다.

7. 어느 정도 점도가 생기면 주걱으로 꼼꼼하게 저으면서 기포를 제거한다.

8. 온도가 약 40~45℃ 정도가 되면 미리 소독한 크림 용기에 넣는다.

레티놀은 비타민A$_1$의 화학명으로 주름 개선 성분으로 널리 쓰이고 있어요. 레티놀은 약산성이기 때문에 비타민C와 동시에 사용하면 피부를 건조하게 만들고 각질이 생길 수 있다고 합니다.
캐비어에는 단백질, 미네랄, 비타민 등의 영양 성분이 농축되어 있어 노화 방지에 탁월한 효과를 가지고 있습니다. 그리고 인간의 세포와 구조가 비슷해 흡수가 빠른 것이 장점이에요.

피부의 수분과 유분의 균형을 맞춰주는

스윗아몬드 크림

천연화장품 재료 중에서 가장 많이 사용되는 스윗아몬드 오일을 활용한 크림이에요.
스윗아몬드 오일에는 미네랄, 단백질, 비타민A가 함유되어 있어
피부에 보습막을 세워주고 부족한 영양을 채워줍니다.
자극이 없는 시어 버터를 함께 넣어서 가족 모두가 사용해도 될만큼 순한 크림이에요.

난이도	◆◆◆
피부 타입	민감성 피부
효능	보습, 진정
보관	실온
사용기간	2~3개월
rHLB	7.13

재료(100g)

수상층
정제수 50g
알로에 워터 14g

유상층
시어 버터 3g
동백 오일 5g
스윗아몬드 오일 15g
이멀시파잉 왁스 3.8g
GMS 3.2g

첨가물
히아루론산 3g
나프리 1g
세라마이드 2g

에센셜 오일
라벤더트루 E. O. 10방울

도구

유리 비커 2개
저울
주걱
핫플레이트
온도계
미니 핸드블렌더
크림 용기(50ml) 2개

How to Make

1. 유리 비커를 저울에 올리고 수상층(정제수, 알로에 워터)을 차례대로 계량한다.

2. 다른 유리 비커를 저울에 올린 다음 유상층(시어 버터, 동백 오일, 스윗아몬드 오일, 이멀시파잉 왁스, GMS)을 계량한다.

3. 비커 2개를 핫플레이트에 같이 올린 다음, 약 70~75℃가 될 때까지 온도계로 체크하면서 가열한다. 수상층이 유상층보다 온도가 천천히 올라가기 때문에 먼저 가열하고, 유상층은 중간중간 저어주면 왁스가 더 잘 녹는다.

4. 2개의 비커 온도를 약 70~75℃ 정도로 맞춘다.

5. 수상층 비커에 유상층 비커를 천천히 부으면서 주걱과 미니 핸드블렌더를 번갈아 사용하면서 혼합한다.

6. 온도가 50~55℃ 정도가 되면 첨가물(히아루론산, 나프리, 세라마이드)을 차례대로 넣으면서 섞는다.

7. 라벤더트루 에센셜 오일을 넣고 점도가 생기면 주걱으로 꼼꼼하게 저어서 기포를 제거한다.

8. 온도가 약 40~45℃ 정도가 되면 미리 소독한 크림 용기에 넣는다.

How to Use

스윗아몬드 크림은 가족 모두 함께 사용할 수 있기 때문에 큰 용량으로 만들었어요. 가족과 함께 사용하지 않는다면 모든 재료를 1/2로 계량해서 만들면 됩니다. 스윗아몬드 오일이 많이 남거나 유통 기한이 얼마 남지 않았다면 바디 오일로 활용할 수 있어요. 스윗아몬드 오일 20g에 라벤더트루 에센셜 오일 3방울을 섞어서 샤워 후에 온몸에 바르면 됩니다. 아토피 피부나 건조해서 각질이 잘 생기는 피부에 바르면 좋아요.

잠 자는 동안 피부의 생기를 되찾아줄

나이트 모이스처 크림

하루 일과를 끝내고 편안하게 휴식을 취할 때면
피부에도 뭔가 좋은 것을 주고 싶다는 생각을 하게 된답니다.
주름을 완화하고 피부 톤을 고르게 해주는 로즈힙 오일을 넣은 나이트 모이스처 크림은
잠을 자는 동안 피부의 휴식을 도와줄 거에요.
로즈 워터, 장미 추출물, 2가지 에센셜 오일까지 피부 재생에 좋은 영양을 가득 담았습니다.

난이도	◆◆◆
피부 타입	노화
효능	보습, 재생, 피부 톤 개선
보관	실온
사용기간	1~2개월
rHLB	6.813

재료(50g)

수상층
로즈 워터 24g
유상층
로즈힙 오일 10g
호호바 오일 3g
살구씨 오일 3g
올리브 유화왁스 2g
GMS 1.5g
첨가물
EGF 2g
히아루론산 2g
장미 추출물 2g
나프리 1g
에센셜 오일
3%로즈호호바오일 E. O. 5방울
로즈우드 E. O. 3방울

도구

유리 비커 2개
저울
주걱
핫플레이트
온도계
미니 핸드블렌더
크림 용기(50ml)

How to Make

1. 유리 비커를 저울에 올리고 수상층(로즈 워터)을 계량한다.

2. 다른 유리 비커를 저울에 올린 다음 유상층(로즈힙 오일, 호호바 오일, 살구씨 오일, 올리브 유화왁스, GMS)을 계량한다.

3. 비커 2개를 핫플레이트에 같이 올린 다음, 약 70~75℃가 될 때까지 온도계로 체크하면서 가열한다. 수상층이 유상층보다 온도가 천천히 올라가기 때문에 먼저 가열하고, 유상층은 중간중간 저어주면 왁스가 더 잘 녹는다.

4. 2개의 비커 온도를 약 70~75℃ 정도로 맞춘다.

5. 수상층 비커에 유상층 비커를 천천히 부으면서 주걱으로 저어주고, 미니 핸드블렌더로 3~5초씩 끊어서 3회 정도 돌려서 혼합한다.

6. 핸드블렌더를 돌린 다음 온도가 50~55℃ 정도가 되면 첨가물(EGF, 히아루론산, 장미 추출물, 나프리)을 차례대로 넣으면서 섞는다.

7. 에센셜 오일(3%로즈호호바오일, 로즈우드)을 넣고 점도가 생기면 주걱으로 꼼꼼하게 저어서 기포를 제거한다.

8. 온도가 약 40~45℃ 정도가 되면 미리 소독한 크림 용기에 넣는다.

How to Use

주름 개선에 뛰어난 효능을 가진 로즈힙 오일, 보습력에 좋은 살구씨 오일을 섞어서 만든 나이트 크림이에요. 자기 전에 얼굴 전체에 바르면 다음 날 부드럽고 매끈한 피부결로 회복시켜 준답니다. 토너로 피부결을 정리한 다음 로션, 에센스를 생략하고 바로 발라도 됩니다.

로즈힙 오일은 영양 크림, 아이 크림, 노화방지 크림 등 안티에이징 화장품에 많이 사용되는 재료에요. 로즈힙 오일을 주름이 많은 부분에 꾸준히 바르거나, 눈가에 톡톡 두드려 흡수시키면 효과를 느낄 수 있어요. 그리고 울긋불긋한 피부의 톤을 일정하게 해주기 때문에 피부 톤 개선 효과도 있어요. 단, 오일이 눈에 들어가지 않도록 조심하세요.

로션이나 크림 레시피 만들기는 기본적인 가이드 라인이 있지만 정답은 없다고 할 수 있어요.
그래서 우선 원하는 레시피를 작성해 보면서 자신만의 레시피를 만들어 나가는 것이 좋습니다.
로션이나 크림의 제작 방법이나 레시피는 거의 비슷한데
원료의 비율과 첨가물의 콘셉트에 따라 구분됩니다. 그 중에서 원료의 비율은
레시피의 완성도에 영향이 크기 때문에 기본 가이드 라인을 숙지하는 것이 매우 중요합니다.
아래의 비율이 무조건 정답이라고 할 수는 없지만, 기본적인 비율을 지키면
좀 더 안정적인 레시피를 만들 수 있다는 장점이 있습니다.

기본 재료의 비율

로션	유상층 : 수상층 : 유화제 : 첨가물 = 10 : 75(77) : 5(3) : 10 이하
크림	유상층 : 수상층 : 유화제 : 첨가물 = 30 : 63(60) : 7(10) : 10 이하

유상층

로션이나 크림의 기본 베이스가 되는 유상층은 식물성 오일로 구성되는데 유상층의 비율에 따라 크림과
로션으로 나뉩니다. 로션으로 제작할 경우 유상층의 비율은 10% 내외이며 피부 타입을 고려하여 선택하는
것이 중요합니다.

건성 피부 | 달맞이꽃 오일, 동백 오일, 올리브 오일, 윗점 오일, 카렌듈라 오일, 호호바 오일, 각종 버터류 등
지성 피부 | 헤이즐넛 오일, 해바라기씨 오일, 호호바 오일, 녹차씨 오일, 호두씨 오일, 님 오일 등
여러 가지 오일의 효능을 참고하여 원하는 오일을 2~3가지 선택.

재료명	로션	크림
달맞이꽃 오일	5g	10g
올리브 오일	5g	5g
시어 버터	2g	5g

유화제

유화제는 오일의 비율에 따라 첨가량이 달라지기 때문에 로션과 크림의 유화제 첨가량은 차이가 있습니다. 로션 레시피에서 10% 정도의 오일이 첨가될 경우 3~4% 정도의 유화제를 첨가하는 것이 일반적입니다. 로션이나 크림에 가장 많이 사용되는 유화제는 이멀시파잉 왁스와 올리브 유화왁스인데 퍼짐성과 침투성이 좋은 왁스입니다. 보조유화제 개념인 세틸알콜은 유화의 안정성과 점도를 높여주기 때문에 로션보다는 크림에 사용하는 것이 좋습니다.

재료명	로션	크림
올리브 유화왁스	3~4g	5~7g
세틸알콜		1g

수상층

수상층은 정제수를 사용하는 것이 일반적이지만 고기능성 에멀전 타입의 레시피를 구성할 경우 플로럴 워터나 허브를 직접 우려낸 물을 사용하는 경우도 있습니다. 수상층의 비율은 로션의 경우 70% 정도가 가장 안정적인데, 반드시 70%가 첨가되어야 하는 것은 아니기 때문에 유상층, 유화제, 첨가물의 양을 정한 다음 남은 양을 수상층으로 정하면 됩니다. 수상층에는 혼합하기 쉬운 글리세린 등의 보습제를 첨가해 가열하는 것도 좋은 방법입니다.

재료명	로션	크림
정제수	100g	100g
플로럴 워터	30g	30g
글리세린	2g	2g

첨가물

첨가물은 전체 양의 10%를 넘지 않는 것이 가장 중요합니다. 첨가물의 종류가 다양하고 어떤 첨가물을 선택하느냐에 따라 화장품의 효능 효과가 나타나기 때문에 중심이 되는 한 가지 기능을 정하고 그에 맞는 첨가물을 넣는 것이 가장 좋은 방법입니다.

에센셜 오일의 비율은 얼굴 피부에 사용할 때는 0.5~1%, 몸에 사용할 때는 1~3% 정도가 적당합니다. 개인의 피부 민감도에 따라 비율이 달라질 수 있습니다.

방부제는 천연 화장품에 반드시 첨가해야 하는 필수 첨가물 중 하나입니다. 일반 화장품에 비해 유통 기한이 매우 짧기 때문에 천연방부제인 멀티나트로틱스, 나프리 등을 반드시 첨가하는 것이 좋으며 첨가량은 1% 정도가 적당합니다. 재료별 첨가량을 꼭 지켜야 합니다.

기능성 첨가물은 일반적으로 고온에서 파괴되는 성분을 가지고 있기 때문에 유화 과정이 끝난 다음 온도를 낮추면서 첨가합니다. 열에 강한 첨가물은 수상층과 함께 계량해서 가열하기도 합니다. 기능성 첨가물은 다양한 종류가 있는데, 각기 다른 효과를 지닌 첨가물을 함께 넣으면 시너지 효과를 낼 수 있습니다.

발효 브라이트닝 앰플

피토 갈락토미세스 앰플

발효 성분이 피부의 고민을 해결해주는

발효 브라이트닝 앰플

앰플은 고농축 영양 성분을 함유한 기능성 화장품입니다.
피부 고민을 위한 강력한 해결책이라고 할 수 있어요.
발효 과정에서 생기는 미생물은 피부 흡수율을 높이고,
영양 성분의 효능도 끌어올려 주는 역할을 해요.
재료를 섞기만 하면 간단하게 만들 수 있고
보습, 재생, 피부 톤 개선 등 피부가 원하는 모든 효능이
다 들어 있는 앰플, 꼭 만들어 보세요.

난이도 ●○○
피부 타입 건성, 칙칙한 피부 톤
효능 보습, 피부 톤 개선
보관 실온
사용기간 1~2개월

자연 보습력으로 피부 자생력을 키워주는

피토 갈락토미세스 앰플

피토 갈락토미세스는 피부 속에 있는 노폐물과
이물질을 외부로 내보내지 못해 생길 수 있는 트러블 등을
막아주고 자연 보습으로 피부 자생력을 키워주는
효능을 가지고 있어요. 오일감이 없는 앰플이지만
피부에 장시간 유지되는 보습력을 주기 때문에
촉촉하고 생기 있는 피부로 만들어줍니다.

난이도 ●○○
피부 타입 노화
효능 보습, 탄력, 트러블 개선
보관 실온
사용기간 1~2개월

재료(30g)

로즈 워터 16g
알로에베라 겔 5g
막걸리 발효액 3g
은행잎 추출물 2g
히아루론산 2g
비타민E 1g
나프리 1g
제라늄 E. O. 5방울

도구

유리 비커
저울
주걱
스포이드 용기(30ml)

How to Make

1. 유리 비커를 저울에 올려놓고 재료를 차례대로 계량해서 넣는다.

2. 주걱으로 잘 섞어준다.

3. 미리 소독한 앰플 용기에 담고 하루 숙성한 다음 사용한다.

How to Use

앰플은 주로 스포이드 용기에 넣는데, 이 용기를 사용할 때는 주의할 점이 있어요. 스포이드 때문에 내용물이 넘칠 수 있으니 병에 가득 넣지 않아야 합니다. 에센스를 바르고 나서 앰플 4~5방울 정도를 덜어서 얼굴 전체에 톡톡 두드리듯이 발라 흡수시켜 주세요.

막걸리 발효액은 피부 깊숙한 곳의 노화 방지뿐만 아니라 표피에 탄력을 주고 피부 재생에도 도움을 줍니다. 막걸리의 주성분인 누룩은 혈액순환 촉진 기능이 있는데, 피부에 피로 물질이 쌓이는 것을 막아주기 때문에 기미, 주근깨 예방에도 효과적이죠.

➡ 대체 재료
은행잎 추출물 ···> **상백피 추출물**
나프리 ···> **에코프리**

재료(30g)

피토 갈락토미세스 발효용해물 16g
알로에베라 겔 8g
바다포도 추출물 2g
스윗아몬드 오일 1g
올리브 리퀴드 1g
히아루론산 1g
나프리 1g
로즈앱솔루트 E. O. 1방울

도구

유리 비커
저울
주걱
스포이드 용기(30ml)

How to Make

1. 유리 비커를 저울에 올려놓고 재료를 차례대로 계량해서 넣는다.

2. 주걱으로 잘 섞어준다.

3. 미리 소독한 스포이드 용기에 담고 하루 숙성한 다음 사용한다.

바다포도는 바다의 미네랄과 비타민을 흡수하며 성장한 해초의 한 종류에요. 피부 탄력을 유지해 주는데 특히 바다포도 추출물에 함유되어 있는 알긴산은 피부 정화 작용을 도와줍니다. 바다포도 추출물은 점도가 매우 높기 때문에 계량할 때 아주 조금씩 넣어야 합니다.

➡ 대체 재료
피토 갈락토미세스 발효용해물 ···> **로즈 워터**
알로에베라 겔 5g ···> **가보미프리겔 3g**
스윗아몬드 오일 ···> **살구씨 오일**
히아루론산 ···> **리피듀어**
로즈앱솔루트 E. O. 1방울 ···> **팔마로사 E. O. 5방울**

시벅턴 페이스 오일

마유 페이스 오일

부드럽게 흡수되는 피부 영양 오일

시벅턴 페이스 오일

다양한 비타민과 필수아미노산 등을 함유하고 있는
시벅턴 오일은 영양소의 집합체라고 할 수 있어요.
항산화와 피부 재생 효능이 뛰어나
천연 비누나 화장품에 많이 사용되는 오일입니다.
주름 개선 효과가 높은 로즈힙 오일, 레티놀까지
함께 넣어서 묵직한 느낌의 페이스 오일이지만,
부드럽게 바로 흡수되니까 걱정하지 마세요.

난이도 ●○○
피부 타입 건조
효능 보습, 주름 개선
보관 실온
사용기간 1~2개월

피부의 유수분 밸런스를 맞춰주는

마유 페이스 오일

페이스 오일은 간단하게 섞어서 만들 수 있고
특히 가을 겨울에는 꼭 필요한 아이템입니다.
말의 지방 조직에서 추출한 지방 성분인 마유는
유수분의 밸런스를 맞춰주는 효능을 가지고 있습니다.
항균 작용도 뛰어나 손상된 트러블 피부를 개선하고
여드름, 아토피, 그리고 목 주름 관리에 좋다고 해요.

난이도 ●●○
피부 타입 푸석한 피부
효능 보습, 주름 개선
보관 실온
사용기간 1~2개월

재료(30g)

시벅턴 오일 3g
호호바 오일 10g
로즈힙 오일 15g
비타민E 1g
레티놀 1g
라벤더트루 E. O. 10방울

도구

유리 비커
저울
주걱
갈색 스포이드 용기(30ml)

How to Make

1. 유리 비커를 저울에 올려놓고 시벅턴 오일, 호호바 오일, 로즈힙 오일, 비타민E, 레티놀을 차례대로 정확하게 계량해서 넣는다.

2. 라벤더트루 에센셜 오일을 넣고 주걱으로 저어준다.

3. 미리 소독한 용기에 담고 손바닥으로 가볍게 감싸쥐고 굴리면서 섞는다.

4. 하루 정도 숙성한 다음 사용한다.

How to Use

로션이나 수분 크림에 섞어서 바르면 수분이 증발하지 않게 도와주는 페이스 오일은 활용도가 높은 아이템입니다. 메이크업할 때 파운데이션에 페이스 오일을 몇 방울 떨어뜨려 섞어주세요. 파운데이션이 들뜨지 않고 밀착되는 것을 느낄 수 있어요. 비비 크림에 섞어도 좋구요. 각질이 생긴 곳에도 살짝 바른 다음 지그시 눌러주면 됩니다. 지성 피부인 경우에는 밤에만 바르는 것이 좋아요. 에센셜 오일이 함유된 페이스 오일은 직사광선을 막아주는 짙은 갈색의 차광병에 담아 사용하는 것이 좋아요. 그리고 피부에 이상 반응이 생기면 사용을 중단해야 합니다.

재료(30g)

마유 15g
호호바 오일 6g
올리브에스테르 오일 8g
비타민E 1g
라벤더트루 E. O. 6방울
캐모마일로만 E. O. 2방울

도구

유리 비커
저울
주걱
핫플레이드
온도계
미니 핸드블렌더
갈색 스포이드 용기(30ml)

How to Make

1. 유리 비커를 저울에 올려놓고 마유, 호호바 오일, 올리브에스테르 오일, 비타민E를 차례대로 정확하게 계량해서 넣는다.

2. 비커를 핫플레이트에 올리고 40~45℃로 가열한 다음 핸드블렌더로 풀어준다. 마유는 융점이 높아 완전히 녹지 않기 때문에 핸드블렌더를 사용한다.

3. 에센셜 오일(라벤더트루, 캐모마일로만)을 넣고 주걱으로 저어준다.

4. 미리 소독한 스포이드 용기에 담고 손바닥으로 가볍게 감싸쥐고 굴리면서 섞는다.

5. 하루 정도 숙성한 다음 사용한다.

How to Use

마유는 묽은 버터 같은 제형인데 페이스 오일을 만들고 나면 침전물처럼 뿌옇게 가라앉기도 합니다. 사용하기 전에 흔들어 주세요. 마유 오일은 목 주름 케어에도 효과가 탁월하다고 합니다. 스킨 케어의 마무리로 목 관리도 잊지 마세요.

FACIAL
CARE

피부 타입에 따라 선택하는 오일

건성 피부를 위한 페이스 오일

건성 피부와 지성 피부는 페이스 오일 선택의 기준이 달라요.
건성 피부라면 수분 증발을 차단하는 믿음직한 오일 보습막이 필요하죠.
특히 계절이 바뀔 때나 겨울이 다가올 때면 조여드는 것처럼 심한 건조함을 느끼기 때문에
반드시 페이스 오일을 사용하세요. 수분 크림에 1~2방울 떨어뜨려서 바르거나
파운데이션과 섞어서 사용하는 등 다양하게 활용할 수 있어요.

난이도	◐○○
피부 타입	건성
효능	보습
보관	실온
사용기간	1~2개월

재료(30g)

아보카도 오일 5g
스윗아몬드 오일 14g
살구씨 오일 10g
비타민E 1g
프랑킨센스 E. O. 2방울
라벤더트루 E. O. 4방울

도구

유리 비커
저울
주걱
갈색 스포이드 용기(30ml)

How to Make

1. 유리 비커를 저울에 올려놓고 아보카도 오일, 스윗아몬드 오일, 살구씨 오일, 비타민E를 차례대로 계량해서 넣는다.

2. 프랑킨센스, 라벤더트루 에센셜 오일을 넣고 주걱으로 저어준다.

3. 미리 소독한 용기에 담고 손바닥으로 가볍게 감싸쥐고 굴리면서 섞는다.

4. 하루 정도 숙성한 다음 사용한다.

How to Use

보습력이 좋은 식물성 오일을 넣은 건성 피부용 페이스 오일은 번들거리는 느낌이 강해요. 처음 사용하는 분들은 번들거림 때문에 당황할 수도 있지만, 티슈로 얼굴 전체를 가볍게 눌러주면 번들거림이 덜하답니다. 그리고 금방 익숙해져서 보습 크림보다 더 애용하게 될 거에요.

피부 속 건조함을 잡아주고 번들거림이 없는

지성 피부를 위한 페이스 오일

지성 피부인데 웬 페이스 오일이냐구요?
피부 표면에는 유분이 많지만 피부 속이 건조한 지성 피부가 많다는 사실!
지성 피부라면 산뜻한 사용감과 흡수가 빠른 오일을 추천합니다.
끈적임이 없는 호호바 오일은 피지까지 조절해 주기 때문에 지성 피부에도 잘 맞아요.
저녁에 세안을 하고 나서 페이스 오일로 부드럽게 마사지해 주세요.

난이도 ◐○○

피부 타입 지성, 트러블

효능 보습, 피지 조절

보관 실온

사용기간 1~2개월

재료(30g)

살구씨 오일 15g
호호바 오일 10g
아르간 오일 4g
비타민E 1g
라벤더트루 E. O. 3방울
제라늄 E. O. 3방울

도구

유리 비커
저울
주걱
갈색 스포이드 용기(30ml)

How to Make

1. 유리 비커를 저울에 올려놓고 살구씨 오일, 호호바 오일, 아르간 오일, 비타민E를 차례대로 정확하게 계량해서 넣는다.

2. 라벤더트루, 제라늄 에센셜 오일을 넣고 주걱으로 저어준다.

3. 미리 소독한 스포이드 용기에 담고, 손바닥으로 가볍게 감싸쥐고 굴리면서 섞는다.

4. 하루 정도 숙성한 다음 사용한다.

호호바 오일은 천연 화장품 재료 중에서 많이 사용되는 오일입니다. 여러 가지 효능을 가지고 있기 때문에 팔방미인 격이라고 할 수 있어요. 우선 호호바 오일은 보습 효과가 뛰어난 오일입니다. 수분 손실을 억제하고 산화를 방지해주기 때문에 건조하거나 노화한 피부에 잘 맞아요. 번들거리거나 끈적거리지 않기 때문에 사용감이 좋은 것도 특징입니다. 피부 유연성과 탄력성을 증가시켜주는 호호바 오일은 항균 작용이 있어 염증을 완화해주고 피지를 조절해 주기 때문에 여드름 예방이나 모공이 넓어지는 것을 막아준답니다.

트러블 스팟

링클 스팟

뽀루지, 여드름 등 피부 트러블 집중 케어

트러블 스팟

피곤하거나 스트레스가 많을 때 피부는
여러 가지 신호를 보냅니다.
특히 얼굴에 난 뽀루지, 여드름 등의 트러블은
여간 신경 쓰이는 게 아니죠.
이럴 때는 간단하게 섞어서 만들 수 있는
스팟 롤온으로 트러블을 집중적으로 케어해보세요.

> 난이도 ●○○
> 피부 타입 트러블 피부
> 효능 트러블 완화
> 보관 실온
> 사용기간 1~2개월

주름이 생긴 부분을 집중적으로 케어해주는

링클 스팟

우리 얼굴은 하루에도 수없이 많은 표정을 지으면서
감정을 표현합니다. 그래서 자신도 모르게
여러 가지 표정 주름이 생기게 되죠.
표정이나 노화에 의한 주름은 쉽게 없어지지 않아요.
그래서 보습과 주름 개선까지 집중적으로 케어하기 위해
스팟 아이템을 만들었어요.

> 난이도 ●○○
> 피부 타입 건성, 노화
> 효능 보습, 주름 개선
> 보관 실온
> 사용기간 1~2개월

재료 (50g)

화이트호호바 오일 30g
올리브에스테르 오일 19g
비타민E 1g
유칼립투스 E. O. 2방울
티트리 E. O. 5방울
제라늄 E. O. 3방울

도구

유리 비커
저울
주걱
롤온 용기(10ml) 5개

How to Make

1. 유리 비커를 저울에 올려놓고 화이트호호바 오일,
올리브에스테르 오일, 비타민E를 계량한다.

2. 주걱으로 잘 섞은 다음 에센셜 오일(유칼립투스, 티트리, 제라늄)을
차례대로 넣고 혼합한다.

3. 미리 소독한 롤온 용기에 담아 하루 숙성한 다음 사용한다.

How to Use

스팟 아이템은 얼굴 전체에 바르는 것이 아니라 집중적으로 트러블이 있는 부분만 사용하세요. 트러블이 생긴 곳에 살살 굴리듯이 바르면 됩니다.

유칼립투스는 화상, 상처, 염증이 있거나 안색이 어두워보이는 피부에 효과가 있고 머리를 맑게 해주는 에센셜 오일입니다.

티트리는 상처 부위의 청결과 소독에 효능이 있지만 독성이나 피부 자극이 없는 에센셜 오일로 널리 알려져 있어요. 유칼립투스와 티트리 에센셜 오일의 블렌딩은 항염, 항균에 뛰어난 효과가 있는 것으로 알려져 있습니다.

재료 (50g)

호호바 오일 30g
아르간 오일 19g
비타민E 1g
로즈앱솔루트 E. O. 1방울
로즈우드 E. O. 3방울

도구

유리 비커
저울
주걱
롤온 용기(10ml) 5개

How to Make

1. 유리 비커를 저울에 올려놓고 호호바 오일, 아르간 오일, 비타민E를
계량한다.

2. 주걱으로 잘 섞은 다음 로즈앱솔루트, 로즈우드 에센셜 오일을
차례대로 넣고 혼합한다.

3. 미리 소독한 롤온 용기에 담아 하루 숙성한 다음 사용한다.

How to Use

이마, 볼, 입가 등 주름이 걱정되는 부분에 살짝 굴리듯 발라주세요.

아르간 오일은 불포화지방산, 올레지방, 리놀레지방, 친연비디민E가 풍부해요. 뛰어난 힝신싱과 스테롤을 가지고 있기 때문에 피부 트러블을 막아주고 탄력을 유지해줍니다.

로즈앱솔루트, 로즈우드 에센셜 오일은 안티에이징 효과가 뛰어난 블렌딩입니다. 주름 때문에 고민이 많은 피부 타입에 잘 맞는 에센셜 오일입니다.

에센셜 오일 블렌딩은 취향에 따라 선택할 수 있어요. 로즈 1방울에 프랑킨센스 3방울 섞거나 네롤리 1방울에 프랑킨센스 3방울을 섞어 사용하세요.

FACIAL
CARE

잡티 완화에 효과적인 집중 관리 스팟

화이트닝 스팟

얼굴에 있는 잡티가 갑자기 커보이면서 굉장한 스트레스를 받을 때가 있죠.
그럴 때는 원하는 부분만 콕 집어 관리할 수 있는 스팟 아이템이 필요해요.
피부를 투명하게 해주는 라즈베리시드 오일,
피부 톤 개선을 위한 알부틴리조좀을 넣은 화이트닝 스팟을 만들어 보세요.
에센스를 바르고 난 다음 잡티가 있는 부분에 집중적으로 바르세요.

난이도 ◖◌◌
피부 타입 잡티가 많은 피부
효능 미백, 잡티 완화
보관 실온
사용기간 2~3개월

재료(30g)

호호바 오일 7g
올리브에스테르 오일 10g
라즈베리시드 오일 10g
알부틴리포좀 1g
올리브 리퀴드 0.5g
비타민E 1g
라벤더트루 E. O. 8방울
일랑일랑 E. O. 2방울

도구

유리 비커
저울
주걱
롤온 용기(10ml) 3개

How to Make

1. 유리 비커를 저울에 올려놓고 호호바 오일, 올리브에스테르 오일,
라즈베리시드 오일, 알부틴리포좀, 올리브 리퀴드, 비타민E를
계량한다.

2. 주걱으로 잘 섞은 다음 에센셜 오일(라벤더트루, 일랑일랑)을 차례대로
넣고 혼합한다.

3. 미리 소독한 롤온 용기에 담아 하루 숙성한 다음 사용한다.

라즈베리는 산딸기과 식물로 폴리페놀, 탄닌, 안토시아닌, 피토케미컬 등의 성분을 함유하고
있어서 피부를 촉촉하고 투명하게 만들어줍니다. 딸기과 식물인만큼 비타민A가 많아서 기미
나 주근깨가 생기는 것을 방지해주고, 자외선으로부터 피부가 검게 변하는 현상을 억제해준답
니다. 라즈베리시드 오일은 무겁지 않아서 발림성이 좋아요. 피부에 빨리 흡수되기 때문에 지
성 피부에 사용해도 번들거리지 않습니다.

➡ 대체 재료
라즈베리시드 오일 ⋯ **보리지 오일**

재생과 탄력을 위한 피부 비책 아이템

리커버리 스팟

탄력없이 지쳐 보이는 피부가 걱정이라면 스팟 아이템을 추천해요.

단기간에 집중적으로 영양 성분을 공급하기 때문에 잡티, 탄력 등 여러 가지 피부 고민을 해결해 준답니다.

피부 재생 효과가 뛰어난 천연 오일, 노화 피부와 주름에 효과가 있는 로즈우드와

재스민 에센셜 오일을 넣은 리커버리 스팟은 만들기도 쉬워요.

집중 관리가 필요한 부분에 대고 부드럽게 바르세요.

난이도	●○○
피부 타입	모든 피부
효능	재생, 탄력
보관	실온
사용기간	2~3개월

재료(50g)

로즈힙 오일 23g
호호바 오일 7g
해바라기씨 오일 19g
비타민E 1g
로즈우드 E. O. 4방울
재스민 E. O. 1방울

도구

유리 비커
저울
주걱
롤온 용기(10ml) 5개

How to Make

1. 유리 비커를 저울에 올려놓고 로즈힙 오일, 호호바 오일,
해바라기씨 오일, 비타민E를 계량한다.

2. 주걱으로 잘 섞은 다음 에센셜 오일(로즈우드, 재스민)을 차례대로 넣고
혼합한다.

3. 미리 소독한 롤온 용기에 담아 하루 숙성한 다음 사용한다.

How to Use

리커버리 스팟은 스포이드 용기에 담아 페이스 오일로 사용해도 됩니다.

에센셜 오일은 취향에 따라 선택하세요. 네롤리 1방울에 로즈우드 4방울을 섞거나 로즈 1방울
에 프랑킨센스 5방울을 섞어 만들어도 됩니다.

한방 필링젤

BHA 필링젤

서시처럼 투명하고 건강한 피부를 위한

한방 필링젤

정기적으로 각질을 제거하는 것은 피부 관리의 기본입니다.
스크럽을 하는 것도 좋은 방법이지만 자극이 될 수 있고, 정기적으로 하기도 어려워요.
그래서 바르고 씻어내면 순하게 각질을 녹여내는 필링젤을 만들었습니다.
BHA 추출물은 모공 주변에 비정상적으로 쌓인 각질을 부드럽게 녹여 피부결을
정돈하고 화장품의 여러 가지 유효 성분이 잘 흡수되도록 돕는 작용을 합니다.

난이도	◐◐◌
피부 타입	모든 피부
효능	각질 제거, 보습
보관	실온
사용기간	1~2개월

재료(100g)

정제수 50g
알로에베라 겔 21g
서시옥용산 추출물 8g
감초 추출물 7g
BHA 추출물 5g
하이셀 3g
서시옥용산 분말 1g
글리세린 3g
나프리 1g
라벤더트루 E. O. 20방울

도구

유리 비커
저울
주걱
핫플레이트
1회용 짤주머니
튜브 용기(70ml) 2개

How to Make

1. 유리 비커를 전자 저울에 올려놓고 정제수, 알로에베라 겔,
서시옥용산 추출물, 감초 추출물, BHA 추출물, 하이셀을
차례대로 계량한다.

2. 비커를 핫플레이트에 올리고 60~65℃까지 가열한다.

3. 하이셀의 점도가 생길 때까지 계속 주걱으로 저어준다.

4. 서시옥용산 분말, 글리세린, 나프리를 넣고 주걱으로 저어준다.

5. 라벤더트루 에센셜 오일을 넣고 혼합한다.

6. 필링젤을 짤주머니에 넣어서 미리 소독한 용기에 담는다.

How to Use

필링젤은 점도가 있어 튜브 용기에 넣기가 어렵기 때문에 짤주머니를 이용해서 넣는 것이 좋습니다. 비닐로 된 1회용 짤주머니를 미리 에탄올로 소독해서 사용하세요. 한방 필링젤은 만들고 나서 바로 사용해도 되지만, 숙성시키면 사용감이 더 좋아져요. 물기가 없는 얼굴에 필링젤을 바르고 꼼꼼하게 마사지한 다음 물로 씻어내면 됩니다. 눈이나 점막 부위에 들어가지 않도록 조심하세요.

서시는 왕소군, 초선, 양귀비와 함께 중국의 4대 미인으로 알려져 있습니다. 원나라의 미인이었던 서시는 옥과 같은 피부를 가졌다고 전하고 있어요. 서시옥용산은 옥 같은 서시의 피부를 위한 〈동의보감〉의 처방입니다. 서시옥용산 분말이나 추출물이 남았다면 물에 개어 팩으로 사용할 수 있어요. 특유의 향이 있기 때문에 향에 민감한 편이라면 피하는 게 좋습니다.

BHA 추출물은 식물에서 추출한 천연 성분인데 피지 생성과 분비를 조절하고, 세포 재생과 함께 피부 표면을 부드럽게 진정시키는 역할을 합니다. 항균 작용이 우수해 여드름이나 지성 피부에 알맞은 재료입니다.

각질 제거와 피부 보습에 효과가 있는

BHA 필링젤

피부에 쌓인 각질을 부드럽게 녹여주는 BHA와 AHA 추출물을 넣은 필링젤입니다.
두 가지 추출물은 각질 제거 효과도 탁월하지만 피부 보습에도 도움을 주는 성분이에요.
피부 표면이 거칠고 안색이 어둡게 느껴진다면 간편한 필링젤을 바르고 씻어내세요.
막힌 모공을 개선하고 피부결을 개선해 팽팽하고 탄력있는 피부로 만들어 준답니다.

난이도	◕◕◔
피부 타입	모든 피부
효능	각질 제거, 보습
보관	실온
사용기간	1~2개월

재료(100g)

라벤더 워터 81g
BHA 추출물 5g
AHA 추출물 2g
하이셀 3g
글리세린 3g
나프리 1g
흑설탕 5g
만다린 E. O. 3방울
로즈우드 E. O. 2방울

도구

유리 비커
저울
주걱
핫플레이트
1회용 짤주머니
튜브 용기(70ml) 2개

How to Make

1. 유리 비커를 전자 저울에 올려놓고 라벤더 워터, BHA 추출물,
AHA 추출물, 하이셀을 차례대로 계량한다.

2. 비커를 핫플레이트에 올리고 60~65℃까지 가열한다.
하이셀의 점도가 생길 때까지 꾸준히 저어준다.

3. 글리세린, 나프리를 계량해서 넣고 주걱으로 혼합한다.

4. 비커가 완전히 식으면 흑설탕, 에센셜 오일(만다린, 로즈우드)을 넣고
주걱으로 저어준다.

5. 필링젤을 소독한 짤주머니에 넣어서 미리 소독한 용기에 담는다.

6. 하루 정도 숙성한 다음 사용한다.

How to Use

비닐로 된 1회용 짤주머니는 미리 에탄올로 소독해서 사용하세요. BHA 필링젤은 만들고 나서 바로 사용할 수도 있지만, 하루 정도 숙성시키면 사용감이 더 좋아진답니다. 물기가 없는 얼굴에 필링젤을 바르고 꼼꼼하게 마사지한 다음 물로 씻어내면 됩니다. 눈이나 점막 부위에 들어가지 않도록 조심하세요.

AHA 추출물은 알파 하이드록시산의 줄임말로 피부 건조, 피부 처짐 개선, 각질 제거 등 여러 가지 효능을 가지고 있습니다. AHA 추출물은 약 30가지 종류가 있는데 감귤계 과일에서 추출한 구연산, 유산, 사과산 등이 대표적입니다. 햇빛에 손상되었거나 각질로 인해 피부층이 두꺼워진 피부에 탁월한 효과가 있어요.

피부 보습에 효과적인 천연 오일

올리브 오일 팩

스트레스가 많았던 날에는 지친 피부에 휴식을 주는 시간이 꼭 필요한 것 같아요.
팩을 하면서 쉬는 10분 정도의 시간이 정말 편안한 힐링 타임이 되곤 합니다.
그래서 올리브트렌젤을 넣어서 흐르지 않는 깔끔한 크림 타입의 천연 팩을 만들었어요.
팥 분말과 코엔자임Q10을 첨가해 피부 톤을 맑게 해주고 보습과 재생에 도움을 주는 팩입니다.

난이도	●○○
피부 타입	건성
효능	보습
보관	실온
사용기간	1~2개월

재료(50g)

올리브트렌젤 30g
해바라기씨 오일 12g
비타민E 1g
올리브 리퀴드 2g
팥 분말 4g
코엔자임Q10(지용성) 1g
제라늄 E. O. 5방울

도구

유리 비커
저울
주걱
크림 용기(80ml)

How to Make

1. 유리 비커를 저울에 올려놓고 에센셜 오일을 제외한 나머지 재료를
전부 계량해서 넣는다.

2. 팥 분말이 뭉치지 않도록 주걱으로 꼼꼼하게 저어준다.

3. 제라늄 에센셜 오일을 넣고 저어준 다음 소독한 용기에 담는다.

How to Use

깨끗하게 세안한 다음 적당한 양을 덜어서 얼굴에 바르고 10분 정도 지난 다음 물로 씻어내세
요. 일주일에 1~2회 정도 사용하셔도 됩니다.

트렌젤은 실리카를 이용해서 만든 천연 식물성 오일 젤입니다. 천연 올리브 오일 특유의 끈적
임과 유분을 감소시켜 실리콘 오일을 사용한 듯 매트한 느낌을 주는 것이 특징이에요. 피부에
천연 필름막을 형성해 수분 증발을 억제하고, 사용감이 가볍고 빠르게 흡수됩니다. 올리브트
렌젤에 천연 오일을 첨가하면 점증 조절이 가능합니다.

피부에 좋은 영양을 가득 담고 있는

단호박 팩

잘 익어서 윤기가 흐르는 단호박은 먹음직스런 노란색을 띠는데
루테인을 함유하고 있기 때문이라고 해요.
루테인은 피부 암을 예방하는 성분으로 보습 효과도 뛰어난 것으로 알려져 있습니다.
그리고 베타카로틴과 비타민E도 풍부한데, 피부의 재생을 돕고 노화방지 효과가 있어서
지친 피부를 건강하고 촉촉하게 만들어줍니다.

난이도 ●○○
피부 타입 건성, 노화
효능 보습, 진정, 재생
보관 실온
사용기간 1~2개월

재료(70g)

정제수 33g
단호박 분말 23g
스윗아몬드 오일 2g
히아루론산 10g
비타민E 1g
나프리 1g
라벤더트루 E. O. 3방울
샌달우드 E. O. 1방울

도구

저울
유리 비커
주걱
크림 용기(80ml)

How to Make

1. 유리 비커를 저울에 올려놓고 에센셜 오일을 제외한 나머지 재료를
전부 계량해서 넣는다.

2. 단호박 분말이 뭉치지 않도록 주걱으로 꼼꼼하게 저어준다.

3. 라벤더트루, 샌달우드 에센셜 오일을 넣고 저어준 다음 소독한 용기에
담는다.

➡ 대체 재료
정제수 ⋯ **네롤리 워터**
스윗아몬드 오일 ⋯ **살구씨 오일**
히아루론산 ⋯ **글리세린**
비타민E ⋯ **자몽씨 추출물**
나프리 ⋯ **인디가드**

올리브 오일 팩

단호박 팩

피부에 수분을 공급해 매끄럽게 만들어주는

오트밀 팩

오트밀은 천연 팩 중에서도 가장 널리 활용되고 있는 재료입니다.
풍부한 영양분을 함유하고 있고 특히 자극이 없기 때문에 민감한 피부에도 사용할 수 있어요.
수분 공급과 노폐물 제거 등 여러 가지 효능을 가지고 있고,
비누나 클렌저에도 사용할 수 있어서 활용도가 높아요.
피부 관리에 관심이 많다면 오트밀을 꼭 챙겨두세요.

난이도	●○○
피부 타입	건성, 민감성
효능	노폐물 제거, 보습
보관	실온
사용기간	1~2개월

재료(70g)

정제수 37g
오트밀 분말 20g
아르간 오일 2g
히아루론산 9g
비타민E 1g
나프리 1g
라벤더트루 E. O. 3방울
그레이프프룻 E. O. 5방울

도구

유리 비커
저울
주걱
크림 용기(80ml)

How to Make

1. 유리 비커를 저울에 올려놓고 에센셜 오일을 제외한 나머지 재료를 전부 계량해서 넣는다.

2. 오트밀 분말이 뭉치지 않도록 주걱으로 꼼꼼하게 저어준다.

3. 라벤더트루, 그레이프프룻 에센셜 오일을 넣고 저어준 다음 소독한 용기에 담는다.

How to Use

거즈를 이용하여 그 위에 팩을 올려 사용하거나 피부에 직접 팩하면 됩니다.

오트밀은 건조한 피부에 수분을 공급하고 부드럽게 해주는 천연 원료입니다. 특히 오트밀은 피부가 수분을 머금고 있도록 도와주고, 피부 속의 노폐물을 제거해 주기 때문에 세안제, 각질 제거제, 팩, 천연 비누 등 여러 가지로 활용되고 있어요. 오트밀 분말에 꿀이나 우유를 섞어서 간단하게 팩을 해도 됩니다.

➡ 대체 재료
정제수 ⋯ **로즈 워터**
아르간 오일 ⋯ **올리브 오일**
히아루론산 ⋯ **글리세린**
비타민E ⋯ **자몽씨 추출물**
나프리 ⋯ **에코프리**

피부 진정과 영양을 공급해 주는

살구씨 팩

살구씨 분말은 영양 공급 효과가 뛰어나고 잡티 완화에도 효과가 있기 때문에
예로부터 꾸준히 사랑받아온 천연 팩 재료 중 하나입니다.
꾸준히 사용하면 윤기있고 매끄러운 피부로 가꿀 수 있어요.
정량대로 만들어서 냉장 보관하고 되도록 빨리 사용하세요.
1회 분량(10g)만 만들어서 사용하는 것도 좋은 방법입니다.

난이도 ●○○
피부 타입 모든 피부
효능 잡티 완화, 피부 톤 개선
보관 실온
사용기간 1~2개월

재료(70g)

정제수 38g
살구씨 분말 20g
아르간 오일 2g
히아루론산 8g
비타민E 1g
나프리 1g
라벤더트루 E. O. 3방울

도구

유리 비커
저울
주걱
크림 용기(80ml)

How to Make

1. 유리 비커를 저울에 올려놓고 에센셜 오일을 제외한 나머지 재료를
    전부 계량해서 넣는다.

2. 살구씨 분말이 뭉치지 않도록 주걱으로 꼼꼼하게 저어준다.

3. 라벤더트루 에센셜 오일을 넣고 저어준 다음 소독한 용기에 담는다.

살구씨는 주근깨, 검버섯, 기미 등에 효과가 탁월하고 천연 스크럽제라고 할 수 있을 만큼 묵
은 각질과 피지 제거에도 뛰어난 재료입니다. 살구씨 오일도 여러 가지 효능을 가지고 있는데,
미백 효과, 붉은 피부 개선, 피부 진정에 도움을 줍니다. 건성 피부뿐만 아니라 피지 관리가
필요한 지성 피부, 트러블 피부, 민감성 피부 등 모든 피부에 사용해도 되는 오일이에요. 오일
특유의 끈적임이 없고 피부에 빨리 흡수되는 것도 장점입니다.

➡ 대체 재료

정제수 ⋯ **로즈 워터**
살구씨 분말 ⋯ **잔탄검**
아르간 오일 ⋯ **달맞이꽃 오일**
히아루론산 ⋯ **글리세린**
비타민E ⋯ **자몽씨 추출물**

FACIAL
CARE

BODY CARE

건강한 바디를 위한 클린 레시피

얼굴과 마찬가지로 우리 몸에도 수분과 영양 공급이 필요합니다.
세정력은 풍부하지만 자극적이지 않고 부드러운 바디 워시,
피부의 수분과 유분의 밸런스를 맞춰주는 바디 로션과 크림.
그리고 피부에 수분 보호막을 씌워주는 바디 오일,
탈모 방지와 두피 케어를 위한 헤어 아이템까지
건강한 바디 케어를 위한 여러 가지 레시피를 만나 보세요.

얼굴과 마찬가지로 우리 몸에도
수분과 영양 공급이 필요합니다.
자극적이지 않고 부드러운, 건강한 바디 케어를 위한
여러 가지 레시피를 만나 보세요.

Especially
HANDMADE

Natural
HANDMADE

THANK
YOU

Special et précieux pour
vous Toujours heureux
sourire plein d'espoir

S.C.R.U.B & C.L.E.A.N.S.E.R

113　버블 블랙슈거 스크럽
114　커피 바디 스크럽
115　곡물 바디 스크럽
116　마일드 젤 바디 클렌저
118　심플 바디 클렌저
119　로즈 바디 클렌저

M.O.I.S.T.U.R.E

121　모이스처 바디 로션
122　슬림 바디 로션
123　스쿠알란 바디 크림
124　스쿠알란 바디 밤
127　화이트닝 바디 밤
128　모이스처 바디 오일
129　바디 리프팅 오일

H.A.I.R C.A.R.E

130　한방 샴푸
133　퍼퓸 샴푸
134　쿠퍼펩타이드 샴푸
135　탈모 샴푸
136　두피 에센스
139　베이식 로우 푸
140　마일드 로우 푸
141　💧 나만의 샴푸 레시피
143　로즈 비니거 린스
144　헤나 비니거 린스
145　동백 헤어 린스
146　동백 헤어 에센스

B.A.T.H S.A.L.T

147　릴랙싱 바스 솔트
149　디톡스 족욕 솔트

D.E.O.D.O.R.A.N.T

151　레몬 데오도란트 스프레이
152　데오도란트 롤온
152　데오도란트 스틱

커피 바디 스크럽

버블 블랙슈거 스크럽

비누 틀에 넣어서 만드는 스크럽

버블 블랙슈거 스크럽

비누 베이스에 식물성 오일, 유기농 흑설탕, 천연 분말을 넣어
스크럽, 세안, 보습까지 한번에 해결할 수 있는 레시피를 구성했어요.
마사지하듯 문지른 다음 깨끗하게 씻으면 촉촉함은 남아있고 피부결은 부드러워진답니다.
비누 베이스를 많이 넣지 않았기 때문에 거품이 많이 나는 타입의 스크럽은 아니에요.
아이들이 좋아하는 재미있는 모양의 비누 몰드를 이용해서 만들어 보세요.

난이도 ◕◕◔
피부 타입 모든 피부
효능 스크럽, 보습
보관 실온
사용기간 1~2개월

재료(100g)

비누 베이스 23g
살구씨 오일 10g
포도씨 오일 10g
유기농 흑설탕 53g
카카오 분말 1g
히아루론산 2g
레몬 E. O. 15방울
제라늄 E. O. 5방울

도구

유리 비커 2개
비누 커터
저울
주걱
핫플레이트
온도계
비누 몰드

How to Make

1. 유리 비커를 저울에 올려놓은 다음 비누 커터로 작게 자른
비누 베이스를 계량한다.

2. 비커를 핫플레이트에 올려놓고 70℃ 까지 가열해서
비누 베이스를 녹인다.

3. 다른 비커에 살구씨 오일, 포도씨 오일을 계량한 다음
유기농 흑설탕, 카카오 분말, 히아루론산을 넣고 잘 섞는다.

4. 2개의 비커를 혼합한 다음 레몬, 제라늄 에센셜 오일을 넣는다.

5. 비누 몰드에 넣어 굳힌다.

6. 완전히 굳으면 몰드에서 빼고, 하루 숙성한 다음 사용한다.

How to Use

몸에 물기가 있는 상태에서 전신을 마사지하세요. 눈에 들어가지 않도록 주의하고, 자극에 예
민한 피부라면 유기농 흑설탕을 믹서에 갈아서 입자를 작게 만들어서 사용하세요.

흑설탕과 포도씨 오일은 코에 있는 블랙 헤드를 제거하는데 효과적이에요. 1:1 비율로 섞어서
코에 바르고 1분 정도 문지른 다음 씻어내면 됩니다.

사용한 몰드는 15구 플라워 3종 데코 몰드입니다. 비누용 몰드나 여러 가지 모양의 몰드를 사
용해도 됩니다.

BODY CARE

온몸을 매끄럽고 촉촉하게 만들어 주는

커피 바디 스크럽

피부 노폐물을 제거해 매끈하고 부드러운 피부로 만들어 주는 바디 스크럽입니다.
커피, 흑설탕, 오트밀은 재료 그대로를 스크럽제로 사용해도 될만큼 각질 제거에 효과적이에요.
피부에 수분을 공급해줄 천연 식물성 오일과 그레이프프룻, 라벤더트루 에센셜 오일의 향긋함까지.
목욕 시간을 즐겁게 만들어줄 스크럽을 만들어 보세요.

난이도 ◐○○
피부 타입 지성, 복합성
효능 스크럽, 보습
보관 실온
사용기간 1~2개월

재료(250g)

알로에베라 겔 80g
살구씨 오일 37g
포도씨 오일 25g
올리브 리퀴드 8g
커피 가루 36g
오트밀 가루 25g
유기농 흑설탕 25g
글리세린 7g
나프리 3g
비타민E 2g
그레이프프룻 E. O. 30방울
라벤더트루 E. O. 20방울

도구

유리 비커
저울
주걱
크림 용기(250ml)

How to Make

1. 유리 비커를 저울에 올려놓고 알로에베라 겔, 살구씨 오일, 포도씨 오일,
올리브 리퀴드, 에센셜 오일(그레이프프룻, 라벤더트루)을 계량한 다음
주걱으로 잘 섞는다.

2. 커피 가루, 오트밀 가루, 유기농 흑설탕, 글리세린, 나프리, 비타민E를
차례대로 넣으면서 계속 저어준다.

3. 미리 소독한 용기에 넣는다.

How to Use

샤워 후 물기가 남아있는 상태에서 스크럽을 덜어 마사지하듯 부드럽게 문질러주세요.

커피 가루는 커피를 거르고 나서 생기는 원두 찌꺼기를 말합니다. 카페에 가면 커피 원두의
찌꺼기를 내놓는 곳이 있어요. 제습제, 탈취제 등 다양하게 사용할 수 있는데 젖은 상태이기
때문에 햇빛에 잘 말려서 사용하세요.

➜ 대체 재료
살구씨 오일 ···› **아보카도 오일, 호호바 오일**
오트밀 가루 ···› **미강 분말**

곡물의 영양과 보습력을 그대로 담은

곡물 바디 스크럽

각질 제거와 수분 공급 효과가 있는 오트밀 분말, 지방분을 함유하고 있는 미강 분말,
피부를 매끄럽게 만들어주는 율무 분말까지 3가지 곡물을 넣은 스크럽입니다.
미백 효과와 각질 제거를 도와주는 AHA 추출물도 넣어서 온몸을 매끄럽고 윤기나게 해줄 거에요.
물기가 남아있는 온몸에 바르고 천천히 마사지하듯 문질러 준 다음
깨끗하게 씻어내면 상쾌한 기분을 느낄 수 있답니다.

난이도	◐○○
피부 타입	모든 피부
효능	스크럽, 보습
보관	실온
사용기간	1~2개월

재료(100g)

살구씨 오일 24g
호호바 오일 20g
포도씨 오일 10g
AHA 추출물 20g
오트밀 분말 10g
미강 분말 2g
율무 분말 2g
비타민E 2g
올리브 리퀴드 10g
레몬 E. O. 10방울
로즈마리 E. O. 2방울
제라늄 E. O. 4방울

도구

유리 비커
저울
주걱
크림 용기(100ml)

How to Make

1. 유리 비커를 저울에 올려놓고 모든 재료를 순서대로 넣으면서
잘 저어준다.

2. 분말이 잘 섞이도록 주걱으로 혼합한다.

3. 소독한 용기에 담고 하루 숙성한 다음 사용한다.

AHA 추출물은 알파하이드록시산을 간단하게 줄인 이름인데, 피부 표면의 비정상적인 세포를
제거한다고 합니다. 그래서 색소가 침착되는 것을 개선해 피부 톤이 밝아지고, 멜라닌 분비를
억제한다는 연구 결과도 있어요. AHA 성분을 스킨 케어에 사용한 것은 수세기 전부터인데,
이집트 여성들은 우유로 목욕을 하고, 프랑스에서는 오래된 포도주를 사용했답니다.
미강 분말은 쌀겨 가루를 말하는데, 쌀겨에는 비타민A, B, 철분, 미네랄 등의 영양소가 풍부
하게 함유되어 있어요. 건성이나 노화 피부에 효과적인데, 각질을 제거하고 세정 작용을 하기
때문에 예로부터 비누 대신 쌀겨로 세안을 했다고 합니다.

BODY
CARE

순하고 부드러워 아이와 함께 사용할 수 있는

마일드 젤 바디 클렌저

자극이 적고 부드러운 사용감을 주는 올리브 계면활성제와 코코베타인을 넣어서
어린아이부터 민감성 피부에도 사용할 수 있는 젤 타입의 바디 클렌저입니다.
피부 건조를 유발하는 성분을 넣은 클렌저는 미끈거리는 느낌과 함께
강한 자극으로 피부를 더 건조하게 만들어요.
순하고 부드럽게 노폐물을 씻어내는 수용성 클렌저를 만들어 보세요.

난이도 ◆◆◇

피부 타입 건성, 민감성

효능 보습, 세정

보관 실온

사용기간 2~3개월

재료(200g)

수상층
정제수 120g
글루카메이트 10g

첨가물
올리브 계면활성제 20g
CDE 4g
코코베타인 4g
글리세린 2g
나프리 4g
살구씨 오일 10g
올리브 리퀴드 4g
알로에베라 겔 20g

에센셜 오일
라벤더트루 E. O. 36방울
네롤리 E. O. 4방울

도구

유리 비커
저울
주걱
핫플레이트
온도계
샴푸 용기(200ml)

How to Make

1. 유리 비커를 저울에 올려놓고 수상층(정제수, 글루카메이트)을 계량한다.

2. 비커를 핫플레이트에서 60℃ 까지 가열한다.

3. 글루카메이트가 다 녹으면 가열을 멈추고 첨가물(올리브 계면활성제, CDE, 코코베타인, 글리세린, 나프리, 살구씨 오일, 올리브 리퀴드, 알로에베라 겔)을 넣으면서 주걱으로 섞는다.

4. 에센셜 오일(라벤더트루, 네롤리)를 넣고 혼합한다.

5. 소독한 용기에 담아 하루 정도 숙성한 다음 사용한다.

글루카메이트는 옥수수에서 추출한 양이온성 계면활성제로 점도를 증진시키고 트리트먼트 효과를 내는 재료입니다. 굉장히 순한 성분이라서 샴푸, 린스, 바디 워시나 유아용 제품에 꼭 들어가는 재료에요.

올리브 계면활성제는 올리브 리퀴드의 성분을 좀 더 부드러운 거품이 나도록 만든 것입니다. 샴푸, 바디 워시 등 풍부한 거품이 필요한 제품에 꼭 들어가는 재료인데, LES와 코코베타인 등의 성분과 잘 섞이는 천연 계면활성제입니다.

Thank you

Natural Handmade

간단하게 섞어서 만드는 바디 클렌저

심플 바디 클렌저

물비누 베이스를 활용한 클렌저라서 가열해서 녹이는 과정없이 여러 가지 재료를 섞어서 만들 수 있어요.
물비누 베이스는 100% 식물성 시어 버터, 코코넛, 팜유로 만들었기 때문에 피부 당김이 없어요.
천연보습제를 함유하고 있어서 사용감이 부드러운 것이 특징입니다.
피부 진정과 각질 제거 효과가 있는 감초 추출물을 넣어 온몸을 매끄럽게 가꿔준답니다.

난이도	●○○
피부 타입	건성, 민감
효능	세정, 보습
보관	실온
사용기간	2~3개월

재료(200g)

물비누 베이스 150g
감초 추출물 20g
녹차 추출물 20g
글리세린 4g
히아루론산 2g
나프리 2g
만다린 E. O. 20방울
로즈우드 E. O. 20방울

도구

유리 비커
저울
주걱
거품 용기(200ml)

How to Make

1. 유리 비커를 저울에 올려놓고 에센셜 오일을 제외한 모든 재료를
차례대로 넣으면서 주걱으로 저어준다.
거품이 생기기 때문에 미니 핸드블렌더는 사용하지 않는다.

2. 에센셜 오일(만다린, 로즈우드)을 넣고 혼합한다.

3. 소독한 용기에 담아 하루 정도 숙성한 다음 사용한다.

감초 추출물은 '약방의 감초'란 말이 있을 정도로 여러 가지 효능을 가지고 있는 약재인 감초
에서 추출한 성분입니다. 사포닌 성분인 글리시리진을 포함하고 있는데 피부 톤을 조절하고
소염 작용이 뛰어나 피부 재생을 도와줍니다. 감초는 피부 진정에 효과가 있어서 햇빛에 오랜
시간 노출되었을 때 회복을 돕고, 묵은 각질이나 피지를 떨어뜨리기 때문에 스크럽제로 이용
할 수 있어요.

로즈 향을 즐길 수 있는 바디 클렌저

로즈 바디 클렌저

피부에 수분을 공급하고 탄력을 주는 자음단 추출물과 장미향 프래그런스 오일을 넣은
바디 클렌저입니다. 하루의 피로를 씻어내는 동안 에센셜 오일과 로즈 향기가
몸과 마음을 편안하게 이완시키는 것을 느낄 수 있어요.
장미향 프래그런스 오일은 적은 양만 넣어도 진한 향기를 내기 때문에
향에 민감할 경우 양을 조금 줄이세요.

난이도 ●○○
피부 타입 건성
효능 보습, 세정
보관 실온
사용기간 2~3개월

재료(300g)

수상층
정제수 120g
잔탄검 1g
글리세린 20g
자음단 추출물 10g

계면활성제
올리브 계면활성제 142g

첨가물
자몽씨 추출물 2g
나프리 3g

에센셜 오일
팔마로사 E. O. 20방울
제라늄 E. O. 20방울
장미향 F. O. 10방울

도구

유리 비커
저울
주걱
샴푸 용기(300ml)

How to Make

1. 유리 비커를 저울에 올려놓고 쟁탄검, 글리세린을 먼저 계량해서 섞는다.
쟁탄검은 잘 희석되지 않기 때문에 글리세린과 먼저 섞어서
주걱으로 잘 저어준다.

2. 정제수, 자음단 추출물을 넣고 저으면서 점도를 낸다.

3. 올리브 계면활성제, 첨가물(자몽씨 추출물, 나프리)을 넣으면서
주걱으로 섞는다.

4. 에센셜 오일(팔마로사, 제라늄)과 장미향 프래그런스 오일을 넣고 섞는다.

5. 주걱으로 약 3~5분 정도 저어서 혼합한다.

6. 소독한 용기에 담고 자주 흔들어서 점도를 풀어준다.
하루 숙성한 다음 사용한다.

자음단 추출물은 옥축, 참작약, 백합, 연꽃, 지황 등 5가지 약재로 만든 자음단에서 추출한 것
입니다. 자음단은 피부의 건조, 윤기 부족, 탄력 저하 등을 개선해 주는 재료입니다. 자음은 음
을 보충하고 보호한다는 뜻인데, 이름처럼 피부의 음양 균형을 조절해준다고 합니다.

모이스처 바디 로션

슬림 바디 로션

120

피부에 얇은 수분 보호막을 덮어주는

모이스처 바디 로션

시어 나무의 열매에서 채취한 시어 버터는 보습은 물론
항산화, 항염증, 그리고 자외선 차단 효과까지 가지고 있습니다.
건조한 피부에 알맞은 호호바 오일, 살구씨 오일까지 넣어서
피부에 쏙 스며들면서도 번들거리지 않는 바디 로션을 만들었어요.
샤워하고 나서 그리고 피부가 건조함을 느낄 때마다 수시로 덧발라 주세요.

난이도	◆◆◆
피부 타입	건성
효능	보습
보관	실온
사용기간	2~3개월
rHLB	6.5

재료(300g)

수상층
정제수 120g
캐모마일 워터 100g
히아루론산 9g
알란토인 0.2g

유상층
호호바 오일 30g
살구씨 오일 15g
시어 버터 5g
올리브 유화왁스 6.2g
GMS 5.8g

첨가물
세라마이드 4g
나프리 3g

에센셜 오일
라벤더트루 E. O. 40방울
라일락 F. O. 3방울

도구

유리 비커 2개
저울
주걱
핫플레이트
온도계
미니 핸드블렌더
에센스 용기(300ml)

How to Make

1. 유리 비커에 수상층(정제수, 캐모마일 워터, 히아루론산, 알란토인)을 계량한다.

2. 다른 유리 비커에 유상층(호호바 오일, 살구씨 오일, 시어 버터, 올리브 유화왁스, GMS)을 계량한다.

3. 2개의 비커를 핫플레이트에 올려 70~75℃ 정도로 가열한다.

4. 수상층 비커에 유상층 비커를 천천히 부으면서 주걱과 핸드블렌더를 번갈아 사용하면서 계속 저어준다.
유화가 풀릴 수 있기 때문에 꾸준하게 저어준다.

5. 온도가 약 50~55℃ 정도가 되어 약간의 점도가 생기면 첨가물(세라마이드, 나프리)을 차례로 넣으면서 계속 주걱으로 저어준다.

6. 라벤더트루 에센셜 오일, 라일락 프래그런스 오일을 넣고 저어준다.

7. 약 40~45℃ 정도가 되면 소독한 용기에 넣고, 하루 숙성한 다음 사용한다.

시어 버터는 피부 보습과 재생 효과가 뛰어나 건조한 피부에 좋습니다.

호호바 오일은 흡수력이 좋기 때문에 피부에 발랐을 때 번들거림이 없고, 피부 수분을 보호해서 오랫동안 촉촉함이 유지된답니다. 호호바 오일은 튼살을 예방해주는 효과도 있어요. 콜라겐 조직과 유사한 성분으로 세포 재생을 촉진해주기 때문에 호호바 오일로 마사지 해주면 튼살을 예방해줍니다.

바디 라인을 아름답게 만들어주는

슬림 바디 로션

스윗오렌지와 펜넬 에센셜 오일 블렌딩은 혈액 순환을 원활하게 해서
셀룰라이트를 제거하고 부종 감소에 도움을 줍니다.
샤워를 하고 나서 물기가 남아있을 때 온몸에 바르면서 마사지 해주세요.
피부에 영양분을 공급하고 보습에도 도움이 되는 식물성 오일도 함께 넣어서
매끄럽고 윤기있는 바디 라인으로 만들어 줄 거에요.

난이도 ◆◆◆
피부 타입 건성, 부종
효능 보습, 셀룰라이트 제거
보관 실온
사용기간 1~2개월
rHLB 7.14

재료(100g)

수상층
정제수 66g
글리세린 3g
고삼 추출물 3g

유상층
살구씨 오일 13g
올리브 오일 5g
시어 버터 3g
올리브 유화왁스 3.2g
GMS 1.8g

첨가물
멀티나트로틱스 1g
비타민E 1g

에센셜 오일
스윗오렌지 E. O. 10방울
펜넬 E. O. 5방울

도구

유리 비커 2개
저울
주걱
핫플레이트
온도계
미니 핸드블렌더
에센스 용기(100ml)

How to Make

1. 유리 비커를 저울에 올린 다음 수상층(정제수, 글리세린, 고삼 추출물)을 차례대로 계량한다.

2. 비커를 핫플레이트에 올려 약 70~75℃까지 가열한다.

3. 다른 유리 비커를 저울에 올린 다음 유상층(살구씨 오일, 올리브 오일, 시어 버터, 올리브 유화왁스, GMS)을 계량한다.

4. 비커를 핫플레이트에 올려 약 70~75℃ 정도로 가열한다. 중간중간 저어주면 왁스가 더 잘 녹는다.

5. 2개의 비커 온도를 약 70~75℃로 맞춘다.

6. 수상층에 천천히 유상층을 부으면서 미니 핸드블렌더로 혼합한다. 주걱으로 저으면 유화가 풀려 로션 점도가 묽어질 수 있다.

7. 온도가 약 50~55℃ 정도 되면 약간의 점도가 생긴다. 이때 첨가물(멀티나트로틱스, 비타민E)과 에센셜 오일(스윗오렌지, 펜넬)을 계량해서 차례대로 넣고, 주걱으로 계속 저어준다.

8. 온도가 약 40~45℃ 정도가 되면 바로 용기에 넣는다.

스윗오렌지와 펜넬은 혈액 순환 및 셀룰라이트 제거에 도움이 되기 때문에 다이어트에 효과적인 에센셜 오일이에요. 재료가 남았다면 살구씨 오일 10g, 스윗오렌지 에센셜 오일 2방울, 펜넬 에센셜 오일 1방울을 섞어서 복부 마사지 오일을 만들어보세요. 누구에게나 고민인 복부 지방을 제거하는데 효과적입니다.

하루 종일 촉촉하게 수분을 유지해주는

스쿠알란 바디 크림

'촉촉 크림'이라고 별명을 붙인 스쿠알란 바디 크림이에요.
스쿠알란은 보습과 습윤 효과가 뛰어나기 때문에 건조한 날 바르면 보습이 오랫동안 유지됩니다.
보습 효과가 뛰어난 식물성 오일과 함께 알로에베라 겔을 넣어 피부의 밸런스를 조절해준답니다.
온몸에 바르는 것만으로도 호사를 누리는 듯한 기분이 들 거예요.

난이도	♦♦♦
피부 타입	건성, 민감성
효능	보습, 재생, 탄력
보관	실온
사용기간	1~2개월
rHLB	6.70

재료(100g)

수상층
티트리 워터 50g
글리세린 3g
로즈마리 추출물 2g

유상층
호호바 오일 12g
살구씨 오일 5g
아보카도 오일 7g
스쿠알란 4g
올리브 유화왁스 3.9g
GMS 3.1g

첨가물
알로에베라 겔 7g
리피듀어 1g
비타민E 1g
나프리 1g

에센셜 오일
라벤더트루 E. O. 10방울
로즈우드 E. O. 3방울
티트리 E. O. 3방울

도구

유리 비커 2개, 저울, 주걱
핫플레이트, 온도계
작은 비커, 미니 핸드블렌더
크림 용기(100ml)

How to Make

1. 유리 비커를 저울에 올린 다음 수상층(티트리 워터, 글리세린, 로즈마리 추출물)을 차례대로 계량한다.

2. 비커를 핫플레이트에 올려 약 70~75℃까지 가열한다.

3. 다른 유리 비커를 저울에 올린 다음 유상층(호호바 오일, 살구씨 오일, 아보카도 오일, 스쿠알란, 올리브 유화왁스, GMS)을 계량한다.

4. 비커를 핫플레이트에 올려 약 70~75℃ 정도로 가열한다.
중간중간 저어주면 왁스가 더 잘 녹는다.

5. 작은 비커에 첨가물(알로에베라 겔, 리피듀어, 비타민E, 나프리)을 넣고 주걱으로 혼합한다.

6. 수상층과 유상층 비커 온도를 약 70~75℃로 맞춘다.

7. 유상층 비커를 천천히 수상층 비커에 부으면서 미니 핸드블렌더로 혼합한다. 주걱으로 저으면 유화가 풀려 로션 점도가 묽어질 수 있다.

8. 온도가 약 50~55℃ 정도 되면 약간의 점도가 생긴다.
미리 섞어 놓은 첨가물, 에센셜 오일(라벤더트루, 로즈우드, 티트리)을 조금씩 넣으면서 약 1~2분 동안 계속 저어준다.

9. 소독한 용기에 넣고 하루 정도 숙성한 다음 사용한다.

식물성 스쿠알란은 올리브에서 추출한 성분으로 피부 표피의 성상 속신인사를 활싱화히고, 유해 산소를 제거해 손상된 피부 세포를 재생하는 성분이에요. 스쿠알란은 인체 내에서도 생성되는데 피질에 가장 많이 포함되어 있습니다. 10대 후반의 청소년들의 피부가 탄력이 있는 것은 피질에 스쿠알란 함량이 가장 높기 때문이라고 해요.

BODY CARE

휴대하기 간편하고 부드럽게 스며드는

스쿠알란 바디 밤

보습 효과와 함께 손상된 피부 세포를 재생해주는 스쿠알란을 넣어서 밤 형태로 만들었어요.
밤은 만들기도 쉽고 휴대할 수 있기 때문에 애용하는 아이템이랍니다.
건조한 실내에서 일한다거나 추운 겨울과 온도 차이가 심한 가을에는 휴대용 밤을 가지고 다니면서
수시로 발라주세요. 딱딱한 형태지만 체온만으로 부드럽게 녹아서 깔끔하게 스며들어요.

난이도	◆◆◇
피부 타입	건성, 노화
효능	보습, 재생
보관 방법	실온
사용기간	1~2개월

재료(30g)

유상층
호호바 오일 10g
스윗아몬드 오일 5g
스쿠알란 7g
비즈 왁스 6g
올리왁스 LC 1g
비타민E 1g

에센셜 오일
3%로즈호호바오일 E. O. 10방울
프랑킨센스 E. O. 2방울

도구

유리 비커
저울
유리 막대
핫플레이트
온도계
틴 케이스(30ml)

How to Make

1. 유리 비커를 저울에 올리고 유상층(호호바 오일, 스윗아몬드 오일, 스쿠알란, 비즈 왁스, 올리왁스 LC, 비타민E)을 차례대로 계량한다.

2. 비커를 핫플레이트에서 가열하다 비즈 왁스 알갱이가 5~6개 정도 남아 있을 때 내려 남아 있는 열로 녹인다.

3. 에센셜 오일(3%로즈호호바오일, 프랑킨센스)을 첨가하고 유리 막대로 잘 섞는다.

4. 소독한 용기에 넣고 하루 정도 숙성한 다음 사용한다.

How to Use

손을 깨끗하게 씻은 다음 적당량을 덜어내 손에서 문지르면 부드럽게 녹아요. 건조하거나 재생이 필요한 부위에 부드럽게 발라주세요. 피부 타입에 따라서 에센셜 오일이 자극이 될 수 있으니까 점막 부위에는 바르지 마세요.

프랑킨센스 에센셜 오일은 성경에서도 언급될 만큼 오랜 역사를 지닌 에센셜 오일이에요. 동방박사가 아기 예수를 찾아가 바쳤던 예물 중 하나인 유향이 바로 프랑킨센스입니다. 노화된 피부에 활기를 주고 주름을 완화해주는 작용을 합니다. 그리고 피지 분비의 밸런스를 맞추고 트러블에 효과적인 에센셜 오일이에요.

스쿠알란 바디 크림

스쿠알란 바디 밤

거무스름하게 변한 피부에 바르는

화이트닝 바디 밤

평소에는 잘 모르고 지내다가 우연히 팔꿈치의 거무스름한 부분이 눈에 띄면
속이 상하고 고민이 되죠. 그래서 여러 가지 식물성 오일과 에센셜 오일을 섞어
피부 톤을 밝게 해줄 밤을 만들었어요. 호호바 오일, 살구씨 오일, 포도씨 오일은
피부 보습과 각질연화에 도움을 주고 혈액 순환과 재생에 효과적인
레몬, 제라늄, 일랑일랑 에센셜 오일 블렌딩은 피부 톤을 맑게 가꿔줍니다.

난이도 ◐◐◑

피부 타입 팔꿈치, 발꿈치

효능 보습, 화이트닝

보관 실온

사용기간 3~6개월

재료(30g)

유상층
호호바 오일 10g
살구씨 오일 7g
포도씨 오일 5g
비즈 왁스 4g
칸데릴라 왁스 3g

첨가물
비타민E 1g

에센셜 오일
레몬 E. O. 5방울
제라늄 E. O. 5방울
일랑일랑 E. O. 1방울

도구

유리 비커
저울
유리 막대
핫플레이트
온도계
롤링바 용기(15ml) 2개

How to Make

1. 유리 비커를 저울에 올린 다음 유상층(호호바 오일, 살구씨 오일,
포도씨 오일, 비즈 왁스, 칸데릴라 왁스)을 차례대로 계량한다.

2. 비커를 핫플레이트에 올려 비즈 왁스, 칸데릴라 왁스가
녹을 때까지 가열한다.

3. 왁스가 완전히 녹으면 핫플레이트에서 내리고
첨가물(비타민E)을 넣으면서 혼합한다.

4. 온도가 60℃ 이하로 내려가면 에센셜 오일(레몬, 제라늄, 일랑일랑)을
넣고 유리 막대로 잘 저어준다.

5. 소독한 용기에 담고 하루 정도 숙성한 다음 사용한다.

How to Use

목욕 후에 팔꿈치나 발꿈치 등 거무스름하게 변한 곳에 마사지하듯 부드럽게 문지르면서 흡
수시켜 주세요. 레몬 에센셜 오일은 감광성이 있기 때문에 햇빛이 없는 저녁에만 사용하세요.

포도씨 오일은 피부에 자극이 없을만큼 순하고 끈적임이 없어서 화장품 재료에 많이 사용되는
오일이에요. 토코페롤이 많이 함유되어 있어 세포 노화 방지 효과가 있고 피부를 부드럽게 해
줍니다. 피부와 세포막에 중요한 리놀게인산과 필수 지방산이 풍부해서 마사지 우일루 많이
사용해요.

건조한 피부를 부드럽고 매끈하게 만들어주는

모이스처 바디 오일

건조한 피부 때문에 스트레스가 많은 편이라면 사계절 내내 보습에 신경써야 합니다.
봄과 여름에도 라이트한 오일을 꾸준히 바르고, 추운 겨울에는 오일에 크림을 섞어서 듬뿍 발라야 해요.
특히 아직 햇빛은 따갑지만 일교차가 심한 데다 급격히 건조해지는 가을에는
수분과 유분을 가득 담고 있는 모이스처 바디 오일을 추천합니다.

난이도	●○○
피부 타입	건성, 민감성
효능	보습, 재생
보관	실온
사용기간	1~2개월

재료(100g)

올리브 오일 50g
살구씨 오일 37g
호호바 오일 10g
비타민E 3g
라벤더트루 E. O. 10방울
로즈 E. O. 1방울

도구

유리 비커
저울
주걱
오일 용기(100ml)

How to Make

1. 유리 비커를 저울에 올려놓고 올리브 오일, 살구씨 오일,
호호바 오일을 계량한 다음 주걱으로 섞는다.

2. 비타민E, 에센셜 오일(라벤더트루, 로즈)을 넣고 잘 섞는다.

3. 미리 소독한 용기에 넣는다.

How to Use

샤워 후 약간의 물기가 남아있을 때 온몸을 마사지하듯 바르세요. 물론 얼굴에 발라도 되는
오일입니다.

올리브 오일에는 비타민E와 불포화 지방산이 많이 함유되어 있어요. 그래서 피부에 바르면 윤
기있고 매끄러운 피부로 가꿔주고 잔주름을 완화시켜 주기도 합니다. 또 피부의 면역력과 자
생력을 높여주기 때문에 건성 피부나 트러블이 많은 피부에도 효과적이에요. 민감성, 어린이
피부에도 부작용이 없고 노화 피부에도 좋기 때문에 가장 널리 쓰이는 재료이기도 합니다.

➡ **대체 재료**
살구씨 오일 ···▶ **스윗아몬드 오일**
호호바 오일 ···▶ **윗점 오일**
비타민E ···▶ **천연비타민E**

온몸을 부드럽고 팽팽하게 가꿔주는

바디 **리프팅** 오일

다이어트로 체중이 줄어들거나 스트레스 등 여러 가지 이유로 피부의 탄력을 잃을 때가 있어요.
그럴 때마다 스트레스를 받게 되지요. 그래서 탄력 없이 처지는 피부를 위한 리프팅 오일을 만들었어요.
보습력이 탁월한 천연 오일과 세포 재생 효능이 있는 에센셜 오일을 넣은 리프팅 오일로
온몸을 마사지하듯 바르세요.

난이도	●○○
피부 타입	건성, 민감성
효능	보습, 탄력
보관	실온
사용기간	1~2개월

재료(100g)

올리브 오일 55g
아보카도 오일 25g
호호바 오일 16g
비타민E 3g
팔마로사 E. O. 10방울
제라늄 E. O. 10방울

도구

유리 비커
저울
주걱
오일 용기(100ml)

How to Make

1. 유리 비커를 저울에 넣고 올려놓고 올리브퓨어 오일, 아보카도 오일,
   호호바 오일을 계량한 다음 주걱으로 섞는다.

2. 비타민E, 에센셜 오일(팔마로사, 제라늄)을 넣고 잘 섞는다.

3. 미리 소독한 용기에 넣는다.

How to Use

샤워 후 약간의 물기가 남아있을 때 몸에 얇게 펴바르세요.

팔마로사 에센셜 오일은 피부의 세포 재생을 촉진하고 피지 생성과 조절에 효과적입니다. 주
름살이나 트러블 개선에 도움을 주는 에센셜 오일이에요.

제라늄 에센셜 오일은 모든 피부에 트러블이 없고 혈액 순환을 도와주기 때문에 탄력 개선에
효과적입니다. 바디 리프팅 역시 보습이 기본이라고 할 수 있어요. 피부 보습에 탁월한 올리브
오일, 아보카도 오일, 호호바 오일에 탄력에 좋은 에센셜 오일을 블렌딩했어요.

➡ 대체 재료
아보카도 오일 ⋯ **아르간 오일**
호호바 오일 ⋯ **윗점 오일**
비타민E ⋯ **천연비타민E**

한방 추출물로 간단하고 쉽게 만드는

한방 샴푸

요즘 노 푸^{No Poo}, 로우 푸^{Low Poo} 등 내추럴 헤어 케어가 트렌드입니다.
실리콘, 인공색소, 파라벤 등 자극적인 화학 성분이 들어있는 기존 샴푸를 사용하지 않고
두피와 머리카락에 자극이 없는 자연주의 제품을 선택하는 것이 추세가 되고 있어요.
탈모에 효과가 좋은 한방 추출물, 두피를 건강하게 해주는 천연 추출물을 넣은
한방 샴푸로 여러 가지 헤어 고민을 해결해 보세요.

| 난이도 ◆◆◇ |
| 피부 타입 민감, 트러블 두피 |
| 효능 비듬 · 탈모 방지 |
| 보관 실온 |
| 사용기간 2~3개월 |

재료(500g)

수상층
로즈마리 추출물 50g
헤나 추출물 50g
감초 추출물 50g
정제수 70g
글루카메이트 15g
글리세린 20g

계면활성제
LES 96g
코코베타인 60g
애플 계면활성제 60g

첨가물
실크아미노산 20g
D-판테놀 5g

에센셜 오일
로즈마리 E. O. 70방울(3.5g)
일랑일랑 E. O. 10방울

도구

유리 비커 1L
저울
핫플레이트
온도계
주걱
샴푸 용기(500ml)

How to Make

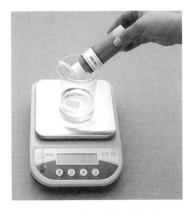

1. 유리 비커를 저울에 올려놓고 수상층(로즈마리 추출물, 헤나 추출물, 감초 추출물, 정제수, 글리세린)을 계량한다.

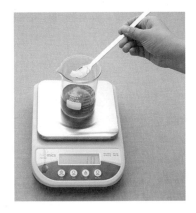

2. 점도를 조절해줄 글루카메이트를 계량해서 넣고 주걱으로 저어서 충분히 녹인다.

3. 비커를 핫플레이트에 올려서 약 65℃ 정도로 가열한다. 가열하는 동안 점도가 고르게 생기도록 잘 저어준다.

4. LES, 코코베타인, 애플 계면활성제를 차례로 계량해 넣으면서 혼합한다.

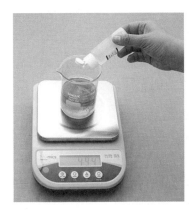

5. 실크아미노산, D-판테놀, 에센셜 오일(로즈마리, 일랑일랑)을 차례대로 계량해서 넣고 잘 저어준다.

6. 미리 소독한 샴푸 용기에 붓는다. 하루 정도 숙성한 다음 사용한다.

How to Use

하약재 우린 물 대신 여러 가지 추출물을 사용해서 간단하게 만들었어요. 샴푸의 향을 좋게 하려면 엘라스틴 항 프래그런스 오일을 추천합니다. 두피가 약하거나 자극적인 반응이 있을 경우 사용하지 마세요.

➡ 대체 재료

헤나 추출물 ⋯ **어성초 추출물**
글루카메이트 15g ⋯ **폴리쿼터 3g**
글리세린 20g ⋯ **히아루론산 10g**
애플 계면활성제 ⋯ **올리브 계면활성제**
로즈마리 E. O. ⋯ **라벤더트루 E. O.**

퍼퓸 샴푸

쿠퍼펩타이드 샴푸

프래그런스 오일을 넣어 풍부한 향을 가진

퍼퓸 샴푸

샴푸 베이스에 두피 특성에 따라 추출물을 선택해서 넣고 섞으면 되는 간단한 샴푸입니다.
그리고 좋아하는 향의 프래그런스 오일을 넣어서 향긋함을 오래 유지할 수 있어요.
하수오 추출물은 탈모에 좋은 성분이라서 천연 샴푸에 많이 쓰이는 재료입니다.
간단하게 만들 수 있기 때문에 적당량씩 자주 만들어 사용하세요.

난이도 ●○○
피부 타입 탈모 두피
효능 탈모 방지
보관 실온
사용기간 2~3개월

재료(500g)

투명 샴푸 베이스 400g
하수오 추출물 80g
디메치콘 3g
실크아미노산 10g
글리세린 5g
엘라스틴 F. O. 40방울

도구

유리 비커 1L
저울
주걱
샴푸 용기(500ml)

How to Make

1. 유리 비커를 저울에 올려놓고 엘라스틴 프래그런스 오일을 제외한 모든 재료를 차례대로 넣으면서 주걱으로 저어준다.

2. 엘라스틴 프래그런스 오일을 넣고 잘 혼합한다.

3. 미리 소독한 용기에 담고 하루 정도 숙성한 다음 사용한다.

How to Use

샴푸를 만들려면 수상층, 유상층, 그리고 점도를 조절해주는 점증제를 녹이는 과정이 필요한데, 샴푸 베이스를 활용하면 쉽게 만들 수 있습니다. 샴푸 베이스에 두피 상태에 따라 추출물을 선택해서 섞기만 하면 되니까요. 그래서 천연 화장품에 입문하는 분들에게 안성맞춤입니다.

하수오는 원래 이름이 야교등이었는데, 하씨 성을 가진 사람이 이 약초를 먹고 머리가 까마귀 같이 검고 풍성해졌다고 합니다. 그래서 하씨가 검은 머리를 하고 있다는 뜻을 가진 하수오가 되었어요. 두피와 모발의 노화 방지에 효과적이며 특히 탈모 방지에 뛰어난 효능을 가지고 있습니다. 알레르기로 인한 피부 소양증을 억제해 주기도 합니다.

F. O.는 프래그런스 오일을 말하는데 향수, 화장품, 비누의 향료로 사용됩니다. 엘라스틴, 라일락, 장미, 베이비파우더 등의 익숙한 향기나 여러 가지 유명한 향수 등 좋아하는 향을 선택해서 넣으세요. 향에 민감하다면 첨가량의 1/2만 넣어도 됩니다.

BODY CARE

샴푸 베이스로 쉽게 섞어서 만드는

쿠퍼펩타이드 샴푸

뜨거운 여름 햇살에 시달림을 받았기 때문인지
가을이 되면 머리카락이 많이 빠지는 걸 볼 수 있어요.
그리고 두피가 건조해지는 겨울에도 여러 가지 트러블이 생겨요.
모발 성장을 촉진하고 탈모를 감소시키는 쿠퍼펩타이드, 그리고 모발 컨디셔닝과
비듬에 효과가 있는 로즈마리 추출물을 함께 넣은 샴푸를 만들어 보세요.

난이도 ●○○
피부 타입 민감한 두피
효능 모발 성장 촉진, 탈모 방지
보관 실온
사용기간 2~3개월

재료(500g)

투명 샴푸 베이스 380g
로즈마리 추출물 76g
쿠퍼펩타이드 10g
디메치콘 10g
실크아미노산 20g
일랑일랑 E. O. 10방울
페퍼민트 E. O. 50방울
시더우드 E. O. 20방울

도구

유리 비커 1L
저울
주걱
샴푸 용기(500ml)

How to Make

1. 유리 비커를 저울에 올려놓고 에센셜 오일을 제외한 모든 재료를 차례대로 넣으면서 주걱으로 저어준다. 샴푸 베이스가 추출물과 잘 섞이지 않으면 2~3시간 정도 두면 자연스럽게 혼합된다.

2. 일랑일랑, 페퍼민트, 시더우드 에센셜 오일을 넣고 혼합한다.

3. 미리 소독한 용기에 담고 하루 정도 숙성한 다음 사용한다.

쿠퍼펩타이드는 피부의 재생은 물론 콜라겐 생성을 증가해주는 것으로 알려져 있습니다. 또한 모발 성장을 촉진하고 탈모를 감소시키기 때문에 헤어 제품에 다양하게 쓰이는 재료예요.
로즈마리 추출물은 비듬의 발생을 억제하고 모발 성장을 촉진하는 성분이라서 샴푸나 린스에 넣어 사용하면 효과를 느낄 수 있습니다.

비듬 고민과 탈모 케어를 한 번에

탈모 샴푸

다이어트나 스트레스로 인한 탈모 때문에 고민하는 여성들이 점점 더 늘어나고 있습니다.
그래서 탈모에 효과적인 에스피노질리아 추출물,
두피를 건강하고 탄력 있게 해줄 로즈마리 워터도 함께 넣었어요.
D-판테놀과 실크아미노산이 첨가되어 헤어 컨디셔너를 따로 사용하지 않아도
머리카락에 윤기가 나도록 해주는 샴푸입니다.

난이도 ◈◈◇
피부 타입 탈모 두피
효능 탈모 · 비듬 완화
보관 실온
사용기간 2~3개월

재료(500g)

수상층
로즈마리 워터 100g
에스피노질리아 추출물 50g
정제수 60g
글리세린 15g
글루카메이트 12g

계면활성제
LES 127g
코코베타인 30g
올리브 계면활성제 70g

첨가물
실크아미노산 20g
D-판테놀 7g
나프리 5g

에센셜 오일
로즈마리 E. O. 30방울
시더우드 E. O. 30방울
라벤더트루 E. O. 20방울

도구
유리 비커 1L
저울
주걱
핫플레이트
온도계
샴푸 용기(500ml)

How to Make

1. 유리 비커를 저울에 올려놓고 수상층(로즈마리 워터, 에스피노질리아 추출물, 정제수, 글리세린, 글루카메이트)을 계량한다.

2. 비커를 핫플레이트에 올려 약 60℃ 까지 가열한 다음 핫플레이트에서 내린다.

3. 글루카메이트가 녹으면서 점도가 조금씩 생기면 계면활성제(LES, 코코베타인, 올리브 계면활성제)를 넣으면서 잘 저어준다.

4. 온도가 50℃ 이하로 떨어지고, 수상층과 계면활성제가 충분히 섞인 것을 확인한 다음 첨가물(실크아미노산, D-판테놀, 나프리), 에센셜 오일(로즈마리, 시더우드, 라벤더트루)을 넣고 잘 섞는다.

5. 미리 소독한 샴푸 용기에 담고 하루 정도 숙성한 다음 사용한다.

How to Use

판매하는 샴푸를 사용했을 때 보다 조금 더 많이 헹궈주세요. 기존 샴푸보다 거품이 적게 나는데, 거품의 양과 세정력이 비례하는 것은 아니에요. 좀 더 쫀쫀한 점도를 원할 경우 글루카메이트를 0.5~1g정도 추가해서 넣어주세요. 글루카메이트 특성상 샴푸 직후에는 머릿결이 뻣뻣한 것처럼 느낄 수 있지만, 건조한 후에는 부드러워져요.

에스피노질리아는 고산 지대에서 자생하는 천연 허브인데 두피에 영양과 산소를 공급해 비듬을 줄여준다고 합니다. 지루성 두피 증세를 완화하기 때문에 다양한 헤어 제품에 사용되고 있어요.

D-판테놀은 보습제로 사용되는데 세포 분열을 촉진하고 피부 조직의 회복을 도와줍니다. 진정 효과를 가지고 있어서 헤어 케어 제품에 많이 쓰이는 재료에요.

BODY CARE

두피에 직접 뿌리고 마사지하는 에센스

두피 에센스

탈모 때문에 고민인데 샴푸를 바꾸는 것만으로는 부족하다고 생각될 때가 있어요.
그래서 두피에 직접 뿌려서 마사지하는 에센스를 만들었어요.
두피에 영양을 공급하고 탈모를 완화해주는 하수오, 에스피노질리아,
로즈마리 에센셜 오일을 기본으로 피부 진정에 효과가 좋은 알로에베라 겔과
알로에 워터를 넣었으니 두피 건강에 이만한 게 없겠지요.

난이도 ●○○
피부 타입 민감성 두피
효능 탈모 케어, 두피 강화
보관 실온
사용기간 1~2개월

재료(100g)

정제수 12g
알로에 워터 20g
워터아르간 오일 10g
하수오 추출물 10g
에스피노질리아 추출물 10g
알로에베라 겔 25g
실크아미노산 10g
히아루론산 2g
나프리 1g
로즈마리 E. O. 10방울
제라늄 E. O. 5방울

도구

유리 비커 1L
저울
시약 스푼
온도계
에센스 용기(100ml)

How to Make

1. 유리 비커를 저울에 올려놓고 정제수, 알로에 워터를 계량한다.

2. 하수오 추출물, 에스피노질리아 추출물, 알로에베라 겔, 실크아미노산,
히아루론산, 나프리를 한 가지씩 차례대로 넣으면서 계속 저어준다.

3. 워터아르간 오일을 넣고 혼합한다.

4. 에센션 오일(로즈마리, 제라늄)을 넣으면서 섞고 미리 소독한 용기에
담는다.

How to Use

샴푸 후 젖은 상태의 두피에 에센스를 골고루 뿌린 다음 손가락 끝으로 살살 누르면서 마사지
해주세요. 에센스가 충분히 스며든 다음 헤어 드라이어로 머리카락을 말리면 됩니다.

탈모 샴푸

두피 에센스

THANK
YOU

Special et précieux pour
vous Toujours heureux
sourire plein d'espoir

Especially

HANDMADE

베이식 로우 푸

마일드 로우 푸

천연 계면활성제를 넣은 저자극 샴푸

베이식 로우 푸

샴푸 대신 베이킹 소다와 물로 헹궈내는 노 푸^{No Poo},
실리콘이나 파라벤 등이 들어가지 않은 샴푸를 선택하는 로우 푸^{Low Poo}가 트렌드입니다.
많은 사람들이 두피를 자극하는 화학 성분에 대해서 걱정하기 때문이겠지요.
그래서 인공 계면활성제를 넣지 않고 자극이 적은 로우 푸 콘셉트의 샴푸를 만들었어요.
두피 상태에 따라 재료를 선택하고, 충분히 헹궈내는 것을 잊지 마세요.

난이도 ◆◆◇
피부 타입 민감 피부, 유아
효능 저자극 세정, 보습
보관 실온
사용기간 2~3개월

재료(250g)

수상층
정제수 78g
병풀 추출물 12g
카렌듈라 추출물 10g
글루카메이트 9g
L-아르기닌 1g

계면활성제
올리브 계면활성제 60g
코코베타인 15g
애플 계면활성제 30g

첨가물
실크아미노산 10g
아코마린검 10g
글리세린 12g
나프리 2g

에센셜 오일
스윗오렌지 E. O. 15방울
라벤더트루 E. O. 10방울

도구

유리 비커
저울
주걱
핫플레이트
온도계
샴푸 용기(300ml)

How to Make

1. 유리 비커를 전자 저울에 올려놓고 수상층(정제수, 병풀 추출물, 카렌듈라 추출물, 글루카메이트, L-아르기닌)을 계량한다.

2. 핫플레이트에 올려 60℃ 까지 가열한다. 글루카메이트와 L-아르기닌이 잘 녹았는지 확인한다.

3. 계면활성제(올리브 계면활성제, 코코베타인, 애플 계면활성제)를 계량해서 넣고 주걱으로 잘 저어준다.

4. 수상층과 계면활성제가 충분히 섞이고 온도가 약 50℃ 이하로 떨어지면, 첨가물(실크아미노산, 아코마린검, 글리세린, 나프리)과 에센셜오일(스윗오렌지, 라벤더트루)을 넣고 잘 섞는다.

5. 미리 소독한 용기에 담고 하루 정도 숙성한 다음 사용한다.

How to Use

머리카락을 물에 적셔서 두피에 샴푸를 골고루 바른 다음 거품이 나면 씻어내세요. 두피가 약하거나 염증이 있는 상태라면 사용하지 않는 것이 좋습니다. 샴푸가 눈에 들어가지 않게 조심하세요.

병풀 추출물은 호랑이풀이라고 부르는 병풀에서 추출한 재료입니다. 호랑이는 상처가 나면 병풀 위에서 뒹군다고 하는데, 병풀이 상처 재생에 효과가 있다는 것을 알았던게 아닐까요. 병풀은 상처를 낫게 하고 다양한 피부병 치료에 효과가 있습니다. 병풀 추출물은 소염, 진정, 피지 조절, 항염, 항균 효능을 가지고 있으며, 건소함를 에빙해주고 피부를 유연하고 매끄럽게 가꿔주기도 합니다.

➜ 대체 재료
병풀 추출물 ⋯ **카렌듈라 추출물** | 애플 계면활성제 ⋯ **올리브 계면활성제**
실크아미노산 ⋯ **D-판테놀** | 스윗오렌지 E. O. ⋯ **라벤더트루 E. O.** | 라벤더 E. O. ⋯ **제라늄 E. O.**

BODY CARE

부드러운 세정력의 크림 타입 로우 푸

마일드 로우 푸

로우 푸는 피부에 자극을 주는 인공 계면활성제를 넣지 않는 것이 특징입니다.
세정력을 위해서는 LES 계면활성제를 넣는 것이 좋지만,
두피의 트러블이 많은 편이라면 자극이 거의 없는 부드러운 올리브 계면활성제를 넣으면 됩니다.
유화 과정을 거쳐 묽은 크림 타입의 샴푸를 만들었는데, 거품은 적지만 세정력은 뛰어난 샴푸입니다.

난이도	◖◖◖
피부 타입	건성, 탈모 두피
효능	탈모 방지, 두피 강화
보관	실온
사용기간	2~3개월

재료(250g)

수상층
정제수 61g
로즈마리 추출물 10g
로즈마리 워터 45g
글루카메이트 6g

유상층
코코넛 오일 5g
팜 오일 5g
동백 오일 5g
올리브 유화왁스 2.5g
GMS 1.5g

계면활성제
올리브 계면활성제 48g
코코베타인 20g
애플 계면활성제 10g

첨가물
실크아미노산 10g
올리브 리퀴드 5g
글리세린 10g
나프리 2g
비타민E 2g

에센셜 오일
로즈마리 E. O. 25방울
라벤더트루 E. O. 15방울
시더우드 E. O. 10방울

도구

유리 비커 2개, 저울, 주걱,
핫플레이트, 온도계, 미니 핸드블렌더,
샴푸 용기(300ml)

How to Make

1. 유리 비커를 전자 저울에 올려놓고
수상층(정제수, 로즈마리 추출물, 로즈마리 워터, 글루카메이트)을 계량한다.

2. 다른 유리 비커에 유상층(코코넛 오일, 팜 오일, 동백 오일, 올리브 유화왁스,
GMS)을 계량한다.

3. 2개의 비커를 핫플레이트에 올리고 70~75℃ 까지 가열한다.

4. 수상층 비커에 유상층을 천천히 부으면서 주걱으로 잘 저어준다.
미니 핸드블렌더를 1회 정도 짧게 돌리면 유화가 안정화된다.

5. 점도가 생기면 계면활성제(올리브 계면활성제, 코코베타인, 애플 계면활성제)를
넣고 혼합한다.

6. 첨가물(실크아미노산, 올리브 리퀴드, 글리세린, 나프리, 비타민E),
에센셜 오일(로즈마리, 라벤더트루, 시더우드)을 순서대로 넣고
주걱으로 저어준다.

7. 미리 소독한 용기에 담고 하루 정도 숙성한 다음 사용한다.

How to Use

머리카락을 물에 적신 후 샴푸를 골고루 바르고 거품이 나면 씻어내세요. 두피가 약하거나 염
증이 있는 상태라면 사용하지 않는 것이 좋습니다. 샴푸가 눈에 들어가지 않게 조심하세요.

코코넛 오일은 천연 계면활성제로 인공 재료보다 세정력이 조금 떨어지는 단점과 거품을 보완
해 줍니다. 라우릭산 성분이 함유된 코코넛 오일은 거품을 풍부하게 해주고 세정력도 탁월합
니다. 두피에 남아있는 노폐물이나 잔여물을 제거해 산뜻하고 개운한 느낌을 줄 거예요. 코코
넛 오일은 실온에서 고체 형태지만 체온에 의해 쉽게 녹기 때문에 바디 마사지 오일로 활용하
세요.

➔ 대체 재료
로즈마리 추출물 ⋯ **헤나 추출물** | 로즈마리 워터 ⋯ **라벤더 워터** | 글루카메이트 6g ⋯ **폴리쿼터 1g**
실크아미노산 ⋯ **D-판테놀** | 글리세린 ⋯ **히아루론산**

샴푸 레시피를 작성할 때 가장 중요한 점은 이온성 계면활성제를 이용한다는 것입니다.
음이온성 계면활성제, 양이온성 계면활성제, 양쪽성 계면활성제 등 3가지 계면활성제에
기능성 첨가물, 에센셜 오일을 넣어 간단하게 샴푸를 만들 수 있습니다.
계면활성제의 종류, 비율, 점증제 등에 따라 사용감의 차이가 있기 때문에 선택을 신중하게 하세요.

수상층

기본 베이스가 되는 수상층은 여러 가지 추출물, 기능성 첨가물, 점증제로 구성됩니다. 샴푸에 들어가는 비율은
35~50%로, 계면활성제의 점도에 맞춰 첨가하면 됩니다. 수상층을 계량할 때 추출물과 정제수의 비율은 정해
진 양이 없기 때문에 정제수를 제외한 추출물만으로 수상층을 구성할 수 있습니다. 샴푸에 들어가는 추출물은
종류가 많은데 모발 상태를 체크해서 원하는 효능에 알맞게 구성하면 됩니다.

재료명	첨가량
정제수, 추출물	40~50%
글리세린	2~3%
폴리쿼터	수상층의 1%

계면활성제

세정력을 위한 음이온성 계면활성제는 30~45% 정도로 사용해서 자극을 줄이고, 거품을 안정감 있게 해주는
양쪽성 계면활성제는 5~10% 정도 사용하면 됩니다. 점증과 컨디셔닝을 위한 양이온성 계면활성제의 경우 분
말 타입은 1% 미만, 액상 타입은 10% 미만으로 넣습니다.
폴리쿼터는 양이온성 계면활성제지만 분말 재료이기 때문에 수상층에 계량해서 잘 풀어지게 해줍니다.

재료명	첨가량	대체원료
LES / CDE 코코베타인	40~60%	올리브 계면활성제/CDA

첨가물

첨가물은 총량의 15%를 넘지 않는 것이 좋습니다. 첨가물의 종류는 매우 다양한데 첨가물 선택에 따라 샴푸의
효능, 효과가 나타나기 때문에 다양한 종류보다는 한 가지 기능을 정한 다음 첨가물을 선택하는 것이 가장 효
과적입니다. 샴푸에 들어가는 첨가물은 두피의 보습, 모발의 유연, 윤기 등의 컨디셔닝을 위한 기능성 첨가물이
많습니다.

재료명	첨가량
실크아미노산 보습제 디메치콘	5~15%

로즈 비니거 린스

헤나 비니거 린스

간단하게 섞어서 만드는 식초 린스

로즈 비니거 린스

비니거 린스는 '식초로 만든 헤어용 린스' 입니다. 요즘 실리콘이나 파라벤 등의
화학 성분이 들어가지 않은 샴푸를 골라서 사용하거나 직접 만들어 쓰는 분들이 많아졌어요.
비니거 린스는 샴푸로 인해 알카리성으로 바뀐 모발의 pH를 정상화해주고
찰랑거리면서 윤기있는 머릿결로 가꿔줍니다.
간단하게 만들 수 있는 워터 타입의 비니거 린스를 만들어 보세요.

난이도 ●○○
피부 타입 모든 모발(민감성 제외)
효능 컨디셔닝, 영양 공급
보관 실온
사용기간 2~3개월

재료(100g)

식초 5g
정제수 54g
장미 추출물 20g
코코베타인 10g
글리세린 2g
실크아미노산 5g
식물성 플라센터 2g
수용성 글리세린 색소(레드) 1방울
올리브 리퀴드 1g
로즈 F. O. 1g

도구

유리 비커
저울
주걱
샴푸 용기(100ml)

How to Make

1. 유리 비커를 전자 저울에 올려놓고
올리브 리퀴드, 로즈 프래그런스 오일을 계량한다.

2. 식초, 정제수, 장미 추출물을 넣고 주걱으로 잘 섞는다.

3. 코코베타인, 글리세린, 실크아미노산, 식물성 플라센터,
수용성 글리세린 색소를 차례대로 넣고 주걱으로 혼합한다.

4. 소독된 용기에 담고 하루 정도 숙성한 다음 사용한다.

How to Use

샴푸 후에 모발은 알카리성으로 변화하게 됩니다. 산성의 비니거(식초)와 산도를 조절해주는
구연산을 넣은 비니거 린스를 사용하면 계면활성제 없이 컨디셔닝 효과를 볼 수 있어요. 샴푸
를 하고 나서 마지막 헹굼물에 3~4번 펌핑해서 린스를 섞은 다음 모발을 여러 번 헹구면 됩
니다. 비니거 린스가 눈에 들어가지 않게 주의하고 충분히 헹궈주는 것을 잊지 마세요.

식초는 가정에서 흔히 사용하는 식용 식초를 사용하면 됩니다.

가장 간단한 워터 타입 비니거 린스(100g)
정제수 82g, 식초 5g, 글리세린 3g, 실크아미노산 5g, 식물성 플라센터 2g, 구연산 3g을 순
서대로 넣고 섞으면서 구연산을 녹이면 됩니다.

건강한 모발로 만들어주는 헤나 추출물을 넣은

헤나 비니거 린스

트리트먼트 효과와 염색 작용으로 유명한 헤나 추출물을 넣은 비니거 린스입니다.
워터 타입의 린스라서 식초 린스를 처음 사용하는 분들에게 추천해요.
만들기도 쉽고 샴푸를 사용한 다음 두피와 모발에 골고루 적셔서
부드럽게 마사지한 다음 씻어내면 됩니다. 특히 저자극 로우 샴푸를 사용할 경우
두피에 남아있는 잔여물을 깨끗하게 제거해 줍니다.

난이도 ◖◌◌
피부 타입 모든 모발
효능 컨디셔닝, 영양 공급
보관 실온
사용기간 2~3개월

재료(100g)

정제수 56g
식초 5g
로즈마리 추출물 10g
헤나 추출물 10g
코코베타인 5g
글리세린 2g
실크아미노산 5g
식물성 플라센터 2g
구연산 3g
올리브 리퀴드 1g
엘라스틴 F. O. 1g

도구

유리 비커
저울
주걱
에센스 용기(100ml)

How to Make

1. 유리 비커를 전자 저울에 올려놓고
올리브 리퀴드, 엘라스틴 프래그런스 오일을 계량한다.

2. 정제수, 식초를 넣고 주걱으로 잘 섞는다.

3. 로즈마리 추출물, 헤나 추출물, 코코베타인, 글리세린, 실크아미노산,
식물성 플라센터, 구연산을 차례대로 넣으면서 계속 혼합한다.

4. 구연산이 다 녹았는지 확인한다.

5. 미리 소독한 용기에 넣고 하루 정도 숙성한 다음 사용한다.

How to Use

샴푸를 하고 나서 마지막 헹굼물에 린스를 3~4번 펌핑해서 섞은 다음 모발을 여러 번 헹구세요. 비니거 린스가 눈에 들어가지 않게 주의하세요.

헤나 추출물은 고대부터 문신과 화장에 사용했던 자극과 독성이 없는 천연 재료입니다. 큐티클을 보호하는 효과를 가지고 있는데, 특히 손상된 모발에 광택을 주고 차분하게 찰랑거리게 해주는 재료입니다. 가는 모발이 고민이라면 모발을 굵게 해주고 볼륨감까지 살아나는 헤나 추출물을 추천합니다.

실크 아미노산은 피부에 자극 없이 탄력있고 건강한 피부를 유지할 수 있게 해주는 재료입니다. 누에고치에서 추출한 천연 아미노산의 일종인데, 실크처럼 부드러운 느낌을 주기 때문에 다양한 제품에 활용되고 있어요.

건성 모발을 위한 비니거 린스(오일 타입, 100g)
수상층(정제수 42g, 식초 5g, 로즈마리 추출물 10g, 헤나 추출물 10g), 유상층(동백 오일 5g, 아르간 오일 5g, 피마자 오일 3g, 올리브 유화왁스 3.2g, GMS 1.8g), 첨가물(코코베타인 5g, 글리세린 2g, 실크아미노산 5g, 식물성 플라센터 2g, 엘라스틴 F. O. 1g)을 섞어 만든다.

거칠고 건조한 모발에 동백 오일의 영양을

동백 헤어 린스

예로부터 구름처럼 풍성하고 윤기가 흐르는 까만 머리카락이 미인의 조건이었다고 합니다.
그래서 많은 여성들이 동백 기름을 발라 머릿결을 가꾸었다고 해요.
동백 기름과 함께 오랫동안 사랑받아온 재료가 있는데 바로 창포입니다.
머릿결에 윤기를 주는 창포 추출물을 함께 넣어서
부드럽고 찰랑거리는 머릿결로 가꿔주는 헤어 린스입니다.

난이도	◆◆◆
피부 타입	모든 모발
효능	컨디셔닝, 영양 공급
보관	실온
사용기간	2~3개월

재료(100g)

수상층
정제수   43g
창포 추출물   5g
글리세린   5g
구연산   0.3g

유상층
동백 오일   10g
해바라기씨 오일   5g
올리브 유화왁스   2.5g
GMS   1.5g

첨가물
디메치콘   12g
히아루론산   5g
실크아미노산   5g
D-판테놀   5g

에센셜 오일
일랑일랑 E. O.   5방울
라벤더트루 E. O.   15방울

도구

유리 비기 2개
저울
주걱
핫플레이트
온도계
미니 핸드블렌더
에센스 용기(100ml)

How to Make

1. 유리 비커를 저울에 올려놓고 수상층(정제수, 창포 추출물, 글리세린, 구연산)을 계량한다.

2. 다른 비커에 유상층(동백 오일, 해바라기씨 오일, 올리브 유화왁스, GMS)을 계량한다.

3. 2개의 비커를 핫플레이트에 올리고 약 70~75℃ 까지 가열한다.

4. 수상층 비커에 유상층을 천천히 부으면서 핸드블렌더를 이용해서 섞는다.

5. 온도가 50~55℃ 로 떨어질 때까지 핸드블렌더로 섞는다.

6. 첨가물(디메치콘, 히아루론산, 실크아미노산, D-판테놀)을 넣고 주걱으로 저어준다.

7. 에센셜 오일(일랑일랑, 라벤더트루)을 넣고 미리 소독한 용기에 넣는다.

How to Use

거칠고 푸석한 모발에 영양을 공급해서 부드럽게 가꿔주고, 건조한 모발을 정돈해서 헝클어지지 않고 찰랑거리게 해주는 린스입니다. 샴푸를 하고 나서 적당량을 펌핑해서 머리카락 전체에 바른 다음 깨끗하게 씻어내세요.

창포 추출물은 머리카락에 영양을 공급해 윤기를 주며 은은한 향을 발산하는 향료이기도 합니다. 머리숱이 많아지도록 발모를 촉진하는데 두피에 부작용이 없어서 모발을 건강하게 헤줘요.
디메치콘은 컨디셔닝 효과를 위해 샴푸, 린스에 많이 쓰이는 재료인데 수분을 보호해주는 효과가 있어요.

BODY CARE

영양과 보습을 위한 초간단 헤어 에센스

동백 헤어 에센스

동백 오일은 거칠고 건조한 모발에 영양과 수분을 공급해 윤기 있는 머릿결을 만들어 줍니다.
비타민E 함유량이 높아 보습력과 영양이 풍부한 아르간 오일 역시 헤어 케어에서 빠질 수 없는 재료입니다.
특히 재료를 섞어서 만드는 초간단 헤어 에센스라서 자주 만들어 사용한답니다.
머리카락에 물기가 남아 있을 때 끝부분에만 살짝 바르세요.

난이도	●○○
피부 타입	건조 모발
효능	컨디셔닝, 보습
보관	실온
사용기간	2~3개월

재료(50g)

올리브에스테르 오일 30g
동백 오일 12g
아르간 오일 5g
비타민E 1g
세라마이드(유상용) 2g
일랑일랑 E. O. 5방울
제라늄 E. O. 5방울

도구

유리 비커
저울
주걱
에센스 용기(50ml)

How to Make

1. 유리 비커를 저울에 올려놓고 올리브에스테르 오일, 동백 오일,
    아르간 오일, 비타민E, 세라마이드를 차례대로 계량한다.

2. 주걱으로 저어서 잘 섞는다.

3. 일랑일랑, 제라늄 에센셜 오일을 넣고 혼합한 다음
    미리 소독한 용기에 넣는다.

How to Use

샴푸를 하고 나서 물기가 있는 상태에서 머리카락 끝에 발라주세요. 두피 가까이에 바르면 오
일리한 느낌이 들고 번들거릴 수 있기 때문에 머리카락 끝에 살짝 바르는 게 좋아요. 외출할
일이 없는 휴일에는 동백 에센스 팩을 해보세요. 머리카락 전체에 듬뿍 바르고 랩을 씌운 다
음 2~3시간 정도 후에 씻어내면 영양 공급과 보습 효과를 누릴 수 있어요.

동백 오일은 항산화 작용을 하는 올레인산을 함유하고 있고, 부드럽게 바르는 느낌이 뛰어나
마사지용 오일로도 많이 사용됩니다. 보습 작용도 뛰어나고 건성 피부의 트러블에도 좋아서
화장품 원료로도 많이 쓰이고 있어요.

스트레스를 완화해주는 라벤더향 솔트

릴랙싱 바스 솔트

하루의 피로를 풀면서 스트레스를 날려버리는 방법 중에서 목욕이나 족욕을 즐기는 분들이 많을거에요.
욕조나 족욕 기구에 따뜻한 물을 채운 다음 릴랙싱 바스 솔트를 풀고 휴식을 누려보세요.
향긋한 라벤더 향이 스트레스를 완화해주고, 소금의 미네랄이 피부에 스며들면서
온천욕을 하는 것처럼 편안해요. 가족이 함께 사용할 수 있어서 더 좋아요.

난이도 ●○○
피부 타입 모든 피부
효능 노폐물 제거, 진정
보관 실온
사용기간 2~3개월

재료(100g)

크리스탈 솔트 90g
라벤더향 입욕제 10g
라벤더트루 E. O. 5방울
그레이프프룻 E. O. 5방울
에탄올 약간

도구

넓은 스테인리스 그릇
유리 비커
저울
주걱
스프레이(에탄올 용)
밀폐 용기(100ml)

How to Make

1. 넓은 스테인리스 그릇을 전자 저울에 올려놓고 크리스탈 솔트를 계량한다.

2. 라벤더향 입욕제, 에센셜 오일(라벤더트루, 그레이프프룻)을 넣는다.

3. 주걱으로 가볍게 섞으면서 스프레이 용기에 담은 에탄올을 조금씩 뿌린다.

4. 에탄올이 날아가도록 약 1분간 위아래로 섞는다.

5. 3시간 정도 지난 뒤 용기에 담고, 1주일 숙성한 다음 사용한다.

How to Use

입욕제는 특히 아토피나 건성 피부에 효과적이에요. 에탄올 스프레이를 뿌리면 솔트가 살짝 녹으면서 입욕제가 접착됩니다. 에탄올을 너무 많이 뿌리면 녹을 수도 있으니 천천히 조금씩 뿌리는 것이 포인트에요. 습기에 노출되면 소금이 딱딱해질 수 있기 때문에 밀폐 용기에 보관하는 것이 좋습니다. 따뜻한 물을 채운 욕조에 적당량을 풀어서 사용하세요. 입욕한 후에는 물로 가볍게 씻어내거나 타월로 물기만 닦아내도 됩니다.

크리스탈 솔트는 미네랄을 함유하여 피부를 건강하게 해주고 노폐물 제거에 효과가 좋습니다. 온몸이 미네랄을 흡수하기 때문에 목욕할 때는 바스 솔트를 잊지 마세요.

솔잎향과 미네랄의 디톡스 효과

디톡스 족욕 솔트

하루종일 답답한 신발에 갇혀 혹사당한 발을 위한 족욕 솔트입니다.
시원하고 청량한 향기가 나는 솔향 입욕제를 넣어서 마치 숲에 와있는 기분이 들 거에요.
미네랄을 듬뿍 함유하고 있는 크리스탈 솔트는 발을 매끄럽고 뽀송뽀송하게 만들어 줍니다.
바쁜 하루를 보냈다면 따뜻한 물에 솔트를 풀고 족욕을 하면서 디톡스 효과를 누려보세요.

난이도	●○○
피부 타입	모든 피부
효능	노폐물 제거
보관	실온
사용기간	2~3개월

재료(100g)

크리스탈 솔트 95g
솔향 입욕제 5g
티트리 E. O. 5방울
펜넬 E. O. 5방울
에탄올 약간

도구

넓은 스테인리스 그릇
유리 비커
저울
주걱
스프레이(에탄올 용)
밀폐 용기(100ml)

How to Make

1. 넓은 스테인리스 그릇을 전자 저울에 올려놓고 크리스탈 솔트를
계량한다.

2. 솔향 입욕제, 에센셜 오일(티트리, 펜넬)을 넣는다.

3. 주걱으로 가볍게 섞으면서 스프레이 용기에 담은 에탄올을
조금씩 뿌린다.

4. 에탄올이 날아가도록 약 1분간 위아래로 섞는다.

5. 3시간 정도 지난 뒤 용기에 담고, 1주일 숙성한 다음 사용한다.

How to Use

습기에 노출되면 소금이 딱딱해질 수 있기 때문에 밀폐 용기에 보관하세요. 따뜻한 물을 채운
욕조에 적당량을 풀어서 사용하세요. 족욕을 마친 다음에는 물로 가볍게 씻어내거나 타월로
물기만 닦아내면 됩니다.

크리스탈 솔트는 '왕의 소금' 이라는 별명을 가지고 있는데, 불순물이 섞이지 않은 순수한 소
금이기 때문에 왕이나 상류층을 위한 것이었다고 해요. 미네랄을 다량 함유하고 있기 때문에
온천욕을 한것과 같은 효과를 누릴 수 있습니다. 히말라야의 소금 광산에서 생산되는 소금은
크리스탈 솔트, 락 솔트 2가지라고 합니다.

아이의 숙면을 위한 바스피즈(300g)

중조 140g, 구연산 60g, 옥수수 전분 70g, 아토프리 파우더 3g, 라벤더 입욕제 6g, 글리세
린 6g, 코코베타인 5g, 올리브 계면활성제 5g, 호호바 오일 5g, 스윗오렌지 E. O. 10방울
넓은 스테인리스 그릇에 중조, 구연산, 옥수수 전분을 계량해서 섞은 다음 나머지 재료를 넣고
주걱으로 잘 섞어주세요. 골고루 섞으면서 체로 걸러 고운 입자로 만들고, 소독한 용기에 담아
하루 정도 숙성해서 사용하면 됩니다. 체가 없다면 손으로 작은 알갱이들을 풀어주세요. 습기
에 약하기 때문에 비닐 랩으로 싸서 밀폐 용기에 넣는 것이 좋습니다.

디톡스 족욕 솔트

릴랙싱 바스 솔트

BODY
CARE

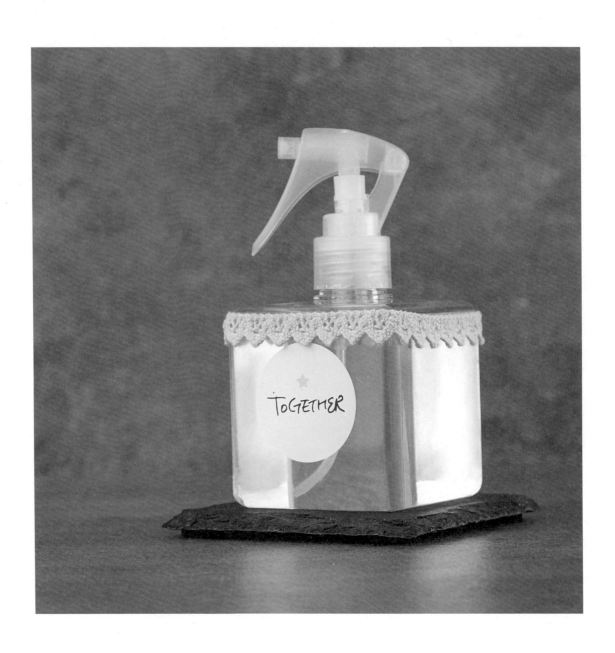

상쾌한 레몬 향을 느낄 수 있는
레몬 데오도란트 스프레이

여름이 다가오면 몸에서 나는 땀 냄새에 예민하게 됩니다.
특히 겨드랑이의 땀 냄새가 유독 심한데, 땀샘에서 나오는 땀이
피부의 각질층을 약하게 만들고 세균이 감염되면서 냄새가 나게 됩니다.
에센셜 오일 중에서 땀 냄새 제거에 효과적인 레몬, 티트리, 레몬그라스를 블렌딩해서
살균, 소독, 탈취 효과와 함께 상쾌한 향기도 느낄 수 있는 데오도란트입니다.

난이도	◆◇◇
피부 타입	땀이 많고 체취가 강한
효능	탈취, 항균
보관	실온
사용기간	2~3개월

재료(100g)

라벤더 워터 50g
에탄올 48g
올리브 리퀴드 1g
레몬 E. O. 10방울
티트리 E. O. 7방울
레몬그라스 E. O. 3방울

도구

유리 비커
저울
주걱
스프레이 용기(100ml)

How to Make

1. 유리 비커를 저울에 올려놓고 올리브 리퀴드,
에센셜 오일(레몬, 티트리, 레몬그라스)을 계량한 다음 주걱으로 잘 섞는다.

2. 라벤더 워터, 에탄올을 차례대로 계량하면서 주걱으로 혼합한다.

3. 미리 소독한 스프레이 용기에 담는다.

How to Use

스프레이 용기에 담아 땀이 많이 나는 겨드랑이 등에 뿌리면 됩니다. 가지고 다니면서 수시로 사용해도 됩니다. 점막 부분에는 뿌리지 않도록 주의하세요.

레몬 에센셜 오일은 상큼하고 톡 쏘는 듯한 향기가 나며 방부성, 수렴, 살균, 살충 등 다양한 효능을 가지고 있어요. 특히 순환계 강화 효과가 뛰어나서 혈관을 강화해주는 치료제로 알려져 있기도 합니다.

티트리 에센셜 오일은 항균성과 항진균성 효능을 가지고 있는 것으로 널리 알려져 있습니다. 세균, 바이러스, 곰팡이균에 넓은 활성 범위를 가지고 있어서 여드름 치료에도 많이 쓰이고 있어요. 쿨링 효과도 있기 때문에 데오도란트를 뿌리면 피부에 시원한 느낌을 줄 거에요.

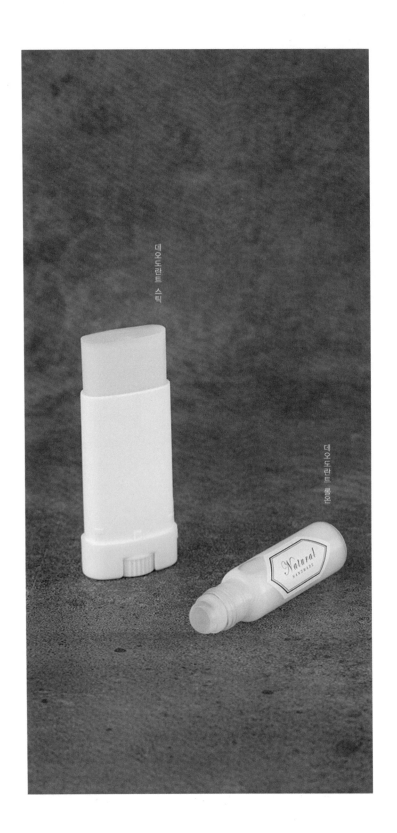

데오도란트 스틱

데오도란트 롤온

사용감이 부드러운 롤온 타입의 데오도란트

데오도란트 롤온

데오도란트 스틱보다 사용감이 부드러운 롤온 타입이에요.
시원하고 상쾌한 향기의 티트리 에센셜 오일은
피부에 닿아도 안전하고 특히 강한 살균력이 특징입니다.
탈취 효과가 있는 레몬그라스 에센셜 오일과
피부 보습을 위한 알로에베라 겔을 넣어
자극을 최소화한 데오도란트입니다.

> 난이도 ●○○
>
> 피부 타입 모든 피부
>
> 효능 살균, 소독, 땀 분비 저하
>
> 보관 실온
>
> 사용기간 2~3개월

휴대하기 간편한 스틱 타입 데오도란트

데오도란트 스틱

무더운 여름에는 땀을 흘리는 것이 당연해요.
하지만 불쾌한 냄새가 나지 않도록
세심하게 주의를 기울이는 건 에티켓이라고 할 수 있어요.
그래서 휴대할 수 있는 스틱 타입의 데오도란트를 만들었습니다.
시원한 향의 티트리, 살균 효과가 있는 로즈우드,
탈취를 위한 레몬그라스 에센셜 오일을 넣은
데오도란트 스틱을 만들어 파우치에 휴대하세요.

> 난이도 ●●○
>
> 피부 타입 땀이 많고 체취가 강한
>
> 효능 탈취, 항균
>
> 보관 실온
>
> 사용기간 3~6개월

재료(50g)

알로에베라 겔 25g
에탄올 24g
옥수수 전분 1g
레몬 E. O. 5방울
티트리 E. O. 3방울
레몬그라스 E. O. 2방울

도구

유리 비커
저울
주걱
롤온 용기(10ml) 5개

How to Make

1. 유리 비커를 저울에 올려놓고 알로에베라 겔, 에탄올을 계량한다.

2. 알로에베라 겔이 다 풀어질 때까지 주걱으로 저어준다.

3. 옥수수 전분을 넣고 잘 섞는다.

4. 에센셜 오일(레몬, 티트리, 레몬그라스)을 넣고 저어준다.

5. 소독한 롤온 용기에 담고 하루 정도 숙성한 다음 사용한다.

How to Use

땀이 많이 나는 겨드랑이에 대고 굴리듯이 살짝 바르세요. 에센셜 오일이 자극적일 수 있으니 점막 부분에는 바르지 않도록 주의하세요.

옥수수 전분(콘스타치)은 베이비 파우더, 바스붐, 치약에 많이 사용되는 재료인데 데오도란트에 넣으면 땀과 악취를 흡착해 제거합니다.

재료(50g)

올리브에스테르 오일 28g
살구씨 오일 10g
비즈왁스 12g
레몬 E. O. 4방울
티트리 E. O. 3방울
로즈우드 E. O. 2방울
레몬그라스 E. O. 1방울

도구

유리 비커
저울
핫플레이트
유리 막대
롤링바 용기(15ml) 3개

How to Make

1. 유리 비커를 저울에 올려놓고 올리브에스테르 오일, 살구씨 오일, 비즈 왁스를 계량한다.

2. 비커를 핫플레이트에 올려 가열한다. 비즈 왁스 알갱이가 대략 5~6개 정도 남아있을 때 전원을 끄고 남아있는 열로 녹인다.

3. 온도가 55℃ 이하로 내려가면 에센셜 오일(레몬, 티트리, 로즈우드, 레몬그라스)을 넣고 유리 막대로 저어준다.

4. 미리 소독한 용기에 담고 하루 정도 숙성한 다음 사용한다.

How to Use

스틱 타입은 피부에 직접 닿기 때문에 사용 전에 반드시 패치 테스트를 하세요. 패치 테스트는 접촉성 피부염을 진단하는 방법 중 한 가지입니다. 손목 등 피부 안쪽에 데오도란트 스틱을 바른 다음 48시간 동안 피부에 어떤 변화가 있는지 확인하면 됩니다. 땀이 많이 나는 겨드랑이에 대고 바르면 됩니다 점막 부분에는 바르지 않도록 주의하세요.

로즈우드 에센셜 오일은 달콤한 나무향과 매운 향을 동시에 가지고 있으며 살균 작용에 유익하기 때문에 여드름, 피부염, 손상된 피부 치료에 효과적이에요.

레몬그라스 에센셜 오일은 상쾌한 풀향기와 허브향, 감귤류 향을 가지고 있어요. 진통, 항미생물, 수렴, 살균, 탈취, 해열 등의 치유 작용을 하는 에센셜 오일로 알려져 있습니다.

FAMILY CARE

사랑하는 가족을 위한 내추럴 레시피

천연 화장품을 만드는 것에 익숙해지면
우리 가족을 위한 화장품에 관심을 가지게 됩니다.
피부에 좋은 재료를 꼼꼼하게 선택하고 가족을 사랑하는
마음까지 넣으면 피부 타입에 꼭 맞는 맞춤 화장품이 된답니다.
아토피나 예민한 피부를 가친 아기,
샤워를 하면서 하루의 피로를 씻어내는 남편,
여드름 때문에 고민하는 사춘기 자녀까지.
가족에 대한 관심과 사랑을 가득 담은 레시피로 구성했습니다.

피부에 좋은 재료를 꼼꼼하게 선택하고
우리 가족에 대한 관심과
사랑하는 마음까지 넣으면
피부 타입에 꼭 맞는 맞춤 화장품이 된답니다.

B.A.B.Y C.A.R.E

159   베이비 올인원 워시
160   베이비 마사지 오일
161   베이비 모이스처 로션
162   베이비 땀띠 스프레이

A.T.O.P.Y C.A.R.E

165   아토 클렌징 오일
166   블랙차콜 아토피 클렌저
167   아토프리 파우더 로션
168   아토 자운고 크림
170   아토 마사지 버터
170   아토 자운고 롤온

M.E.N's C.A.R.E

173   서머쿨링 바디 워시
174   맨즈 올인원 크림
175   쿨링 샴푸
176   쿨링 두피 에센스
178   쿨링 밤

T.E.E.N.A.G.E.R's C.A.R.E

179   로즈 립밤
180   코코넛 립밤
183   로즈 립글로스
184   망고 립글로스
185   여드름 자운고 롤온
186   여드름 스팟
188   여드름 연고

A.N.T.I B.U.G

189   안티버그 자운고 연고
191   안티버그 오일
193   안티버그 연고
194   모기 퇴치 스프레이
195   진드기 스프레이

H.A.N.D C.A.R.E

196   심플 핸드 클렌저
196   마일드 핸드 클렌저
198   카보머프리젤 핸드 클렌저
199   올리브 핸드 크림
200   망고 핸드 버터
202   아쿠아 시어버터 핸드 로션
203   서머 워터 핸드 로션

S.P.E.C.I.A.L I.T.E.M

204   큐티클 밤
204   큐티클 오일
206   풋 오일
206   풋 스프레이
208   풋 밤
209   풋 크림
211   에뮤 재생 밤
212   선번 밤
213   코막힘 밤

베이비 올인원 워시

베이비 마사지 오일

순하고 부드러워 아기에게도 알맞은

베이비 올인원 워시

캐모마일, 애플 계면활성제, 라벤더 등 순하고 자극이 없는 재료만
넣었기 때문에 아기나 어린 아이를 목욕시킬 때 사용할 수 있습니다.
세정력이 풍부하면서도 순하니까 샴푸, 비누를 따로 사용하는 대신 올인원 워시로 대체하세요.
머리부터 발끝까지 부드럽게 마사지하듯 온몸에 바른 다음 물로 깨끗하게 씻어내면 됩니다.

난이도 ◆◆◇

피부 타입 유아, 민감성

효능 세정, 보습

보관 실온

사용기간 2~3개월

재료(250g)

수상층
캐모마일저먼블루 워터 150g
글루카메이트 5g

계면활성제
올리브 계면활성제 45g
애플 계면활성제 30g
CDE 4g

첨가물
히아루론산 8g
실크아미노산 7g

에센셜 오일
라벤더트루 E. O. 10방울
스윗오렌지 E. O. 10방울

도구

유리 비커
저울
주걱
핫플레이트
온도계
미니 핸드블렌더
샴푸 용기(300ml)

How to Make

1. 유리 비커를 저울에 올려놓고 수상층(캐모마일저먼블루 워터, 글루카메이트)을
계량한 다음 핫플레이트에서 가열한다.

2. 약 60℃까지 가열해 글루카메이트가 녹으면 점도가 생긴다.

3. 올리브 계면활성제, 애플 계면활성제, CDE를 차례대로 넣으면서
주걱으로 섞는다.

4. 히아루론산, 실크아미노산과 에센셜 오일(라벤더트루, 스윗오렌지)을
첨가하면서 혼합한다.

5. 미리 소독한 용기에 담고 하루 숙성한 다음 사용한다.

How to Use

목용용 스펀지에 2~3회 펌핑해서 충분히 거품을 낸 다음 아이의 온몸에 부드럽게 바르세요.
마사지하듯 문지른 다음 깨끗하게 씻어내면 됩니다.

캐모마일저먼블루 워터는 건성이나 가려움증이 있는 피부에 아주 효과적인 플로럴 워터입니
다. 염증과 민감성 피부에도 효과가 좋고, 심신 안정 작용을 하기 때문에 숙면에도 도움이 됩
니다. 무엇보다 자극이 적어서 아이들도 안심하고 사용할 수 있어요.

애플 계면활성제는 '애플 워시'라고도 하는데 사과 주스에서 얻은 필수 아미노산을 아실화해
서 만든 것입니다. 촉감이 부드럽고 풍선한 기포를 형성하기 때문에 클렌저 종류에 많이 들어
가는 재료입니다. 피부에 전혀 자극을 주지 않기 때문에 아기 피부에도 안심하고 사용할 수
있어요.

흡수가 빠르고 부드러운 오일로 만든
베이비 마사지 오일

아기 피부의 보습과 진정에 도움을 주는 순한 베이비 오일입니다.
샤워 후 약간의 물기가 남아있을 때 온몸에 바르고 마사지 해주세요.
아로마테라피를 활용한 베이비 마사지는 아기의 성장과 신체 발달을 도와줍니다.
순하고 촉촉하게 스며들어 아기 피부를 부드럽게 지켜주는 마사지 오일을 만들어 보겠습니다.

난이도 ●○○
피부 타입 유아, 민감성
효능 보습, 진정
보관 실온
사용기간 2~3개월

재료(100g)

호호바 오일 50g
올리브 오일 48g
비타민E 2g
라벤더트루 E. O. 2방울

도구

유리 비커
저울
주걱
에센스 용기(120ml)

How to Make

1. 유리 비커를 저울에 올려놓고 호호바 오일, 올리브 오일을 계량한다.

2. 비타민E를 넣고 잘 혼합한 다음 라벤더트루 에센셜 오일을 넣고 저어준다.

3. 미리 소독한 오일 용기에 담고, 손바닥으로 가볍게 감싸 쥔 다음 굴리면서 섞는다.

How to Use

아기가 사용하는 바디 오일이라서 순하고 흡수가 빠른 오일 위주로 구성했어요. 온몸을 부드럽게 마사지하면서 바르면 번들거림 없이 빠르게 흡수됩니다. 베이비 로션과 오일을 1:1로 섞어 같이 바르면 보습력이 더 좋아져요. 돌이 지나지 않은 아기라면 에센셜 오일을 넣지 마세요. 오일 종류는 갈색 차광병에 담아 보관하는 것이 안전합니다.

호호바 오일은 사람의 피지 성분과 유사한 구조를 가지고 있고, 자극이나 알레르기가 없는 오일로 알려져 있어요. 사용감이 산뜻하고 가볍고, 바르고 나서 닦아내지 않아도 될만큼 흡수가 빨라요.

➡ 대체 재료
호호바 오일 ⋯› 살구씨 오일
올리브 오일 ⋯› 스윗아몬드 오일
비타민E ⋯› 천연비타민E

아기 피부에 좋은 천연 오일과 버터로 만든

베이비 모이스처 로션

소중한 아이를 위한 마음으로 피부에 좋은 천연 오일과 버터를 골라서 듬뿍 넣었어요.
보습에 좋은 시어 버터, 유아용 비누에도 많이 사용되는 아보카도 오일,
모든 피부에 적합한 호호바 오일을 넣어서 지속적인 보습 효과를 누릴 수 있습니다.

난이도	◆◆◆
피부 타입	건성
효능	보습, 진정
보관	실온
사용기간	1~2개월
rHLB	6.75

재료(100g)

수상층
정제수 52g
라벤더 워터 25g
글리세린 2g

유상층
시어 버터 2g
아보카도 오일 5g
유기농호호바 오일 5g
올리브 유화왁스 2.3g
GMS 1.7g

첨가물
자몽씨 추출물 2g
모이스트24 3g

에센셜 오일
라벤더트루 E. O. 1~2방울

도구

유리 비커 2개
저울
주걱
핫플레이트
온도계
미니 핸드블렌더
에센스 용기(120ml)

How to Make

1. 유리 비커를 저울에 올린 다음 수상층(정제수, 라벤더 워터, 글리세린)을 차례대로 계량한다.

2. 비커를 핫플레이트에 올려 약 70~75℃ 까지 가열한다.

3. 다른 유리 비커를 저울에 올린 다음 유상층(시어 버터, 아보카도 오일, 유기농호호바 오일, 올리브 유화왁스, GMS)을 계량한다.

4. 비커를 핫플레이트에 올려 약 70~75℃ 정도로 가열한다. 중간중간 주걱으로 저어주면 왁스가 더 잘 녹는다.

5. 2개의 비커 온도를 약 70~75℃ 로 맞춘다.

6. 수상층 비커에 천천히 유상층을 부으면서 미니 핸드블렌더로 혼합한다. 주걱으로 저으면 유화가 풀려 로션 점도가 묽어질 수 있다.

7. 온도가 약 50~55℃ 정도 되면 약간의 점도가 생긴다. 이때 첨가물(자몽씨 추출물, 모이스트24)을 계량해서 차례대로 넣는다. 라벤더트루 에센셜 오일을 넣고 주걱으로 계속 저어준다.

8. 온도가 약 40~45℃ 정도가 되면 미리 소독한 용기에 넣는다.

시어 버터는 시어 나무의 열매에서 채취한 식물성 유지입니다. 거칠고 건조한 피부에 수분을 공급하고, 상처를 재생하는 효능이 탁월해서 아프리카에서는 오래전부터 민간 치료제로 활용되었다고 해요.

아보카도 오일은 아보카도 열매에서 채취하여 옅은 녹색을 띠며 비타민A, D, E를 함유하고 있어서 피부 재생과 트러블 치유에 효과가 있어요. 촉촉하고 부드러운 비누를 만들 수 있어서 유아용 비누에 많이 쓰이는 재료입니다.

➡ **대체 재료**

정제수 ⋯ **라벤더 워터** | 글리세린 ⋯ **히아루론산** | 시어 버터 ⋯ **알로에 버터**

아보카도 오일 ⋯ **호호바 오일, 올리브 오일** | 유기농호호바 오일 ⋯ **올리브퓨어 오일**

자몽씨 추출물 ⋯ **비타민E**

땀띠 억제와 트러블 진정에 효과가 있는

베이비 땀띠 스프레이

아기들은 어른에 비해 땀샘의 밀도가 높습니다.
그리고 스스로 체온을 유지하기가 어려워
땀을 많이 흘리고 피부도 연약해서 땀띠가 나기 쉬워요.
피부 진정과 항염에 효능이 있는 감초, 알란토인을 넣은 땀띠 스프레이는
땀띠를 억제하고 피부 트러블 진정에도 도움이 됩니다.

난이도 ●○○
피부 타입 유아, 트러블
효능 진정, 땀띠 예방
보관 실온
사용기간 1~2개월

재료(100g)

편백 워터 40g
캐모마일 워터 50g
에탄올 3g
감초 추출물 5g
알란토인 1g
나프리 1g
라벤더트루 E. O. 3방울
페퍼민트 E. O. 1방울

도구

유리 비커
저울
주걱
스프레이 용기(120ml)

How to Make

1. 유리 비커를 저울에 올려놓고 에탄올, 에센셜 오일(라벤더트루, 페퍼민트)를 넣고 주걱으로 혼합한다.

2. 편백 워터, 캐모마일 워터, 감초 추출물을 넣고 잘 저어준다.

3. 알란토인을 넣고 주걱으로 잘 저어서 완전히 녹인다.

4. 나프리를 넣고 혼합한 다음 미리 소독한 스프레이 용기에 넣는다.

How to Use

목, 팔, 다리 등 접히기 쉬운 부위나 땀이 많은 곳에 뿌려 주세요.

편백 워터는 피톤치드 워터라고도 하는데, 히노끼로 잘 알려진 편백 나무의 잎과 가지에서 추출한 성분입니다. 피톤치드는 강력한 공기 정화력, 유해물질 중화 작용을 하는 것으로 알려져 있어요. 그래서 어린이나 노인 또는 아토피성 피부염 환자나 천식 환자의 건강에 도움을 줍니다.

알란토인은 컴프리 뿌리에서 추출한 것으로 지성 피부의 트러블이나 상처 진정, 민감한 피부의 진정에 효과가 있어요. 100% 고농축 파우더로 물에 잘 녹고, 조금만 넣어도 피부 유연성이나 보습에 효과를 볼 수 있습니다.

베이비 땀띠 스프레이

베이비 모이스처 로션

아 토 클렌징 오일

블랙차콜 아토피 클렌저

순한 세정력과 보습력을 갖춘

아토 클렌징 오일

아토피 증상이 있는 아이라면 세정력이 너무 강한 제품은 사용하지 않는 것이 좋습니다.
순하고 부드러운 오일이 들어있는 클렌저를 추천해요.
클렌징 오일을 바른 다음 미지근한 물로 온몸을 씻어내세요.
자극이 없어 순하고 부드러운 클렌징 오일을 만들어 볼까요.

난이도 ◑◇◇
피부 타입 아토피, 건성
효능 보습, 가려움 진정
보관 실온
사용기간 2~3개월

재료(100g)

유상층
달맞이꽃 오일 20g
호호바 오일 15g
살구씨 오일 10g

계면활성제
애플 계면활성제 30g
코코베타인 10g
올리브 리퀴드 10g

첨가물
글리세린 3g
나프리 1g

에센셜 오일
라벤더트루 E. O. 10방울
캐모마일저먼 E. O. 5방울
프랑킨센스 E. O. 5방울

도구

유리 비커
저울
주걱
에센스 용기(120㎖)

How to Make

1. 유리 비커를 저울에 올려놓고 유상층(달맞이꽃 오일, 호호바 오일, 살구씨 오일)을 계량한다.

2. 계면활성제(애플 계면활성제, 코코베타인, 올리브 리퀴드)를 넣고 잘 저어준다.

3. 첨가물(글리세린, 나프리)을 차례대로 넣으면서 혼합하고, 에센셜 오일(라벤더트루, 캐모마일저먼, 프랑킨센스)을 넣고 잘 저어준다.

4. 소독한 용기에 넣고 하루 정도 숙성한 다음 사용한다.

How to Use

물기가 없는 상태에서 클렌징 오일을 바른 다음 미지근한 물로 씻어내고, 물기가 마르기 전에 베이비 로션이나 오일, 버터 등을 꼼꼼하게 발라주세요.

달맞이꽃 오일은 보습과 노화 방지 효능이 있으며 에센셜 오일과 섞어서 사용하면 피부에 좋은 성분이 잘 흡수되도록 돕는 역할을 합니다. 특히 건조한 피부 보습, 가려움 진정 효과가 뛰어나 아토피 증상에 좋은 오일입니다.

자극이 적고 보습 효과가 좋은

블랙차콜 아토피 클렌저

미네랄을 풍부하게 함유하고 있고 노폐물을 흡착해서 제거해주는 숯 분말을 넣은 클렌저입니다.
적당한 세정력과 보습을 위해서 피부에 자극이 적은 계면활성제와
보습 효과가 뛰어난 천연 오일을 넣었어요.
아이뿐만 아니라 아토피 증상이 있는 성인이나 민감성 피부에도 좋은 클렌저입니다.

난이도	●○○
피부 타입	아토피, 민감성
효능	보습, 세정
보관	실온
사용기간	2~3개월

재료(90g)

달맞이꽃 오일 18g
호호바골드 오일 9g
스윗아몬드 오일 18g
애플 계면활성제 30g
숯 분말 2g
비타민E 2g
올리브 리퀴드 10g
나프리 1g
라벤더트루 E. O. 3방울

도구

유리 비커
저울
주걱
미니 핸드블렌더
에센스 용기(100ml)

How to Make

1. 유리 비커를 저울에 올려놓고 달맞이꽃 오일, 호호바골드 오일, 스윗아몬드 오일을 계량한다.

2. 애플 계면활성제를 넣고 잘 저어준다.

3. 숯 분말을 계량해서 넣고 주걱으로 혼합한다. 숯 분말이 잘 섞일 수 있도록 오랫동안 저어주거나, 미니 핸드블렌더를 사용한다.

4. 비타민E, 올리브 리퀴드, 나프리를 차례대로 넣으면서 혼합하고, 라벤더트루 에센셜 오일을 넣고 잘 저어준다.

5. 미리 소독한 용기에 넣고 1~2일 정도 숙성한 다음 사용한다.

How to Use

거품이 풍부하게 일어나는 타입이 아니라 조밀한 거품이 생기는 클렌저입니다. 클렌징 오일에 약간의 세정력을 더한 정도로 생각하면 됩니다. 숯 분말이 가라앉을 수 있으니 사용 전에 가볍게 흔들어 주세요.

블랙차콜 아토피 클렌저의 pH도수는 6.5~7로 중성인데, 피부 타입에 따라 약간 자극적일 수 있어요. 약산성 폼클렌저로 만들고 싶다면 애플 계면활성제 대신 올리브 계면활성제를 넣으면 됩니다.

아토피 증상 완화와 보습까지 한 번에

아토프리 파우더 로션

금잔화로 알려져 있는 카렌듈라는 서양에서도 널리 쓰이는 약용 허브입니다.
건성, 민감성은 물론 아토피 증상이 있는 피부에도 탁월한 효과가 있어요.
보습을 위한 시어 버터, 호호바 오일에 아토프리 파우더를 넣어
심하게 건조하고 민감한 아토피에도 사용할 수 있는 로션이에요.
피부가 건조해지지 않도록 수시로 꼼꼼하게 발라주세요.

난이도 ●●●
피부 타입 아토피, 민감성
효능 보습, 가려움 진정
보관 냉장
사용기간 2~3개월
rHLB 6.88

재료(100g)

수상층
정제수 71g
아토프리 파우더 2g
카렌듈라 추출물 2g

유상층
달맞이꽃 오일 10g
호호바 오일 5g
시어 버터 3g
올리브 유화왁스 2.4g
GMS 1.6g
비타민E 2g

첨가물
세라마이드 1g

에센셜 오일
캐모마일저먼 E. O. 2방울
라벤더트루 E. O. 5방울

도구

유리 비커 2개
저울
주걱
핫플레이트
온도계
미니 핸드블렌더
에센스 용기(100ml)

How to Make

1. 유리 비커를 저울에 올린 다음 수상층(정제수, 아토프리 파우더, 카렌듈라 추출물)을 차례대로 계량한다. 아토프리 파우더가 잘 섞이도록 주걱으로 저어준다.

2. 다른 유리 비커를 저울에 올린 다음 유상층(달맞이꽃 오일, 호호바 오일, 시어 버터, 올리브 유화왁스, GMS)을 계량한다.

3. 2개의 비커를 핫플레이트에 올리고 가열해서 온도를 약 70~75℃ 까지 맞춘다.

4. 수상층 비커에 유상층 비커를 천천히 부으면서 주걱과 핸드블렌더를 번갈아 사용하면서 혼합한다.

5. 크림 상태가 되면 비타민E, 첨가물(세라마이드), 에센셜 오일(캐모마일저먼, 라벤더트루)을 넣고 혼합한다.

6. 미리 소독한 용기에 넣고 하루 정도 숙성한 다음 사용한다.

아토프리 파우더는 아토피 화장품 전용으로 제작된 원료로 워터나 오일에 잘 녹는 특징이 있습니다. 아토프리 파우더 단독으로는 사용하지 않고 로션이나 크림에 첨가해서 사용해요. 아토프리 파우더에 호호바 오일, 달맞이꽃 오일을 섞어서 지속적으로 사용하면 아토피를 완화시키는데 큰 도움이 됩니다. 심하게 건조한 아토피일 경우에는 호호바 오일 10g, 달맞이꽃 오일 10g, 캐모마일저먼 에센셜 오일 2~4방울을 섞어서 피부에 직접 발라도 좋습니다.

아토피 증상을 완화해주는 한약재 성분 오일

아토 자운고 크림

자운고는 한약재를 우려낸 오일을 말하는데, 아토피는 물론 각종 피부 질환에 효과적인 오일입니다.
가려움 진정과 보습 효과가 있는 달맞이꽃 오일, 피부 트러블을 완화하는 어성초 추출물을 넣어
아토피 피부에 적합한 로션이에요. 아토피 피부뿐만 아니라
피부가 예민하거나 가려움을 자주 느끼는 편이라면 가정 상비용으로 만들어 보세요.

난이도 ◆◆◆
피부 타입 아토피, 트러블
효능 진정, 보습, 재생
보관 실온
사용기간 3~6개월
rHLB 6.88

재료(100g)

수상층
정제수 50g
글리세린 3g
아토프리 파우더 2g
어성초 추출물 4g
세라마이드(수상용) 5g

유상층
자운고 오일 10g
달맞이꽃 오일 10g
시어 버터 3g
올리브 유화왁스 3.8g
GMS 2.2g

첨가물
나프리 1g
카보머프리젤 3g
비타민E 2g

에센셜 오일
라벤더트루 E. O. 10방울
캐모마일저먼 E. O. 5방울
티트리 E. O. 5방울

도구

유리 비커 2개
저울
주걱
핫플레이트
온도계
미니 핸드블렌더
크림 용기(50ml) 2개

How to Make

1. 유리 비커를 저울에 올린 다음 수상층(정제수, 글리세린, 아토프리 파우더, 어성초 추출물, 세라마이드)을 차례대로 계량한다.

2. 다른 유리 비커를 저울에 올린 다음 유상층(자운고 오일, 달맞이꽃 오일, 시어 버터, 올리브 유화왁스, GMS)을 계량한다.

3. 2개의 비커를 핫플레이트에 올려 가열하고, 온도를 약 70~75℃로 맞춘다.

4. 수상층 비커에 유상층을 천천히 부으면서 미니 핸드블렌더로 혼합한다. 주걱으로 저으면 유화가 풀려 로션 점도가 묽어질 수 있다.

5. 온도가 약 50~55℃ 정도 되면 약간의 점도가 생긴다. 이때 첨가물(나프리, 카보머프리젤, 비타민E)을 차례대로 넣으면서 계속 주걱으로 저어준다. 첨가물인 나프리(방부제)는 수상층 재료에 미리 넣어도 된다. 수상층에 먼저 넣을 경우 온도가 너무 높이 상승하지 않도록 주의한다.

6. 에센셜 오일(라벤더트루, 캐모마일저먼, 티트리)을 넣고 잘 저어준다.

7. 온도가 약 40~45℃ 정도가 되면 바로 소독한 용기에 넣는다.

어성초는 해독과 재생에 탁월한 효과가 있는 약초로 유명하지요. 항균, 항염 작용과 면역력 증가, 이뇨 작용 등 여러 가지 효능을 가지고 있습니다. 어성초는 미용에도 효과가 좋은데 특히 어성초 속에 함유된 쿠에르치트런이라는 특수 성분이 모세 혈관을 확장시켜 피를 맑게 해주고 피부의 독을 없애준다고 합니다.

➡ **대체 재료**
정제수 ···▸ 라벤더 워터 | 글리세린 ···▸ **히아루론산** | 세라마이드(수상용) 5g ···▸ **리피듀어 3g**
자운고 오일 ···▸ **자초 오일** | 달맞이꽃 오일 ···▸ **호호바 오일** | 시어 버터 ···▸ **알로에 버터**
카보머프리젤 3g ···▸ **알로에베라 겔 10g**

아토프리 파우더 로션

THANK
YOU

*Special et précieux pour
vous Toujours heureux
sourire plein d'espoir*

아토 지움고 크림

아토 자운고 롤온

아토 마사지 버터

부드럽게 마사지하는 고체 타입 버터

아토 마사지 버터

아토피로 인해 가려운 피부에 발라주는 마사지용 버터입니다.
호호바 버터와 아토프리 파우더를 넣어
항염 작용과 함께 가려움증을 완화해주고,
고체 타입이라 휴대할 수 있다는 장점이 있어요.
마사지 버터는 피부에 닿는 순간 서서히 녹아 천천히 흡수됩니다.
피부에 바르고 마사지하면서 완전히 흡수되도록 해주세요.

난이도 ◆◆◇

피부 타입 아토피, 악건성
효능 보습, 진정
보관 실온
사용기간 2~3개월

가려움증, 트러블 진정에 효과가 좋은

아토 자운고 롤온

피부 트러블 진정, 항균, 소염, 가려움증 억제 등
여러 가지 효능을 가진 12가지 한약재의 좋은 성분을
우려낸 것이 자운고 오일입니다.
자운고 오일은 어린 아이가 있거나 피부가 예민한 경우
가정마다 하나씩 가지고 있을만큼 유명한 자운고의 주재료예요.
피부에 보다 빨리 흡수되도록
롤온 타입으로 만든 자운고라고 할 수 있어요.

난이도 ◆◇◇

피부 타입 아토피, 민감성
효능 보습, 진정, 항염
보관 실온
사용기간 2~3개월

재료(45g)

유상층
호호바 버터 38g

첨가물
아토프리 파우더 0.5g
비타민E 2g

에센셜 오일
3%캐모마일저먼호호바오일 E. O. 4g
라벤더트루 E. O. 10방울

도구

유리 비커
저울
주걱
핫플레이트
온도계
틴 케이스(15ml) 3개

How to Make

1. 유리 비커를 저울에 올려놓고 호호바 버터를 계량한다.

2. 비커를 핫플레이트에서 가열해 호호바 버터를 완전히 녹인다.

3. 아토프리 파우더, 비타민E를 차례대로 넣으면서 주걱으로 저어준다.

4. 에센셜 오일(3%캐모마일저먼호호바오일, 라벤더트루)을 넣고 잘 저어준다.

5. 미리 소독한 용기에 넣는다.

3%캐모마일저먼호호바오일 E. O.의 용량은 가려움 정도에 따라 양을 조절하세요. 가려움이 심할 경우 5g까지 더 넣을 수 있습니다.

→ **대체 재료**
호호바 버터 ⋯ **올리브 버터**
아토프리 파우더 ⋯ **알란토인**
비타민E ⋯ **천연비타민E, 세라마이드(유상용)**

재료(30g)

호호바 오일 15g
자운고 오일 14g
비타민E 1g
페퍼민트 E. O. 5방울
캐모마일저먼 E. O. 2방울

도구

유리 비커
저울
주걱
롤온 용기(10ml) 3개

How to Make

1. 유리 비커를 저울에 올려놓고 호호바 오일, 자운고 오일을 계량한다.

2. 비타민E, 에센셜 오일(페퍼민트, 캐모마일저먼)을 차례대로 넣고 섞는다.

3. 미리 소독한 롤온 용기에 담는다.

How to Use

트러블이나 가려움을 느끼는 부분에 대고 부드럽게 굴려주세요.

자운고 오일은 자초, 황금, 당귀, 고삼, 작약, 감초, 진피 등 12가지 한약재를 천연 오일에 넣어 피부에 좋은 성분을 우려낸 인퓨즈드 오일(Infused Oil)입니다. 상처 소독, 가려움증 완화, 보습, 트러블 개선, 항균, 면역 기능 증진 등 아토피에 효과가 좋은 한약재 성분을 함유하고 있어요. 지운고 오일은 트러블, 노화 방지에도 효과가 탁월합니다. 크림가 로션 등에 넣거나, 호호바 오일이나 살구씨 오일과 섞어서 페이스 오일로 사용해도 됩니다.

FAMILY CARE

서머쿨링 바디 워시

맨즈 올인원 크림

시원하고 상쾌한 샤워를 위한 남성용 워시

서머쿨링 바디 워시

더운 여름에는 시원한 물도 충분하지 않을 때가 있죠.
그래서 청량감을 주는 페퍼민트와 라벤더트루 에센셜 오일을 첨가해
상쾌한 향기까지 즐길 수 있는 바디 워시를 만들었어요.
코코넛에서 추출한 코코베타인을 첨가해서
자극을 줄이고 부드럽게 노폐물을 씻어내는 워시입니다.

난이도	◆◆◇
피부 타입	복합성, 지성
효능	보습
보관	실온
사용기간	2~3개월

재료(100g)

수상층
정제수 50g
잔탄검 1g
글리세린 3g

첨가물
LES 30g
CDE 3g
코코베타인 5g
실크아미노산 3g
올리브 오일 3g
올리브 리퀴드 1g
나프리 1g

에센셜 오일
페퍼민트 E. O. 10방울
라벤더트루 E. O. 5방울

도구

유리 비커
저울
주걱
핫플레이트
온도계
샴푸 용기(100ml)

How to Make

1. 유리 비커를 저울에 올려놓고 수상층(정제수, 잔탄검, 글리세린)을 계량한다.

2. 비커를 핫플레이트에 올리고 60~65℃까지 가열한다.

3. 주걱으로 저어서 잔탄검을 잘 풀어준다.

4. 첨가물(LES, CDE, 코코베타인, 실크아미노산, 올리브 오일, 올리브 리퀴드, 나프리)을 넣고 주걱으로 혼합한다.
   거품이 생기기 때문에 미니 핸드블렌더는 사용하지 않는다.

5. 에센셜 오일(페퍼민트, 라벤더트루)를 넣고 주걱으로 섞는다.

6. 미리 소독한 용기에 넣고 하루 정도 숙성한 다음 사용한다.

How to Use

샤워 볼에 적당량을 펌핑해서 거품을 충분히 낸 다음 사용하고, 눈에 들어가지 않도록 주의하세요.

페퍼민트 에센셜 오일은 시원하고 청량감있는 향기가 특징으로 피로를 회복해주고 집중력을 높여 기분을 전환해주는 효능이 있어요. 특유의 시원한 향기 때문에 졸음을 방지할 수 있고, 냉각 작용도 있어서 두통, 편두통, 신경통, 근육통에도 효과가 있습니다. 가려움이나 염증을 가라앉혀 주기 때문에 여드름 피부, 지성 피부에 잘 맞아요.

얼굴과 몸의 보습을 한 번에 해결하는

맨즈 올인원 크림

요즘 남성분들이 미용에 많은 관심을 가지고 있다고는 하지만,
대부분 스킨, 로션, 크림을 구분하지 않고 바르는 사람이 더 많아요.
건조한 가을과 겨울에도 한 가지 화장품만 사용하는 남자들을 위해
로션보다 보습력을 더한 올인원 크림을 만들었어요. 얼굴과 온몸에 바르면
끈적임 없이 바로 스며들고 보습력도 좋기 때문에 남자들이 좋아할 만한 크림입니다.

난이도	●●●
피부 타입	모든 피부
효능	보습, 진정
보관	실온
사용기간	1~2개월
rHLB	7.66

재료(100g)

수상층
정제수 63g
편백 워터 10g

유상층
스윗아몬드 오일 7g
호호바 오일 3g
시어 버터 5g
세틸알콜 1g
올리브 유화왁스 4.4g
GMS 1.6g
비타민E 1g

첨가물
모이스트24 1g
히아루론산 2g
나프리 1g

에센셜 오일
로즈우드 E. O. 2방울
페퍼민트 E. O. 5방울
티트리 E. O. 5방울

도구

유리 비커 2개
저울
주걱
핫플레이트
온도계
미니 핸드블렌더
크림 용기(50ml) 2개

How to Make

1. 유리 비커를 저울에 올린 다음 수상층(정제수, 편백 워터)을 차례대로 계량한다.

2. 비커를 핫플레이트에 올려 약 70~75℃까지 가열한다.

3. 다른 유리 비커를 저울에 올린 다음 유상층(스윗아몬드 오일, 호호바 오일, 시어 버터, 세틸알콜, 올리브 유화왁스, GMS, 비타민E)을 계량한다.

4. 비커를 핫플레이트에 올려 약 70~75℃ 정도로 가열한다. 중간중간 저어주면 왁스가 더 잘 녹는다.

5. 2개의 비커 온도를 약 70~75℃로 맞춘다.

6. 수상층 비커에 유상층을 천천히 부으면서 미니 핸드블렌더로 혼합한다. 주걱으로 저으면 유화가 풀려 로션 점도가 묽어질 수 있다.

7. 온도가 약 50~55℃ 정도 되면 약간의 점도가 생기면, 첨가물(모이스트24, 히아루론산, 나프리)을 차례대로 계량해서 넣고 주걱으로 계속 저어준다.

8. 에센셜 오일(로즈우드, 페퍼민트, 티트리)을 넣고 저어준다.

9. 온도가 약 40~45℃ 정도가 되면 미리 소독한 용기에 넣는다.

✚ 플러스 레시피
지성 피부용 올인원 크림(100g)
수상층(정제수 67g, 알로에 워터 10g)
유상층(달맞이꽃 오일 5g, 호호바 오일 4g, 해바라기씨 오일 3g, 세틸알콜 1g, 올리브 유화왁스 4.1g, GMS 1g, 비타민E 1g)
첨가물(모이스트24 1g, 히아루론산 2g, 나프리 1g)
에센셜 오일(로즈우드 E. O. 2방울, 페퍼민트 E. O. 5방울, 티트리 E. O. 5방울)

세정, 탈모 방지, 시원한 청량감까지 담은

쿨링 샴푸

남성용 샴푸를 만들려고 생각해보니 우선 세정력이 좋고,
탈모 방지에 효과가 있는 샴푸가 떠올랐어요. 그래서 창포와 하수오 추출물을 넣고,
두피에 시원한 느낌을 주는 멘톨과 페퍼민트 에센셜 오일을 함께 넣었습니다.
더운 여름, 일을 끝내고 돌아와서 시원하게 샤워를 하는 것만큼 좋은 휴식이 또 있을까요.

난이도	◐◐◯
피부 타입	비듬, 탈모
효능	탈모 예방
보관	실온
사용기간	2~3개월

재료(250g)

수상층
정제수 162g
창포 추출물 20g
하수오 추출물 10g
멘톨 0.5g
폴리쿼터 0.5g
글루카메이트 2g

계면활성제
LES 35g
코코베타인 2g
CDE 3g

첨가물
실크아미노산 10g
D-판테놀 3g
나프리 2g

에센셜 오일
로즈마리 E. O. 5방울
페퍼민트 E. O. 5방울
일랑일랑 E. O. 5방울

도구

유리 비기
저울
주걱
핫플레이트
온도계
샴푸 용기(300ml)

How to Make

1. 유리 비커를 저울에 올려놓고 수상층(정제수, 창포 추출물, 하수오 추출물, 멘톨, 폴리쿼터, 글루카메이트)을 계량한다.

2. 비커를 핫플레이트에 올리고 약 60℃까지 가열한다.

3. 폴리쿼터와 글루카메이트가 잘 녹았는지 확인하고 핫플레이트에서 내린다.

4. 계면활성제(LES, 코코베타인, CDE)를 넣고 잘 저어준다.

5. 50℃ 이하로 온도가 내려가면, 첨가물(실크아미노산, D-판테놀, 나프리), 에센셜 오일(로즈마리, 페퍼민트, 일랑일랑)을 넣고 저어준다.

6. 미리 소독한 용기에 넣고 하루 정도 숙성한 다음 사용한다.

How to Use

피부가 민감한 편이라면 멘톨이 자극적일 수 있으니 멘톨 첨가량을 줄여주세요.

창포 추출물은 머리카락에 윤기를 주고 탈모를 예방해주는 재료입니다. 두피와 모발에 부작용이 없고, 모공과 모낭에도 좋기 때문에 충분히 마사지해주면 머리카락이 건강해진답니다.

하수오 추출물은 흰머리가 생기는 것을 억제하는 성분인데, 특히 비듬 등 알레르기로 인한 피부 소양증을 완화해 두피와 모발의 건강하게 해줍니다.

멘톨은 치약에서 나는 익숙한 향기로 페퍼민트의 주요 성분이에요. 물 파스, 풋 스프레이, 애프터쉐이브, 슬리밍 제품 등 여러 가지 제품에 사용되며 너무 많이 사용하면 자극이 있기 때문에 소량만 넣어야 합니다.

두피에 직접 바르는 헤어 에센스

쿨링 두피 에센스

탈모나 지루성 두피 때문에 고민이라면 에스피노질리아 추출물을 넣은 에센스를 만들어 보세요.
에스피노질리아 추출물은 탈모를 예방하고 비듬, 가려움 등 지루성 두피 증세를
완화해주는 효과가 있습니다. 물에 잘 녹는 워터 아르간 오일을 넣어
머릿결을 부드럽게 해주고, 멘톨이 첨가되어 시원한 느낌을 주는 에센스입니다.

난이도	●●◐◌
피부 타입	지루성, 탈모
효능	모근 강화, 가려움 완화
보관	실온
사용기간	1~2개월

재료(100g)

하수오 추출물 10g
에스피노질리아 추출물 10g
알로에 워터 31g
멘톨 0.5g
알로에베라 겔 25g
워터아르간 오일 10g
실크아미노산 10g
히아루론산 2g
나프리 1g
페퍼민트 E. O. 10방울
티트리 E. O. 5방울

도구

유리 비커
저울
주걱
핫플레이트
에센스 용기(100ml)

How to Make

1. 유리 비커를 저울에 올려놓고 에센셜 오일을 제외한 모든 재료를
차례대로 계량해서 넣는다.

2. 비커를 핫플레이트에 올리고 가열하면서 멘톨이 녹을 때까지
주걱으로 저어준다.

3. 핫플레이트에서 내려서 식힌 다음 에센셜 오일(페퍼민트, 티트리)을 넣고
섞는다.

4. 미리 소독한 용기에 넣고 하루 정도 숙성한 다음 사용한다.

How to Use

머리를 감고 나서 손에 적당량을 덜어 두피에 바르고 손가락 끝으로 톡톡 두드리면서 흡수시
키면 됩니다. 피부가 민감할 경우 멘톨이 자극적일 수 있으니 첨가량을 줄여주세요.

에스피노질리아는 멕시코의 고산 지대에서 자생하는 식물로 두피에 영양과 산소를 공급해 비
듬을 없애주고, 탈모를 완화해주는 것으로 알려져 있습니다. 특히 비듬이 많고 머리를 감아도
기름기가 많아서 가려움을 느끼는 지루성 두피 증세를 해소해주는데 효과가 있습니다.

아르간 오일은 비타민을 듬뿍 함유하고 있는 오일로 보습과 피부 활성화, 피부 처짐을 개선하
는 효과를 가지고 있어요. 마사지 오일이나 헤어 케어용으로 많이 사용하는데, 아르간 오일을
리포좀 공법을 이용해 물에 잘 녹게 만든 것이 워터아르간 오일이에요.

쿨링 샴푸

쿨링 두피 에센스

졸음을 방지하고 집중력을 향상해주는

쿨링 밤

집중력이 필요한데 계속 하품이 나면서 나른하고 졸리는 경우가 있어요.
따뜻한 차 안이나 사람들이 도서관 등에서 유난히 졸리고 나른하다면 쿨링 밤을 사용해 보세요.
멘톨과 페퍼민트를 넣은 쿨링 밤을 목 뒤에 바르면
정신이 번쩍 들면서 집중력이 생기는 것을 느낄 수 있어요.
천연 오일과 버터를 넣었기 때문에 보습에도 도움이 된답니다.

난이도	◐◐◑◯
피부 타입	모든 피부
효능	졸림 방지, 보습
보관	실온
사용기간	3~6개월

재료(45g)

유상층
해바라기씨 오일 8g
스윗아몬드 오일 20g
올리브 오일 5g
시어 버터 2g
밀랍(비정제) 6g
칸데릴라 왁스 3g

첨가물
멘톨 0.5g

에센셜 오일
페퍼민트 E. O. 5방울
로즈마리 E. O. 5방울

도구

유리 비커
저울
유리 막대
핫플레이트
온도계
롤링 바 용기(15ml) 3개

How to Make

1. 유리 비커를 저울에 올려놓고 유상층(해바라기씨 오일, 스윗아몬드 오일,
올리브 오일, 시어 버터, 비정제 밀랍, 칸데릴라 왁스)을 차례대로 계량해서
넣는다.

2. 비커를 핫플레이트에 올리고 비정제 밀랍, 칸데릴라 왁스가
녹을 때까지 유리 막대로 저어준다.

3. 핫플레이트에서 내리고 멘톨을 넣고 잘 섞는다.

4. 온도가 약 60℃ 정도 되면 시어 버터를 넣고 혼합한다.
시어 버터를 고온에서 녹이면 알갱이가 생길 수 있으므로 60℃ 정도로
온도가 내려간 다음 넣고 잘 저어주면 사용감이 더 좋아진다.

5. 55℃ 정도로 온도가 내려가면 에센셜 오일(페퍼민트, 로즈마리)를 넣고
유리 막대로 저어준다.

6. 미리 소독한 용기에 넣고 하루 정도 굳힌 다음 사용한다.

How to Use

집중력이 필요할 때 적당량을 덜어서 목 뒤에 잘 펴바르면 됩니다.

건조한 입술을 부드럽고 매끈하게

로즈 립밤

입술은 지방층이 부족하고 얇아서 쉽게 건조해지기 때문에
트거나 각질이 생기지 않도록 늘 신경을 써야 합니다.
미네랄과 비타민이 풍부한 스윗아몬드 오일과
항산화 작용을 하는 해바라기씨 오일을 넣어 만든 로즈 립밤입니다.
아이들이 가지고 다니면서 수시로 바를 수 있게 여러 개를 만들어 두는 것도 좋은 방법이에요.

난이도	◆◆◇
피부 타입	건조한 입술
효능	보호, 보습
보관	실온
사용기간	3~6개월

재료(30g)

스윗아몬드 오일 10g
해바라기씨 오일 10g
밀랍(비정제) 8g
비타민E 2g
3%로즈호호바오일 E. O. 10방울

도구

유리 비커
저울
주걱
핫플레이트
틴 케이스(30ml)

How to Make

1. 유리 비커를 저울에 올려놓고 스윗아몬드 오일, 해바라기씨 오일,
밀랍, 비타민E를 계량한다.

2. 핫플레이트에서 밀랍이 다 녹을 때까지 가열하면서 저어준다.

3. 잘 저어준 후 3%로즈호호바오일 에센셜 오일을 넣고 다시 혼합한다.

4. 미리 소독한 용기에 담고 굳은 다음 사용한다.

스윗아몬드 오일은 미네랄, 비타민A 등이 다량 함유된 오일입니다. 장미, 샌달우드, 라벤더, 제라늄, 네롤리 등의 에센셜 오일과 혼합하면 아이들의 피부 보습용으로 사용할 수 있어요. 아기 마사지, 복부 마사지, 피부 가려움 진정을 위해 사용하거나 건성, 노화, 민감성 피부의 보습에도 좋은 오일입니다.

해바라기씨 오일은 토코페롤(비타민E)이 듬뿍 들어있는 오일인데, 특히 리놀레인산과 필수 지방산, 세포의 구성 성분인 레시틴을 함유하고 있어서 피지를 조절하는 작용을 합니다. 피부 진정과 항산화 작용으로 노화 방지에도 뛰어난 오일입니다.

피부를 위한 만병통치약 코코넛 오일을 넣은

코코넛 립밤

야자나무의 열매인 코코넛에서 추출한 코코넛 오일이
건강, 다이어트, 피부, 모발을 위한 최고의 재료로 인정받으면서 인기를 끌고 있어요.
흡수가 빠른 코코넛 오일은 피부에 영양분과 수분을 공급해주고, 특히 입술 보습에도 효과적입니다.
달콤한 코코넛 향기가 나는 립밤은 아이들이 좋아하는 아이템입니다.

난이도	●●○
피부 타입	건조한 입술
효능	보호, 보습
보관	실온
사용기간	3~6개월

재료(30g)

엑스트라버진코코넛 오일 15g
해바라기씨 오일 5g
밀랍(비정제) 8g
비타민E 2g

도구

유리 비커
저울
주걱
핫플레이트
틴 케이스(30ml)

How to Make

1. 유리 비커를 저울에 올려놓고 엑스트라버진코코넛 오일,
해바라기씨 오일, 밀랍, 비타민E를 계량한다.

2. 핫플레이트에서 밀랍이 다 녹을 때까지 가열하면서 잘 저어준다.

3. 미리 소독한 용기에 담고 굳은 다음 사용한다.

코코넛 오일은 피부 노화 방지, 햇빛 노출에 의한 피부 트러블 감소, 두피의 비듬 완화, 탈모
방지 효과도 있어서 '만병통치약'으로 불리고 있습니다. 메이크업을 지울 때나 마사지, 피부
및 입술 보습에 사용할 수 있고, 항균 효과가 있어 벌레에 물렸을 때 바르거나 방충 및 탈취
용으로도 활용되고 있습니다. 코코넛 오일은 라우르산(Lauric Acid)을 함유하고 있는데, 라우
르산은 인체에서 모노라우린이라는 항생 물질로 변화해서 항균 작용을 합니다. 따라서 여드
름, 액취증 등 각종 피부 관련 질환에 탁월한 효능이 있는 것으로 알려져 있습니다.

로즈 립밤

코코넛 립밤

로즈 립글로스

망고 립글로스

로즈 워터와 알로에베라 겔을 넣은 워터 타입

로즈 립글로스

외모와 화장에 많은 관심을 가지고 있는 아이들이
유해 물질이 가득한 화장품을 바르는 게 안타까워서 만들게 된 립글로스입니다.
그윽하고 깊은 로즈 향기가 특징인 로즈오또 워터,
피부를 부드럽게 해주고 수분을 공급하는 알로에베라 겔,
보습 효과가 뛰어난 호호바 오일을 함께 넣었어요.
입술에 바르면 촉촉한 윤기와 함께 은은한 빨간색이 예쁘게 표현된답니다.

난이도 ●●○

피부 타입 건조한 입술

효능 보호, 보습

보관 실온

사용기간 1~2개월

재료(30g)

로즈오또 워터 18g
알로에베라 겔 8g
워터호호바골드 오일 3g
글리세린 1g
수용성 글리세린 색소(레드) 1방울
복숭아맛 FL. O. 10방울

도구

유리 비커
저울
주걱
핫플레이트
온도계
립 튜브 용기(15ml) 2개

How to Make

1. 유리 비커를 저울에 올려놓고 로즈오또 워터, 알로에베라 겔을 계량한다.

2. 비커를 핫플레이트에 올려놓고 약 60℃ 까지 가열한다.

3. 워터호호바골드 오일, 글리세린, 수용성 글리세린 색소(레드)를 넣고 주걱으로 잘 섞는다.

4. 온도가 50~55℃ 까지 떨어지면 복숭아맛 플레이버 오일을 넣고 혼합한다.

5. 미리 소독한 용기에 담고 하루 숙성한 다음 사용한다.

로즈 워터는 피부 진정 작용이 뛰어나고 지친 피부를 활성화하는 것으로 알려져 있습니다. 그리고 거칠고 건조한 피부에 영양과 수분을 공급해 생기있는 피부로 만들어 줍니다. 민감성 피부, 건성 피부, 노화 피부 등 모든 피부 타입에 잘 맞고 스트레스 완화와 기분 전환에도 효과가 있어요.

➡ **대체 재료**
로즈오또 워터 ···→ **라벤더 워터**

FAMILY CARE

천연 오일과 버터를 넣은 촉촉한 립글로스

망고 립글로스

보습 효과가 뛰어나고 사용감이 부드러운 오일과 버터만을 모아서 만든 립글로스입니다.
피부의 광택, 습윤, 촉촉한 보습력을 가진 라놀린 버터와
비타민A, D, E를 함유하고 있는 윗점 오일을 넣어 입술을 촉촉하고 부드럽게 만들어 줄거에요.

난이도	●●○
피부 타입	건조한 입술
효능	보호, 보습
보관	실온
사용기간	2~3개월

재료(30g)

올리브에스테르 오일 10g
호호바 오일 10g
라놀린 버터 5g
윗점 오일 3g
비즈 왁스 1g
망고맛 FL. O. 10방울

도구

유리 비커
저울
주걱
핫플레이트
온도계
립 튜브 용기(15ml) 2개

How to Make

1. 유리 비커를 저울에 올려놓고 올리브에스테르 오일, 호호바 오일, 라놀린 버터, 윗점 오일, 비즈 왁스를 계량한다.

2. 비커를 핫플레이트에 올려놓고 약 60℃까지 가열한다.

3. 비즈 왁스가 완전히 녹을 때까지 잘 저어준다.

4. 온도가 50~55℃까지 떨어지면 망고맛 플래이버 오일을 넣고 혼합한다.

5. 미리 소독한 용기에 담고 하루 정도 지나 사용한다.

올리브에스테르 오일은 올리브 오일의 지방산에서 추출한 에스테르 오일입니다. 천연 에스테르 오일 중에서 가장 순하고 높은 품질을 가지고 있어요. 화장품에 넣으면 발림성을 높여주는 오일로 보습 효과도 좋아요.

라놀린 버터는 콩, 해바라기, 유채, 옥수수 등의 천연 식물에서 추출한 오일로 만든 버터입니다. 건성 트러블 피부나 손상된 피부 회복에 좋은 라놀린 버터는 특히 발꿈치나 팔꿈치의 각질 제거에 탁월한 효과가 있습니다.

화농성 염증에 효과적인 인프라신을 넣은

여드름 자운고 롤온

여드름에 좋은 천연 오일과 한약재 성분까지 넣은 롤온이에요.
피부를 진정시키고 트러블을 완화하는 녹차씨 오일, 화농성 염증에 효과가 좋은
자운고 오일을 넣고 거기다 한약재로 만든 인프라신까지 추가했어요.
인프라신은 '은교산'이라는 이름으로 알려져 있는데
피부의 염증을 완화해주는 효능을 가지고 있습니다.

난이도 ◐◐◯
피부 타입 여드름
효능 살균, 항균, 여드름 완화
보관 실온
사용기간 2~3개월

재료(15g)

유상층
녹차씨 오일 2g
자운고 오일 1g

수상층
티트리 워터 9g

첨가물
RMA 2방울
글리세린 1g
인프라신 1g
올리브 리퀴드 5방울

에센셜 오일
라벤더트루 E. O. 3방울
티트리 E. O. 3방울
페퍼민트 E. O. 1방울

도구

유리 비커
저울
미니 핸드블렌더
주걱
롤온 용기(7ml) 2개

How to Make

1. 비커에 녹차씨 오일과 티트리 워터, 첨가물인 RMA를 계량하여 핸드블렌더로 완전히 섞는다.

2. 점도가 생기면 유상층의 자운고 오일과 올리브 리퀴드, 에센셜 오일(라벤더트루, 티트리, 페퍼민트)을 넣어서 섞는다. 자운고 오일을 나중에 섞는 이유는 처음에 넣게 되면 점도가 풀리기 때문이다.

3. 마지막으로 글리세린과 인프라신을 넣고 주걱으로 잘 섞는다.

4. 미리 소독한 용기에 담아서 사용한다.

How to Use

여드름을 짠 부분이나 흉터가 생기려고 하는 부분에 조금씩 바르세요.

RMA는 가열 과정없이 쉽게 크림이나 로션을 만들 수 있게 해주는 재료입니다. 상온에서 유상층, 수상층에 섞으면 유화가 일어나 점도를 낼 수 있기 때문에 크림, 로션을 쉽게 만들 수 있어요.

인프라신은 한약재로 만든 액상 재료로 '은교산'이라는 이름으로 알려져 있습니다. 화농성 염증, 피부염을 억제하기 때문에 여드름 완화에 좋은 재료인데 부작용이 거의 없다는 것이 특징입니다. 피부의 기미, 잡티, 잔주름을 막아주기 때문에 피부 톤 개선에도 효과가 있습니다.

휴대가 가능한 롤온 타입의 여드름 완화 스팟

여드름 스팟

얼굴에 난 여드름도 고민이지만 볼, 턱, 등, 가슴에 발갛게 자리잡은 여드름도 굉장히 신경쓰이죠.
여드름은 피지 과다 분비와 각질로 인해 모공이 막히면서 생기는데,
여러 군데에 여드름이 생기는 것은 나이에 따라 피지샘이 발달하는 부분이 다르기 때문입니다.
여드름이나 트러블이 생긴 곳만 톡톡 두드려서 진정시켜주는 롤온 타입의 스팟을 만들어 보겠습니다.

난이도 ◐○○	
피부 타입	여드름, 트러블
효능	여드름 · 트러블 완화
보관	실온
사용기간	2~3개월

재료(30g)

호호바 오일 28g
비타민E 1g
티트리 E. O. 7방울
라벤더트루 E. O. 5방울

도구

유리 비커
저울
주걱
롤온 용기(10ml) 3개

How to Make

1. 유리 비커를 저울에 올려놓고 모든 재료를 차례대로 넣으면서 주걱으로 저어준다.

2. 미리 소독한 용기에 담고 하루 숙성한 다음 사용한다.

How to Use

사춘기에는 이마, 코 등 T존 부위에 여드름이 나지만 성인이 되면 가슴과 등에도 여드름이 날 수 있습니다. 여드름을 완화하려면 피부에 자극을 주지 않는 것이 가장 중요합니다. 자극이 없는 수용성 클렌저를 사용하고, 흉터가 남기 때문에 손으로 짜는 것은 금물입니다. 불규칙한 식생활, 수면 부족, 스트레스는 여드름을 악화시키기 때문에 생활 습관을 바꾸는 것이 중요해요.

티트리 에센셜 오일은 염증성 여드름을 진정시키는데 뛰어난 효과가 있습니다. 여러 가지 연구를 통해 세균, 바이러스, 곰팡이균 등에 대한 항균성, 항진균성이 입증되었어요.

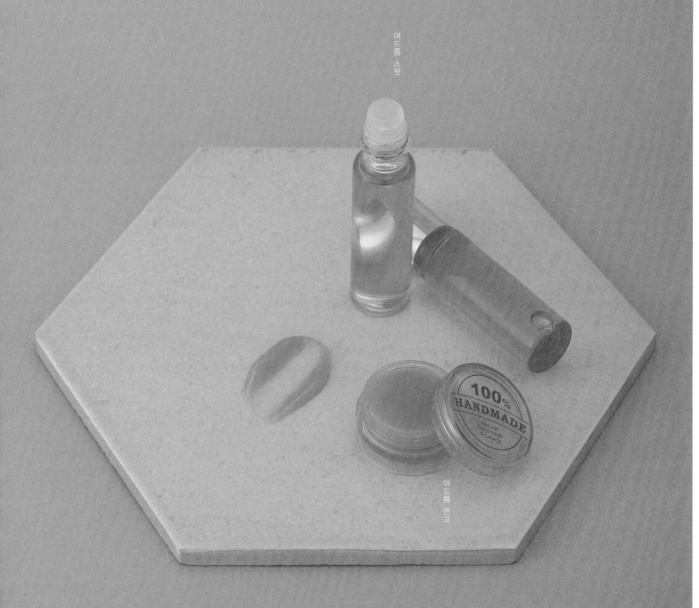

여드름 스팟

100%
HANDMADE
Natural
Handmade
Products

여드름 연고

염증성 질환인 여드름의 진정과 보습까지

여드름 연고

외모에 한창 신경 쓸 나이지만 여드름이 나서 고민인 아이들을 위한 연고입니다.
여드름의 원인은 복합적인데 피지선의 분비가 왕성해져서 모낭이 막히면
딱딱한 피지가 생기게 됩니다. 그리고 화장품의 자극적인 성분이 원인일 가능성도 있습니다.
여드름이 난 피부는 대부분 건조하고 예민하기 때문에 보습 관리도 잊지 마세요.

난이도	●○○
피부 타입	여드름, 트러블
효능	여드름 · 트러블 완화
보관	실온
사용기간	3~6개월

재료(30g)

호호바 오일 10g
카렌듈라 인퓨즈드 오일 10g
헤이즐넛 오일 5g
비즈 왁스 3g
비타민E 1g
티트리 E. O. 5방울
라벤더트루 E. O. 4방울
프랑킨센스 E. O. 3방울

도구

유리 비커
저울
유리 막대
롤링 바 용기(15ml) 2개

How to Make

1. 유리 비커를 저울에 올려놓고 호호바 오일, 카렌듈라 인퓨즈드 오일, 헤이즐넛 오일, 비즈 왁스, 비타민E를 계량한다.

2. 비커를 핫플레이트에 올려 비즈 왁스가 녹을 때까지 유리 막대로 저어준다.

3. 에센셜 오일(티트리, 라벤더트루, 프랑킨센스)을 넣고 저어준다.

4. 50~55℃ 이하가 되면 소독한 용기에 담고 굳힌 다음 사용한다.

헤이즐넛 오일은 개암나무 열매를 냉압착하여 추출한 것으로 피부에 촉촉하게 잘 스며들어 보습 효과가 뛰어나고, 올레인산이 풍부한 오일입니다. 견과류 알레르기가 있는 경우에는 꼭 패치 테스트를 한 다음 사용하세요. 손목 등 피부 안쪽에 오일을 떨어뜨린 다음 48시간 동안 피부에 어떤 변화가 있는지 확인하면 됩니다.

인퓨즈드 오일이란 대두, 올리브 오일 등 식물성 천연 오일에 드라이 허브를 우려내 3개월 이상 숙성한 고농축 오일입니다. 크림, 로션, 립밤, 연고, 마사지 오일, 비누 등 다양한 제품에 사용할 수 있어요.

카렌듈라 인퓨즈드 오일은 카렌듈라 꽃잎을 대두 오일에 인퓨즈드한 것으로 민감성 피부를 진정해 주는 효과가 있어요. 카렌듈라는 피부 트러블, 상처 치유, 항염, 수렴 작용이 뛰어나 여드름 진정에도 좋은 약용 허브입니다.

성인용 여드름 연고가 필요하다면 티트리 에센셜 오일을 유칼립투스 에센셜 오일로 바꿔주면 됩니다.

아기와 어린 아이를 위한 버물리 연고

안티버그 자운고 연고

'버물리 연고' 라고도 부르는 자운고 연고입니다.
모기 물린 곳에 바르면 가려움증이 빨리 가라앉고,
아토피 피부나 건조해서 가려움을 느끼는 피부에도 효과가 있어요.
아이가 모기 물린 곳을 긁어서 덧나지 않도록 손톱을 짧게 깎아주거나,
모기 물린 부분에 밴드를 붙여 주는 것이 좋습니다.

난이도	◐◐◐◯
피부 타입	유아
효능	가려움 · 트러블 완화
보관	실온
사용기간	3~6개월

재료(30g)

자운고 오일 16g
달맞이꽃 오일 5g
시어 버터 3g
밀랍 5g
비타민E 1g
라벤더트루 E. O. 4방울
캐모마일저먼 E. O. 2방울
티트리 E. O. 1방울

도구

유리 비커 1개
저울
주걱
핫플레이트
온도계
틴 케이스(30ml)

How to Make

1. 유리 비커를 저울에 올려놓고 자운고 오일, 달맞이꽃 오일, 시어 버터, 밀랍을 계량한다.

2. 비커를 핫플레이트에 올리고 약 65~70℃ 정도가 될 때까지 가열하면서 저어준다.

3. 오일과 밀랍이 완전히 녹으면 약 60℃ 가 될 때까지 식힌다.

4. 비타민E, 라벤더트루, 캐모마일저먼, 티트리 에센셜 오일을 넣고 섞는다.

5. 미리 소독한 용기에 담고 굳힌 다음 하루 정도 숙성해 사용한다.

How to Use

민감한 피부에 닿으면 자극적일 수 있으니 주의하고, 눈에 들어갔을 경우 바로 물로 씻어내세요.

자운고 오일은 천연 오일에 12가지 한약재를 넣어 피부에 좋은 성분을 우려낸 것으로 항균, 상처 소독, 가려움증 완화에 효과가 좋아서 가정 상비약으로 알려져 있어요. 피부에 좋은 자운고 오일에 캐모마일저먼, 티트리 에센셜 오일을 넣어 피부 진정, 가려움증 완화의 효능을 가지고 있는 연고입니다.

성인용 안티버그 자운고 연고를 만들려면 라벤더트루 E. O. 15방울, 캐모마일저먼 E. O. 8방울, 티트리 E. O. 6방울로 에센셜 오일만 바꿔서 넣으세요.

방충, 피부 진정 효과가 있는 천연 오일

안티버그 오일

모기나 해충을 막아주고, 모기 물린 곳에 바르면 빠르게 스며들어
가려움을 가라앉혀주는 오일 타입입니다. 연고보다 피부 진정 효과가 빠르다는 장점이 있어요.
캐모마일저먼 에센셜 오일은 가려움을 가라앉히는 항히스타민 효과가 있고,
티트리 에센셜 오일은 항균 효과가 있어 상처가 덧나지 않게 해줍니다.

난이도 ●○○
피부 타입 모든 피부
효능 가려움 진정
보관 실온
사용기간 2~3개월

재료(20g)

카렌듈라 오일 14g
달맞이꽃 오일 5g
비타민E 1g
라벤더트루 E. O. 6방울
캐모마일저먼 E. O. 2방울
티트리 E. O. 4방울

도구

유리 비커
저울
주걱
롤온 용기(10ml) 2개

How to Make

1. 유리 비커를 저울에 올려놓고 카렌듈라 오일, 달맞이꽃 오일,
비타민E를 계량해서 섞는다.

2. 라벤더트루, 캐모마일저먼, 티트리 에센셜 오일을 넣고 잘 저어준다.

3. 미리 소독해 둔 용기에 담고 흔들어서 섞는다.

How to Use

모기 물린 곳에 발라 줍니다. 안티버그 오일은 민감한 피부에 닿으면 자극적일 수 있으니 주
의하고, 눈에 들어갔을 경우 바로 물로 씻어내세요.

캐모마일저먼 에센셜 오일에 함유된 카마줄렌은 항염증, 항히스타민 효과가 뛰어난 성분입니
다. 항히스타민은 가려움을 진정시키는 효과가 있습니다. 상처가 났거나 거칠어진 피부를 빨
리 재생하려면 캐모마일저먼 에센셜 오일을 넣으면 됩니다.

안티버그 오일

안티버그 자운고 연고

모기 퇴치 스프레이

안티버그 연고

해충을 막아주고 가려움도 가라앉히는

안티버그 연고

모기는 여러 가지 질병을 옮기는데 요즘은 지카 바이러스 때문에 공포의 대상이 되었습니다.
위험하고 성가신 모기를 쫓아낼 수도 있고, 물렸을 때 가렵지 않게 해주는 연고입니다.
특히 야외에 나갈 때는 모기에 물리기 쉬운 팔, 다리 등에 발라주세요.
모기를 비롯한 여러 가지 해충을 막아주고, 가려움증을 완화해서 피부를 진정시키는 연고입니다.

난이도	●●○
피부 타입	성인용
효능	가려움 완화, 항염
보관	실온
사용기간	3~6개월

재료(30g)

호호바 오일 16g
달맞이꽃 오일 5g
시어 버터 3g
밀랍 4g
비타민E 1g
시트로넬라 E. O. 10방울
캐모마일저먼 E. O. 4방울
로즈제라늄 E. O. 5방울

도구

유리 비커
저울
주걱
핫플레이트
온도계
미니 핸드블렌더
틴 케이스(30ml)

How to Make

1. 유리 비커를 저울에 올려놓고 호호바 오일, 달맞이꽃 오일, 시어 버터,
밀랍을 차례로 계량한다.

2. 비커를 핫플레이트에 올리고 약 65~70℃ 정도로 가열하면서 저어준다.

3. 밀랍이 완전히 녹으면 50℃가 될 때까지 식힌다.

4. 비타민E, 에센셜 오일(시트로넬라, 캐모마일저먼, 로즈제라늄)을 넣고
혼합한다.

5. 미리 소독한 용기에 담고 굳으면 하루 정도 숙성한 후 사용한다.

How to Use

여러 사람과 함께 있어도 모기에 더 잘 물리는 사람이 있습니다. 주로 체온이 높고 땀을 많이
흘리는 어린 아이들이나 호르몬 분비가 활발한 여성이라고 합니다. 모기는 체온, 습도, 냄새
등에 민감하고 후각을 이용해서 피를 찾기 때문에 자주 샤워해서 땀 냄새를 없애고 체온을 낮
춰주고 향수를 뿌리는 것은 피해야 합니다. 모기에 물렸을 때 침을 바르거나 손톱으로 누르면
2차 세균 감염이 일어날 수도 있으니 조심하세요. 비누로 물린 부위를 깨끗하게 씻고 안티버
그 연고를 바르세요. 가려움이 쉽게 가라앉지 않으면 찬 수건을 대주는 것도 좋은 방법입니다.
주의사항: 민감한 피부에 닿았을 경우 자극적일 수 있습니다.

유아용 안티버그 연고
위 레시피에서 에센셜 오일만 바꿔서 넣으세요.
시트로넬라 E. O. 5방울, 캐모마일저먼 E. O. 2방울, 티트리 E. O. 2방울

➡ 대체 재료
호호바 오일 ⋯ **카렌듈라 오일**
로즈제라늄 E. O. ⋯ **라벤더트루 E. O.**

성가신 모기를 막아주는 천연 방충제
모기 퇴치 스프레이

요즘은 여름뿐만 아니라 사계절 내내 모기에 시달리는 것 같아요.
모기 때문에 잠을 설치거나 모기에 물려서 가려워하는 아이들을 보면 정말 안타까워요.
그래서 가정에서도 손쉽게 만들어 쓸 수 있는 모기 퇴치 스프레이를 만들었습니다.
직접 피부에 뿌리는 타입 등 여러 가지 레시피 중에서 선택해서 만들어 보세요.

난이도	●○○
용도	가정용
효능	방충, 면역력 증진
보관	실온
사용기간	2~6개월

재료(100g)

정제수 65g
에탄올 33g
시트로넬라 E. O. 20방울
레몬그라스 E. O. 10방울
라벤더트루 E. O. 5방울
로즈제라늄 E. O. 5방울

도구

유리 비커
저울
주걱
스프레이 용기(100ml)

How to Make

1. 유리 비커를 저울에 올려놓고 에탄올, 에센셜 오일(시트로넬라, 레몬그라스, 라벤더트루, 로즈제라늄)을 먼저 계량해서 섞는다.

2. 정제수를 계량해서 넣고 잘 저어준다.

3. 미리 소독해 둔 스프레이 용기에 담고 흔들어서 섞는다.

How to Use

민감한 피부에 닿으면 자극이 될 수 있기 때문에 조심하고, 스프레이 액이 눈에 들어갔을 경우 바로 물로 씻어내세요. 사용 전에 3~5회 강하게 흔들어서 베개나 이불 등의 침구에 2~3회 정도 뿌려주세요. 야외에서 캠핑을 할 때는 텐트 안팎이나 모기장에 3~5회 정도 뿌려주세요.

✚ 플러스 레시피

야외용 안티버그(100g)
정제수 65g, 에탄올 30g, 멀티나트로틱스 1g, 올리브 리퀴드 2g, 시트로넬라 E. O. 20방울, 라벤더트루 E. O. 5방울, 로즈제라늄 E. O. 5방울, 타임 E. O. 10방울

초강력 안티버그(100g)
정제수 25g, 에탄올 70g, 시트로넬라 E. O. 60방울, 유칼립투스 E. O. 20방울, 로즈제라늄 E. O. 20방울

피부에 분사하는 안티버그(100g)
정제수 80g, 에탄올 18g, DPG 1g , 시트로넬라 E. O. 5방울, 라벤더트루 E. O. 5방울, 티트리 E. O. 10방울

(에센셜 오일 첨가량을 늘릴수록 에탄올의 함량도 늘려주세요.)

집먼지 진드기와 해충을 막아주는

진드기 스프레이

시나몬 추출물을 넣은 진드기와 해충 퇴치 스프레이입니다.
계피라고도 하는 시나몬은 항산화 효과도 있지만
특히 살균과 항진균 효과가 뛰어나서 집먼지 진드기를 없애줍니다.
침대 매트리스나 베개와 이불 등의 침구, 카펫 등 집먼지 진드기가 많은 곳에
정기적으로 뿌려주면 됩니다. 캠핑 등 야외에 갈 때도 꼭 챙기세요.

난이도	●○○
용도	가정용
효능	방충
보관	실온
사용기간	3~6개월

재료(100g)

정제수 23g
시나몬 추출물 5g
에탄올 72g
라벤더트루 E. O. 6방울
티트리 E. O. 6방울
시나몬 E. O. 3방울

도구

유리 비커
저울
주걱
온도계
스프레이 용기(100ml)

How to Make

1. 유리 비커를 저울에 올려놓고 에탄올, 에센셜 오일(라벤더트루, 티트리,
시나몬)을 먼저 계량한 다음 주걱으로 저어준다.

2. 정제수, 시나몬 추출물을 첨가하고 잘 섞는다.

3. 미리 소독한 스프레이 용기에 담고 잘 흔들어 준다.

How to Use

사용 전에 3~5회 정도 강하게 흔들어 주세요.
민감한 피부에 닿으면 자극적일 수 있고, 눈에 들어갔을 경우 바로 물로 씻어내세요.

시나몬 오일은 시나몬 바크와 시나몬 리프 두 가지가 있는데 진드기 퇴치에는 시나몬 리프를
더 많이 활용합니다. 시나몬 리프의 경우 우리가 상상하는 계피향이 거의 나지 않는답니다. 시
나몬 리프가 없다면 시나몬 바크를 사용해도 돼요. 시나몬은 성경에도 나올만큼 역사가 오래
된 식물입니다. 시나몬 에센셜 오일은 마취, 방부, 혈액 응고, 살충, 구충 등의 효과가 있어서
동서양에서 널리 쓰였다고 해요.

라벤더트루 에센셜 오일 역시 살균, 소독, 방충 등의 효과가 있고 티트리 에센셜 오일은 항균,
항바이러스, 방충 효과를 가지고 있습니다.

✛ 플러스 레시피
시나몬 에센셜 오일 진드기 스프레이(100g)
정제수 23g, 시나몬 추출물 5g, 에탄올 70g, 시나몬 E. O. 20방울, 레몬 E. O. 20방울
초강력 진드기 스프레이(100g)
정제수 50g, 에탄올 40g, 시나몬 E. O. 60방울, 레몬 E. O. 20방울, 로즈제라늄 E. O. 20방울
(오일의 첨가량을 늘릴수록 에탄올의 함량도 늘려주세요.)

 심플 핸드 클렌저

마일드 핸드 클렌저

항균과 보습 기능까지 갖춘 손 소독제

심플 핸드 클렌저

항균 효과와 함께 피부가 건조해지지 않도록
보습 기능이 있는 알로에베라 겔을 넣은 손 소독제입니다.
간단하게 만들어서 언제 어디서나 휴대할 수 있는
심플 핸드 클렌저입니다.

난이도 ◐◯◯
피부 타입 모든 피부
효능 항균, 제균
보관 실온
사용기간 3~6개월

자극없이 부드럽게 닦아주는

마일드 핸드 클렌저

손 소독제에 함유된 에탄올이 자극적이라고 느끼는
민감성 피부에 추천합니다.
강한 살균력을 가진 티트리 워터는 피부에 바르면
상쾌한 느낌을 주고, 항균 효과가 뛰어난
니아울리 에센셜 오일은 신선하고 달콤한 향기가 특징이에요.
쉽게 만들 수 있기 때문에 가정이나 사무실에 비치해두고
자주 사용하는 습관을 가지세요.

난이도 ◐◯◯
피부 타입 민감성
효능 항균, 제균
보관 실온
사용기간 3~6개월

재료(100g)

알로에베라 겔 37g
에탄올 57g
히아루론산 5g
티트리 E. O. 25방울

도구

유리 비커
저울
주걱
에센스 용기(100ml)

How to Make

1. 유리 비커를 저울에 올려놓고 에탄올과 티트리 에센셜 오일을
계량해서 잘 섞는다.

2. 히아루론산과 알로에베라 겔을 잘 섞어준다.

3. 미리 소독한 용기에 넣고 하루 숙성 후 사용한다.

How to Use

핸드 클렌저를 적당량 덜어 손과 손가락 전체에 바르고 완전히 건조될 때까지 부드럽게 문질
러 주세요.

재료(100g)

알로에베라 겔 30g
티트리 워터 30g
에탄올 35g
글리세린 5g
라벤더트루 E. O. 5방울
니아울리 E. O. 10방울

도구

유리 비커
저울
주걱
에센스 용기(100ml)

How to Make

1. 유리 비커를 저울에 올린 다음 알로에베라 겔,에탄올과
라벤더트루, 니아울리 에센셜 오일을 계량해서 잘 섞는다.

2. 티트리 워터, 글리세린을 넣고 잘 섞어준다.

3. 미리 소독한 용기에 넣고 하루 정도 숙성 후 사용한다.

How to Use

어린아이나 민감한 피부에 잘 맞는 핸드 클렌저입니다. 에탄올 함량을 낮추고 자극이 거의 없
는 재료만 넣어서 만들었기 때문에 살균 소독은 물론 보습 기능도 뛰어난 핸드 클렌저예요.
약간 묽은 제형이기 때문에 사용할 때 흐르지 않도록 주의하세요.

➜ 대체 재료
니아울리 E. O. ⋯ **티트리 E. O.**

상쾌한 느낌을 주는 젤 타입 손 소독제

카보머프리젤 핸드 클렌저

감기, 독감을 비롯한 바이러스성 질환이 유행하거나
미세먼지, 황사가 극성을 부릴 때면 손을 자주 씻는 것이 중요합니다.
그런데 물과 비누로 손을 씻기 어려운 경우가 많기 때문에
핸드 클렌저를 꼭 휴대하는 습관을 가지는 게 좋아요.
로션처럼 손에 바르고 문지르면 세균을 99% 살균해주는 핸드 클렌저를 만들어 보겠습니다.

난이도	●○○
피부 타입	모든 피부
효능	항균, 제균
보관	실온
사용기간	2~3개월

재료(100g)

정제수 22g
카보머프리젤 11g
에탄올 65g
히아루론산 2g
티트리 E. O. 5방울
레몬 E. O. 3방울
레몬그라스 E. O. 2방울

도구

유리 비커
저울
주걱
에센스 용기(100ml)

How to Make

1. 유리 비커를 저울에 올려놓고 정제수, 카보머프리젤을 계량해서
주걱으로 섞는다.

2. 에탄올을 조금씩 첨가하면서 주걱으로 혼합한다.

3. 히아루론산을 넣고 섞은 다음, 에센셜 오일(티트리, 레몬, 레몬그라스)을
넣고 잘 섞어준다.

4. 미리 소독한 용기에 넣고 흔들어서 섞는다.

How to Use

카보머프리젤 핸드 클렌저를 몇 번 펌핑한 다음 손과 손가락 전체에 바르면서 완전히 건조될
때까지 문질러 주면 됩니다. 눈에 들어가지 않게 조심하세요.
손 씻기만 잘해도 질병의 70%를 예방할 수 있다고 합니다. 우선 비누로 충분히 거품을 내서
손가락 사이, 손등, 손톱 및, 팔목까지 꼼꼼하게 씻는 것이 좋다고 해요. 손만 깨끗하게 씻는
다고 해서 바이러스성 질환을 예방하기는 어려워요. 대중 교통을 이용하거나 화장실 변기, 문
손잡이 등을 만지고 난 뒤에는 반드시 물과 비누로 깨끗하게 씻거나 핸드 클렌저를 사용하는
것이 좋습니다. 그리고 노트북 등의 컴퓨터 키보드와 마우스, 휴대 전화 키패드, TV 리모콘
등 세균이 많은 전자 제품의 경우 휴지에 손 소독제를 묻혀서 닦아내면 됩니다.

카보머는 점증제, 에멀전 안정화제로 쓰이는 재료입니다. 카보머를 넣으면 화장품의 점도를
조절할 수 있고, 녹지 않거나 섞이기가 어려운 성분을 혼합할 수 있어요. 카보머를 젤 형태로
변화한 것이 카보머프리젤이에요.

매끄럽고 아름다운 손으로 케어해주는

올리브 핸드 크림

핸드 크림이나 립 밤은 한꺼번에 여러 개를 만들어서
책상, 차 안, 화장품 파우치 등 손에 닿는 곳 어디에나 두고 사용하는 편입니다.
여자의 나이는 손에서 알 수 있다고 하듯 늘 신경써서 보습과 관리를 해주지 않으면
금방 거칠고 메마르게 변하는 것 같아요.
두 가지 종류의 버터와 천연 오일을 듬뿍 넣은 핸드 크림입니다.

난이도	◆◆◆
피부 타입	모든 피부
효능	보습, 영양 공급
보관	실온
사용기간	1~2개월
rHLB	7.60

재료(100g)

수상층
정제수 50g

유상층
올리브 버터 10g
시어 버터 5g
해바라기씨 오일 10g
올리브 유화왁스 5.1g
GMS 1.9g

첨가물
모이스트24 10g
글리세린 5g
실크아미노산 3g

에센셜 오일
프랑킨센스 E. O. 5방울
팔마로사 E. O. 10방울

도구

유리 비커 2개
저울
주걱
핫플레이트
온도계
미니 핸드블렌더
크림 용기(100ml)

How to Make

1. 유리 비커를 저울에 올린 다음 수상층(정제수)을 계량한다.

2. 다른 비커에 유상층(올리브 버터, 시어 버터, 해바라기씨 오일, 올리브 유화왁스, GMS)을 차례대로 계량한다.

3. 2개의 비커를 핫플레이트에 올려 시어 버터가 녹을 때까지 가열한다.

4. 비커의 온도가 약 70~75℃가 되면 수상층에 유상층을 천천히 부으면서 주걱으로 잘 저어준다. 중간에 미니 핸드블렌더를 1~2회 사용해 점도가 생기도록 한다.

5. 온도가 약 50~55℃ 이하가 되면 첨가물(모이스트24, 글리세린, 실크아미노산)을 넣고 섞는다.

6. 에센셜 오일(프랑킨센스, 팔마로사)을 넣고, 약 40~45℃ 정도가 되면 미리 소독한 용기에 넣는다.

올리브 버터는 피부 침투 능력이 탁월해서 마사지 버터 등 여러 가지 스킨 케어 제품에 사용되는 재료입니다. 피부 트러블도 적어서 에센스, 크림, 로션 등의 화장품이나 립밤, 립글로스 등 보습과 윤기가 필요한 제품에 많이 사용됩니다.

건조한 손에 영양과 수분을 주는
망고 핸드 버터

환절기나 춥고 건조한 겨울에는 특히 손의 피부가 거칠어지기 마련이에요.
수분을 잃어 건조해진 피부는 자극에 민감해지고 해로운 물질이 침투하기가 쉬워진다고 합니다.
풍부한 영양을 함유하고 있고, 수분을 공급해 피부가 건조해지지 않도록
보습막을 형성하는 천연 버터를 넣었어요.

난이도	●●◌
피부 타입	모든 피부
효능	보습
보관	실온
사용기간	3~6개월

재료(30g)

망고 버터 21g
코코아 버터 3g
올리브에스테르 오일 5g
비타민E 1g
제라늄 E. O. 3방울
망고향 F. O. 3방울

도구

유리 비커
저울
주걱
핫플레이트
온도계
틴 케이스(30ml)

How to Make

1. 유리 비커를 저울에 올린 다음 망고 버터, 코코아 버터,
올리브에스테르 오일, 비타민E를 계량한다.

2. 비커를 핫플레이트에 올리고 버터가 다 녹을 때까지 가열한다.

3. 온도가 50~55℃ 가 되면 제라늄 에센셜 오일,
망고향 프래그런스 오일을 넣고 잘 섞는다.

4. 미리 소독해둔 용기에 넣는다.

How to Use

딱딱한 제형이지만 손에 바르면 체온으로 부드럽게 녹아 스며들 거예요.

망고는 비타민A와 카로틴이 많은 과일입니다. 망고 버터는 햇빛으로부터 피부를 보호하고, 건조함으로 인한 자극을 완화해준다고 해요. 특히 보습 기능이 뛰어나 극건성 피부를 위한 전신용 모이스처라이저로 사용하기에 좋은 재료입니다.

망고 핸드 버터

올리브 핸드 크림

시어버터의 보습력을 가득 담은

아쿠아 시어버터 핸드 로션

보습 효과가 뛰어난 시어버터는 자외선을 차단하는 성분과 세포 재생 효능을 가지고 있습니다.
시어버터는 주로 크림으로 사용하는데 리포좀 공법으로 만든 아쿠아 시어버터를 넣어
끈적한 느낌이 없는 산뜻한 핸드 로션을 만들었어요.
넉넉하게 만들어서 건조한 부분 어디에나 듬뿍 바르세요.

난이도 ●○○
피부 타입 모든 피부
효능 보습, 재생
보관 실온
사용기간 1~2개월

재료(50g)

정제수 30g
호호바 오일 9g
올리브 오일 3g
아쿠아 시어버터 5g
비타민E 1g
나프리 1g
RMA 0.5g
올리브 리퀴드 0.5g
라벤더트루 E. O. 5방울
일랑일랑 E. O. 1방울

도구

유리 비커
저울
주걱
미니 핸드블렌더
크림 용기(50ml)

How to Make

1. 유리 비커를 저울에 올린 다음 정제수, 호호바 오일, 올리브 오일, 아쿠아 시어버터, 비타민E, 나프리, RMA를 계량한다.

2. 핸드블렌더를 사용해 유화한다.

3. 유화가 안정되면 올리브 리퀴드, 에센셜 오일(라벤더트루, 일랑일랑)을 넣고 핸드블렌더를 한 번 더 사용해 잘 섞어준다.

4. 미리 소독한 용기에 넣는다.

아쿠아 시어버터는 시어버터 리포좀이라고도 합니다. 상온에서도 굳은 형태의 시어버터를 리포좀 공법으로 만든 원료입니다. 유화제가 없어도 물에 쉽게 분산되기 때문에 만드는 방법이 간단해지고 토너나 미스트로 만들 수도 있어요.

끈적임 없이 산뜻한 보습

서머 워터 핸드 로션

여름에는 왠지 끈적할 것 같아서 핸드 로션이나 크림을 잘 바르지 않게 되지요.
그래서 끈적임 없이 바로 흡수되는 워터처럼 가벼운 핸드 로션을 만들었어요.
실크아미노산의 여러 가지 유효 성분을 겔 형태로 만든 실크아미노산 겔을 활용해 보습력이 좋아요.
만드는 방법도 간단하니까 더운 여름에도 휴대하고 다니면서 꼭 바르세요.

난이도 ●○○
피부 타입 모든 피부
효능 보습, 피부 톤 개선
보관 실온
사용기간 1~2개월

재료(50g)

실크아미노산 겔 20g
라벤더 워터 19g
워터호호바 오일 5g
올리브 오일 1g
비타민E 1g
글리세린 3g
나프리 1g
이미지향(선택) 1~2방울

도구

유리 비커
저울
주걱
에센스 용기(50ml)

How to Make

1. 유리 비커를 저울에 올려놓고 실크아미노산 겔, 이미지향을 넣고 주걱으로 잘 섞는다.

2. 워터호호바 오일, 올리브 오일, 비타민E, 글리세린, 나프리를 차례대로 넣으면서 혼합한다.

3. 라벤더 워터를 조금씩 나눠서 부으면서 주걱으로 계속 섞는다. 미니 핸드블렌더가 없어도 잘 섞이지만 점도를 좀 더 내고 싶다면 1~2회 정도 사용한다.

4. 미리 소독한 용기에 담아서 하루 숙성한 다음 사용한다.

How to Use

손을 깨끗하게 씻은 다음 핸드 로션을 1~2회 펌핑해서 손 전체에 골고루 발라주세요. 산뜻한 사용감이 특징이라서 여름에 사용하세요.

실크아미노산은 누에고치에서 추출한 천연 아미노산의 일종입니다. 누에고치가 만들어낸 실크의 주성분은 피브로인(Fibroin)이란 단백질인데, 이 단백질에는 글라이신, 알라닌, 세린, 티로신 등 총 18가지의 아미노산이 풍부하게 함유되어 있습니다. 실크아미노산은 피부에 자극이 없고 잔주름이나 잡티 제거, 피부 산화로 인한 착색 완화, 미백 효과가 뛰어난 원료입니다.

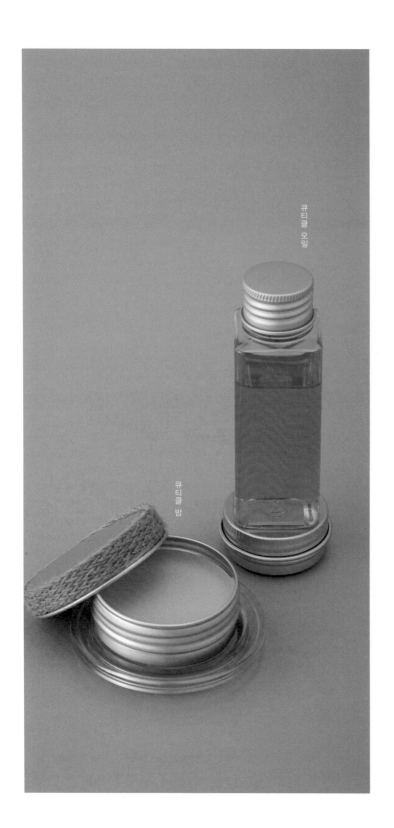

큐티클 오일

큐티클 밤

네일 케어 전후에는 큐티클 관리

큐티클 밤

움직임이 많고 늘 바쁜 손을 세심하게 케어해주세요.
그렇지 않으면 금세 건조해지면서 거칠어지고,
특히 손톱의 큐티클이 일어나서 지저분하게 보여요.
미끈거리는 오일이 불편하다면 밤 형태로 만들 수 있습니다.
휴대할 수 있어서 차를 타고 가는 등 자투리 시간이 생기거나,
네일 케어 전후에 손가락 전체에 바르면
큐티클이 부드럽고 매끈해진답니다.

> 난이도 ◐◐◯
> 피부 타입 건조한 손
> 효능 각질 연화, 보습, 보호
> 보관 실온
> 사용기간 2~3개월

셀프 네일족이라면 반드시 챙겨야할

큐티클 오일

셀프 네일 케어가 인기를 끌면서
여러 가지 네일을 직접 하는 사람들이 늘었어요.
특히 여름이면 손과 발에 예쁜 젤 네일이나 스톤을 달거나
일주일이 멀다 하고 네일 컬러를 바꾸기도 해요.
손톱이나 손의 피부에 네일 컬러가 자극을 주기 때문에
건강한 큐티클로 가꾸기 위해 큐티클 오일을 만들었습니다.

> 난이도 ◐◯◯
> 피부 타입 각질 피부
> 효능 각질 연화, 보습, 보호
> 보관 실온
> 사용기간 2~3개월

재료(30g)

유상층
스윗아몬드 오일 12g
호호바골드 오일 10g
비타민E 1g
밀랍(비정제) 7g

에센셜 오일
레몬 E. O. 8방울
네롤리 E. O. 3방울

도구

유리 비커
저울
주걱
핫플레이트
온도계
틴 케이스(30ml)

How to Make

1. 유리 비커를 저울에 올려놓고 유상층(스윗아몬드 오일, 호호바골드 오일, 비타민E, 밀랍)을 계량한다.

2. 비커를 핫플레이트에 올리고 밀랍이 다 녹을 때까지 가열하면서 저어준다.

3. 온도가 약 60℃ 이하가 되면 에센셜 오일(레몬, 네롤리)을 넣고 잘 섞는다.

4. 미리 소독한 용기에 넣는다.

스윗아몬드 오일과 호호바 오일은 피부에 빨리 흡수되고 보습력이 탁월하기 때문에 모든 피부에 잘 맞아요. 특히 오일 특유의 끈적임이 거의 없다는 것이 장점입니다.
레몬, 네롤리 에센셜 오일 블렌딩은 각질 연화, 피부 재생에 효과가 있기 때문에 손과 큐티클이 건조할 경우 큐티클 밤을 바르고 꾸준히 마사지해 주세요.

재료(30g)

살구씨 오일 13g
호호바골드 오일 10g
포도씨 오일 5g
비타민E 1g
라벤더트루 E. O. 10방울
네롤리 E. O. 5방울
제라늄 E. O. 2방울

도구

유리 비커
서울
주걱
에센스 용기(30ml)

How to Make

1. 유리 비커를 저울에 올려놓고 살구씨 오일, 호호바골드 오일, 포도씨 오일을 계량한다.

2. 비타민E, 에센셜 오일(라벤더트루, 네롤리, 제라늄)을 넣고 주걱으로 섞는다.

3. 미리 소독한 용기에 넣는다.

How to Use

큐티클 오일을 적당량 덜어서 손톱 주변에 얇게 펴서 발라주세요.

FAMILY
CARE

풋 스프레이

풋 오일

언제 어디서든 에티켓을 지킬 수 있는

풋 오일

발에 땀이 많으면 세균이 번식해서 심한 냄새가 나게 됩니다.
그래서 항균, 탈취 효능이 있는 풋 오일을 만들었어요.
버가못, 제라늄, 시더우드 에센셜 오일은
피지 밸런스를 맞춰주는 오일입니다.
땀분비 과다로 인한 악취, 염증이 생기는 발을 케어할 때
좋은 에센셜 오일이에요. 각질 연화와 피부 보습에
효과가 있는 천연 오일도 함께 넣었습니다.

> 난이도 ◐○○
> 피부 타입 땀이 많고 습한 발
> 효능 항균, 탈취, 보습
> 보관 실온
> 사용기간 2~3개월

무좀으로 가려운 발에 뿌리는 스프레이 타입

풋 스프레이

무좀은 늘 신경써서 관리하지 않으면 없어지기 어려운
질환 중 하나입니다. 가려움도 심하지만
제대로 긁을 수도 없어 난처할 때가 많아요.
그래서 휴대하면서 언제든 뿌릴 수 있는 스프레이를 만들었어요.
무좀이 있는 부분에 뿌리면 살균, 소독은 물론 항염과
재생 작용을 통해 무좀이 완화되도록 도와주는 스프레이입니다.

> 난이도 ◐○○
> 피부 타입 염증, 무좀
> 효능 무좀 개선, 청결
> 보관 실온
> 사용기간 3~6개월

재료(30g)

유상층
호호바 오일 10g
포도씨 오일 10g
올리브에스테르 오일 10g

에센셜 오일
버가못 E. O. 5방울
제라늄 E. O. 5방울
시더우드 E. O. 2방울

도구

유리 비커
저울
주걱
에센스 용기(30ml)

How to Make

1. 유리 비커를 저울에 올려놓고 유상층(호호바 오일, 포도씨 오일, 올리브에스테르 오일)을 계량한다.

2. 주걱으로 잘 섞고 에센셜 오일(버가못, 제라늄, 시더우드)을 넣고 혼합한다.

3. 미리 소독한 용기에 넣고 하루 정도 숙성한 다음 사용한다.

How to Use

발바닥, 발가락 등 발 전체에 마사지 하듯 바르세요. 발의 피로를 풀어주는 족욕 후 바르는 것도 좋은 방법입니다. 자극이 심할 수 있으니 점막 부위에는 바르지 마세요.

재료(100g)

아로메이드 베이스70 99g
티트리 E. O. 20방울
패츌리 E. O. 5방울
레몬 E. O. 5방울

도구

유리 비커
저울
주걱
스프레이 용기(100ml)

How to Make

1. 유리 비커를 저울에 올려놓고 아로메이드 베이스70을 계량한다.

2. 에센셜 오일(티트리, 패츌리, 레몬)을 넣고 잘 혼합한다.

3. 미리 소독한 용기에 넣고 하루 정도 숙성한 다음 사용한다.

How to Use

무좀이 심한 부분이나 가려움을 느끼는 곳에 직접 스프레이 해주세요. 항균 효과가 있는 티트리 에센셜 오일을 활용한 족욕도 무좀 완화에 도움이 됩니다. 적당한 온도의 물에 티트리 에센셜 오일을 2방울 정도 넣고 약 30분 정도 족욕을 하세요. 히말라야 솔트 3~5g을 넣는 것도 좋은 방법입니다. 그리고 신발에도 티트리 에센셜 오일을 1~2방울 정도 뿌려주세요.

✚ 플러스 레시피
무좀 연고(30g)
유상층(호호바 오일 17g, 동백 오일 5g, 시어 버터 3g, 밀랍 3g), 첨가물(비타민E 1g), 에센셜 오일(티트리 E. O. 20방울, 패츌리 E. O. 5방울, 캐모마일저먼 E. O. 3방울)을 가열한 다음 용기에 넣어 굳힌 다음 사용합니다.

갈라지고 아픈 뒷꿈치에 바르는

풋 밤

발뒤꿈치, 팔꿈치, 복숭아뼈는 피지선이 발달하지 않아서
쉽게 건조해지고 각질이 굳어지는 부분입니다.
특히 겨울에는 관리가 소홀해지면서 각질이 갈라지고 굳은살이 생기기 쉬워요.
건조하다 못해 갈라지고 아픈 부분 어디에나 바를 수 있는 풋 밤입니다.

난이도	◗◗◊
피부 타입	갈라진 뒤꿈치, 건조한 발
효능	보습
보관	실온
사용기간	3~6개월

재료(35g)

유상층
라놀린 버터 6g
시어 버터 15g
호호바 오일 7g
밀랍 5g

첨가물
비타민E 2g

에센셜 오일
패츌리 E. O. 3방울

도구

유리 비커
저울
주걱
핫플레이트
온도계
틴 케이스(50ml)

How to Make

1.   유리 비커를 저울에 올려놓고 유상층(라놀린 버터, 시어 버터, 호호바 오일, 밀랍)을 계량한다.

2.   비커를 핫플레이트에 올리고 밀랍이 다 녹을 때까지 저으면서 가열한다.

3.   온도가 약 60℃가 되면 비타민E, 패츌리 에센셜 오일을 넣고 잘 섞는다.

4.   미리 소독한 용기에 넣고 1~2일 정도 숙성한 다음 사용한다.

How to Use

잠자리에 들기 전 발뒤꿈치에 풋 밤을 듬뿍 바른 다음 양말을 신고 자면 됩니다. 아침에 일어나면 딱딱하고 갈라져있던 뒷꿈치가 부드러워진 것을 느낄 수 있어요. 발뒷꿈치의 각질이 갈라져서 아플 정도로 심하다면, 따뜻한 물에 발을 10분 정도 담가 부드럽게 해준·다음 각질제거기를 이용해서 각질을 제거하고 나서 바르세요.

➔ **대체 재료**
호호바 오일 ⋯ **스윗아몬드 오일**
밀랍 ⋯ **비정제 밀랍**

부드럽고 매끄러운 발을 위한

풋 크림

발이 건조해서 각질이 생기거나 발뒤꿈치가 갈라지면 여러 가지가 신경이 쓰인답니다.
여름엔 샌들을 신기가 망설여지고, 겨울엔 스타킹을 신다가 올이 나간 적도 있어요.
그럴 때마다 생각나는 것이 오일리한 크림 타입의 풋 크림입니다.
부드러운 텍스처의 풋 크림을 발 전체에 듬뿍 바르면서 마사지 해주세요.
그리고 양말을 신고 자면 이튿날 놀랄만큼 부드럽고 매끄럽게 바뀐답니다.

난이도 ◆◆◆
피부 타입 거칠고 갈라진 발
효능 보습
보관 실온
사용기간 1~2개월

재료(100g)

수상층
로즈마리 워터 38g
글리세린 5g
AHA 추출물 5g

유상층
호호바 오일 10g
시어 버터 15g
라놀린 버터 5g
올리브 유화왁스 2g
밀랍(비정제) 2g

첨가물
알로에베라 겔 15g
디메치콘 2g

에센셜 오일
3%로즈호호바오일 E. O. 15방울
로즈마리 E. O. 5방울

도구

유리 비커 2개
저울
주걱
핫플레이트
온도계
미니 핸드블렌더
크림 용기(100ml)

How to Make

1. 유리 비커를 저울에 올린 다음 수상층(로즈마리 워터, 글리세린,
    AHA 추출물)을 차례대로 계량한다.

2. 다른 비커에 유상층(호호바 오일, 시어 버터, 라놀린 버터, 올리브 유화왁스,
    밀랍)을 차례대로 계량한다.

3. 2개의 비커를 핫플레이트에 올려 약 70~75℃ 까지 가열한다.

4. 2개 비커의 온도가 약 70~75℃ 가 되면 수상층에 유상층을 천천히
    부으면서 주걱으로 잘 저어준다. 중간에 미니 핸드블렌더를 1~2회
    사용해 점도가 생기도록 한다.

5. 온도가 약 50~55℃ 이하가 되면 첨가물(알로에베라 겔, 디메치콘)을 넣고
    주걱으로 저어준다.

6. 에센셜 오일(3%로즈호호바오일, 로즈마리)을 넣고, 약 40~45℃ 정도가
    되면 미리 소독한 용기에 넣는다.

7. 하루 정도 숙성한 다음 사용한다.

How to Use

오일리한 느낌의 풋 크림이에요. 번들거리는 느낌을 좋아하지 않는다면, 알로에베라 겔을 약
2배 정도 늘려서 넣으세요.

FAMILY
CARE

상처나 흉터가 생긴 피부의 재생을 돕는

에뮤 재생 밤

아이들이 놀다가 다쳐서 흉터가 생긴 것을 보면 마음이 아플 때가 많아요.
그래서 피부의 재생을 도와주는 재생 밤을 만들었어요.
에뮤 오일은 에뮤의 지방을 정제한 천연 오일인데,
재생 효과가 탁월해서 타박상이나 화상 등의 치유에 사용합니다.
휴대할 수 있는 밤 타입이라 언제든 상처가 난 곳에 바를 수 있어요.

난이도	◆◆◇
피부 타입	흉터, 악건성
효능	보습, 재생
보관	실온
사용기간	3~6개월

재료(50g)

유상층
에뮤 오일 40g
시어 버터 5g
밀랍 3g

첨가물
비타민E 1g

에센셜 오일
프랑킨센스 E. O. 5방울
로즈 E. O. 3방울
라벤더트루 E. O. 10방울

도구

유리 비커
저울
주걱
핫플레이트
온도계
틴 케이스(50ml)

How to Make

1. 유리 비커를 저울에 올려놓고 유상층(에뮤 오일, 시어 버터, 밀랍)을 계량한다.

2. 비커를 핫플레이트에 올려놓고 완전히 녹을 때까지 약 65~70℃ 정도로 가열한다.

3. 핫플레이트에서 내려 약 60℃ 가 되면 비타민E, 에센셜 오일(프랑킨센스, 로즈, 라벤더트루)을 넣고 저어준다.

4. 미리 소독한 용기에 담고 하루 정도 숙성한 다음 사용한다.

에뮤 오일은 수천년 전부터 호주 원주민들이 사용한 재료입니다. 타박상부터 화상까지 폭넓게 사용되었는데, 특히 피부 재생 효과가 크기 때문입니다. 버터처럼 오일리한 타입이라 미끈거리는 느낌을 좋아하지 않거나, 지성 피부라면 에뮤 밤을 정제수와 1:1로 섞어서 바르세요.

햇빛에 화상을 입은 피부를 진정시키는

선번 밤

일광 화상이라고 불리는 선번^{Sun Burn}은 뜨거운 햇빛 때문에 피부가 화상을 입은 것을 말해요.
피부가 붉게 변하면서 통증, 가려움, 화끈함을 느끼는데,
심하면 물집이 생기면서 얼굴과 몸이 붓고 열이 나기도 합니다.
피부를 진정시키는 스윗아몬드 오일, 화상 치유 효능이 있는 로즈힙 오일을 넣어
일광 화상을 완화해주는 밤입니다.

난이도	◐◐◯
피부 타입	일광 화상 피부
효능	진정, 염증 완화
보관	실온
사용기간	3~6개월

재료(50g)

유상층
스윗아몬드 오일 16g
로즈힙 오일 10g
에뮤 오일 12g
밀랍(정제) 5g
칸데릴라 왁스 3g

첨가물
D-판테놀 1g
자몽씨 추출물 2g

에센셜 오일
캐모마일로먼 E. O. 5방울
티트리 E. O. 20방울

도구

유리 비커
저울
주걱
핫플레이트
온도계
틴 케이스(50ml)

How to Make

1. 유리 비커를 저울에 올려놓고 유상층(스윗아몬드 오일, 로즈힙 오일,
에뮤 오일, 밀랍, 칸데릴라 왁스)을 계량한다.

2. 비커를 핫플레이트에 올려놓고 완전히 녹을 때까지
약 65~70℃ 정도로 가열한다.

3. 핫플레이트에서 내려 약 60℃가 되면 첨가물(D-판테놀, 자몽씨 추출물),
에센셜 오일(캐모마일로먼, 티트리)을 넣고 저어준다.

4. 미리 소독한 용기에 담고 하루 정도 숙성한 다음 사용한다.

How to Use

티트리 에센셜 오일의 살균 소독 효과에 에뮤 오일의 재생 효과를 더한 연고입니다. 가벼운
일광 화상이라면 초기에 선번 연고만 발라도 흉터가 생기지 않고 잘 아물게 됩니다. 일광 화
상을 입은 피부나 그을린 곳에 얇게 펴바르세요. 자극적일 수 있으니 눈에 들어가지 않도록
주의하세요. 일광 화상을 입었다면 우선 찬 물이나 찬 수건으로 찜질을 해서 진정시켜 주세요.
물집이 생겼다면 2차 감염이 되지 않도록 절대 터트리지 말아야 합니다. 일광 화상을 입지 않
으려면 햇빛이 강한 여름에는 오전 11시~3시까지는 야외 활동을 하지 않는 것이 좋다고 해
요. 그리고 언제 어디서든 자외선 차단제를 듬뿍 바르고, 땀이나 야외 활동으로 지워지기 때문
에 수시로 덧발라야 합니다.

➡ 대체 재료
칸데릴라 왁스 ··· **밀랍(정제)**
자몽씨 추출물 ··· **비타민E**

코막힘과 코의 염증을 완화해주는

코막힘 밤

알레르기 비염이나 감기, 축농증 때문에 코가 막히면 집중력이 떨어지고
두통이 생길 때도 있어요. 잠을 자도 개운하지 않고 늘 몽롱한 상태가 된답니다.
유칼립투스는 기관지와 감기에 효과적인 에센셜 오일입니다.
코가 막히는 증상이 있을 때 활용하면 염증을 완화하고
기관지를 튼튼하게 해주기 때문에 유용하지요.

난이도 ●●○
피부 타입 비염, 축농증
효능 비염 완화
보관 실온
사용기간 3~6개월

재료(30g)

유상층
호호바 오일 16g
동백 오일 5g
시어 버터 3g
밀랍 5g

첨가물
비타민E 1g

에센셜 오일
유칼립투스 E. O. 3방울
라벤더트루 E. O. 2방울
티트리 E. O. 1방울
니아울리 E. O. 1방울

도구

유리 비커
저울
주걱
핫플레이트
온도계
롤링 바 용기(15ml) 2개

How to Make

1. 유리 비커를 저울에 올려놓고 유상층(호호바 오일, 동백 오일, 시어 버터, 밀랍)을 계량한다.

2. 비커를 핫플레이트에 올리고 65~70℃ 정도가 될 때까지 가열한다.

3. 밀랍이 완전히 녹으면 핫플레이트에서 내린다.

4. 약 60℃가 되면 비타민E, 에센셜 오일(유칼립투스, 라벤더트루, 티트리, 니아울리)를 넣고 섞는다.

5. 미리 소독한 용기에 넣고 굳힌 다음 하루 정도 숙성해서 사용한다.

How to Use

코 주변을 마사지하듯 발라주세요. 민감한 피부라면 자극적일 수 있으니 주의하고, 눈에 들어 갔을 경우 바로 물로 씻어내시기 바랍니다.

유칼립투스 에센셜 오일에는 염증을 완화하고 기관지를 튼튼하게 해주는 효능이 있어요. 그리 고 살균, 소독 및 항염 작용과 재생 작용을 통해 피부의 염증 부위를 완화합니다.

니아울리 에센셜 오일은 항박테리아 효능과 진통 효과가 있어요. 기침, 류머티즘, 신경통 치료 에 이용하고, 치약이나 구강 스프레이 성분으로도 많이 사용해요.

FAMILY
CARE

P.A.R.T. 5

TRENDY CARE

HOT ITEM. 11

최근 천연 화장품 메이커들 사이에서 인기를 누렸던
11가지 원료를 활용한 집중 케어 레시피!
초보자를 위한 초간단 레시피도 포함되어 있으니
가벼운 마음으로 트렌디 케어에 도전해보세요.

최근 인기를 얻고 있는 천연 화장품 재료는
기능이 뚜렷한 한 가지 재료에 시판 혹은 자신이 사용하던 화장품을 섞어서
효능을 보강할 수 있는 것이 많습니다.
만드는 번거로움은 줄이고 효과는 높이는 장점이 있지요.

HOT ITEM.1
코코넛 오일

219   코코넛 크림
220   코코넛 만능 크림
221   코코넛 밤
222   코코넛 버터 크림
223   코코넛 헤어 팩

HOT ITEM.2
코엔자임

225   코엔자임 리프팅 스팟
226   코엔자임 아이 워터 팩
227   코엔자임 워터 세럼

HOT ITEM.3
콜라겐

229   마린콜라겐 탄력 에센스
230   마린콜라겐 보습 에센스
231   마린콜라겐 세럼

HOT ITEM.4
히아루론산

233   초간단 히아루론산 크림
233   히아루론산 진정 워터
234   히아루론산 세럼
235   히아루론산 스크럽

HOT ITEM.5
식물성 플라센터

237   초간단 식물성 플라센터 스킨
237   식물성 플라센터 재생 스킨
238   식물성 플라센터 브라이트닝 스킨
239   식물성 플라센터 재생 크림

HOT ITEM.6
브로콜리 추출물

241   초간단 브로콜리 솔트 미온수
241   브로콜리 항산화 미스트
242   브로콜리 톤업 스팟
243   브로콜리 크림

HOT ITEM.7
시어버터

245   초간단 시어버터 고보습 크림
245   시어버터 습진 케어 크림
246   시어버터 핸드 로션

HOT ITEM.8
알로에베라 겔

249   초간단 알로에 수분 크림
249   초간단 피부 타입별 맞춤 수분 크림
249   초간단 알로에 풋 팩
250   알로에 한방 크림

HOT ITEM.9
락토바실러스 발효여과물

252   초간단 락토바실러스 발효여과물 세럼
252   초간단 락토바실러스 발효여과물 보습 에센스
252   초간단 팔꿈치, 발꿈치 톤업 팩
253   락토바실러스 발효여과물 스킨

HOT ITEM.10
과일산

255   초간단 과일산 코 스크럽
255   초간단 과일산 풋 스크럽
256   과일산 클렌징 스킨

HOT ITEM.11
유기농 로즈힙 오일

258   초간단 유기농 로즈힙 페이스 오일
258   초간단 유기농 로즈힙 보디 워터
259   유기농 로즈힙 오일 세럼

HOT ITEM. 1

코코넛 오일

모유 성분인 라우르산을 다량 함유하고 있는 코코넛 오일은 보습의 절대 강자라고 할 수 있습니다.
또한 코코넛 오일에 함유되어 있는 비타민E는 항산화에 효과적이며,
카프릴산은 피부 트러블 방지와 함께 완화 및 개선에 도움이 되는 성분입니다.
면역력 부족으로 생기는 피부 질환 방지에 효과가 있으며 피부에 불순물이 침투하는 것을 막아줍니다.

다용도 보습 케어

코코넛 크림

강력한 보습력으로 극심한 건조나 지친 피부에 도움이 됩니다.
자기 전에 나이트 크림 대용으로 발라도 좋으며
겨울철에는 바디 로션과 1:1 비율로 혼합하여 사용하면 피부 각질이 생기지 않아요.

난이도 ◆◆◇

피부 타입 모든 피부

효능 보습, 진정, 항산화

보관 실온

사용기간 2~3개월

rHLB 8

재료(100g)

수상층
정제수 69g

유상층
엑스트라버진코코넛 오일 20g
올리브 유화왁스 5g

첨가물
글리세린 5g
나프리 1g

도구

유리 비커 2개
저울
주걱
핫플레이트
온도계
미니 핸드블렌더
크림 용기(100ml)

How to Make

1. 유리 비커를 저울에 올리고 수상층(정제수)을 계량한다.

2. 다른 유리비커를 저울에 올리고 유상층(엑스트라버진코코넛 오일,
올리브 유화왁스)을 계량한다.

3. 비커 2개를 핫플레이트에 같이 올린 다음, 약 70~75℃가 될 때까지
온도계로 체크하면서 가열한다.
수상층이 유상층보다 온도가 천천히 올라가기 때문에 먼저 가열하고,
유상층은 중간중간 저어주면 왁스가 더 잘 녹는다.

4. 수상층 비커에 유상층 비커를 천천히 부으면서 미니 핸드블렌더로
3~5초씩 끊어서 3회 정도 돌려서 혼합한다.

5. 주걱을 이용해 한 방향으로 꾸준히 저어준다.
유화가 잘 안되면 미니 핸드블렌더로 한번 더 혼합한다.
단, 블렌더를 과용하면 기포가 생길 수 있으니 주의한다.
기포가 생기면 주걱으로 저어 기포를 제거한다.

6. 유화가 안정되면 첨가물(글리세린, 나프리)을 차례대로 넣으면서 섞는다.

7. 미리 소독한 크림 용기에 넣는다.

How to Use

스킨 케어 마지막 단계에 부드럽게 펴 바르세요.

빠른 수분 공급이 필요할 때

코코넛 만능 크림

보습력이 뛰어나 피부 진정과 재생에 도움이 되며
꾸준히 바르면 피부 노화 방지, 주름 개선 효과가 있습니다.
기능성 원료인 세라마이드를 넣어 얼굴 외에 신체 어디에든 발라도 좋은 멀티 크림입니다.

난이도	◆◆◇
피부 타입	모든 피부
효능	보습, 진정, 재생
보관	실온
사용기간	2~3개월
rHLB	8

재료(100g)

수상층
라벤더 워터 66g

유상층
엑스트라버진코코넛 오일 20g
올리브 유화왁스 5g

첨가물
세라마이드(유상용) 3g
글리세린 3g
히아루론산 2g
나프리 1g

도구

유리 비커 2개
저울
주걱
핫플레이트
온도계
미니 핸드블렌더
크림 용기(100ml)

How to Make

1. 유리 비커를 저울에 올리고 수상층(라벤더 워터)을 계량한다.

2. 다른 유리비커를 저울에 올리고 유상층(엑스트라버진코코넛 오일,
올리브 유화왁스)을 계량한다.

3. 비커 2개를 핫플레이트에 같이 올린 다음, 약 70~75℃ 가 될 때까지
온도계로 체크하면서 가열한다.
수상층이 유상층보다 온도가 천천히 올라가기 때문에 먼저 가열하고,
유상층은 중간중간 저어주면 왁스가 더 잘 녹는다.

4. 수상층 비커에 유상층 비커를 천천히 부으면서 미니 핸드블렌더로
3~5초씩 끊어서 3회 정도 돌려서 혼합한다.

5. 주걱을 이용해 한 방향으로 꾸준히 저어준다.
유화가 잘 안되면 미니 핸드블렌더로 한번 더 혼합한다.
단, 블렌더를 과용하면 기포가 생길 수 있으니 주의한다.
기포가 생기면 주걱으로 저어 기포를 제거한다.

6. 유화가 안정되면 첨가물(세라마이드, 글리세린, 히아루론산, 나프리)을
차례대로 넣으면서 섞는다.

7. 미리 소독한 크림 용기에 넣는다.

How to Use

스킨 케어 마지막 단계에 부드럽게 펴 바르세요.

→ **대체 재료**
라벤더 워터 ···→ **티트리 워터**

보습을 통한 각질 완화

코코넛 밤

팔꿈치, 발꿈치 등 관리가 힘든 부위에 바르면 보습과 각질 완화 효과를 빠르게 볼 수 있는 밤이에요.
이 외에도 각질이 심하게 일어나거나 건조함이 느껴지는 부위에 꾸준하게 발라 마사지하면
촉촉한 피부 관리에 도움이 됩니다.

난이도 ◆◆◇
피부 타입 모든 피부
효능 보습, 각질 제거
보관 실온
사용기간 2~3개월
rHLB 7.6

재료(30g)

유상층
엑스트라버진코코넛 오일 15g
살구씨오일 10g

첨가물
세라마이드(유상용) 1g
비타민E 1g
비즈 왁스(정제) 3g

도구

유리 비커 1개
저울
주걱
전자레인지
크림 용기(50ml)

How to Make

1. 유리비커에 유상층(엑스트라버진코코넛 오일, 살구씨 오일)과
첨가물(세라마이드, 비타민E, 비즈 왁스)을 계량한다.

2. 비커를 핫플레이트에 올려 비즈 왁스가 녹을 때까지 가열한다.

3. 미리 소독한 용기에 넣는다.

How to Use

팔꿈치, 발꿈치 등 심하게 건조하고 각질이 심한 부위에 발라줍니다.
잠자기 전에 바르면 더 효과적입니다.

TRENDY
CARE

04. BUTTER CREAM

건조한 피부에 필수

코코넛 버터 크림

강력한 보습력으로 피부 진정과 재생에 도움을 주며
거칠어지고 건조해진 피부에 수시로 덧바르면
촉촉함과 부드러움을 선사해주는 버터 형태의 크림입니다.

난이도 ◐◐◑

피부 타입 건성, 트러블 피부

효능 고보습, 진정

보관 실온

사용기간 3~4개월

rHLB 7.6

재료(100g)

유상층
엑스트라버진코코넛 오일 36g
호호바 오일 10g
비타민E 1g
비즈 왁스(정제) 3g

도구

유리 비커 1개
저울
주걱
핫플레이트
크림 용기(100ml)

How to Make

1. 유리 비커를 저울에 올리고 유상층(엑스트라버진코코넛 오일, 호호바 오일,
비타민E, 비즈 왁스)을 계량한다.

2. 비커를 핫플레이트에 올리고 비즈 왁스가 녹을 때까지 가열한다.
중간에 주걱으로 저으면 왁스가 빨리 녹는다.

3. 미리 소독한 크림 용기에 넣는다.

How to Use

스킨 케어 마지막 단계에서 심하게 건조하거나 거칠어진 피부에 발라 충분히 마사지하세요.

쉽게 하는 모발 관리
코코넛 헤어 팩

피부가 건조해질 때는 모발도 함께 건조해지는데 미처 신경을 쓰지 못할 때가 많죠.
이럴 때는 코코넛 오일을 활용하여 헤어 팩을 만들어 사용해보세요.
코코넛에 풍부한 카프릴산이 두피에 생기는 비듬과 진균을 억제해 건강한 모발로 가꿔줍니다.

난이도 ●○○
피부 타입 모든 모발
효능 보호, 컨디셔닝
보관 실온
사용기간 2~3개월
rHLB 7.7

재료(50g)

유상층
엑스트라버진코코넛 오일 2g
아르간 오일 1g

첨가물
올리브 리퀴드 3g
알로에베라 겔 30g
로즈마리 워터 14g

도구

유리 비커 1개
저울
주걱
전자레인지
크림 용기(50ml)

How to Make

1. 유리 비커에 유상층(엑스트라버진코코넛 오일, 아르간 오일)을 계량한다.

2. 비커를 전자레인지에 넣고 10초 단위로 짧게 가열하여
재료를 완전히 녹인다.

3. 첨가물(올리브 리퀴드, 알로에베라 겔, 로즈마리 워터)을 순서대로 넣고
잘 섞는다.

4. 미리 소독한 용기에 넣는다.

How to Use

샴푸 후 물기를 어느 정도 없앤 다음 머리카락 끝부분에 골고루 바르세요.
10~15분 정도 그대로 두었다가 차가운 물로 헹궈 냅니다.

코엔자임

노화 방지에 탁월한 효과를 보이는 코엔자임은 오랫동안 안티에이징 스킨케어 제품에 널리 사용되고 있는 원료입니다.
특히 피부가 얇고 예민한 눈가와 입가 등에 사용하면 빠른 효과를 볼 수 있는 성분으로 알려져 있죠.
코엔자임Q10은 주름을 개선하고 노화를 방지하는 효과로 이미 유명하죠.
이제 코엔자임Q10은 누구나 구할 수 있는 천연 화장품 재료이니 나에게 꼭 맞는 안티에이징 제품을 만들어 사용해보세요.

휴대용 안티에이징 화장품

코엔자임 리프팅 스팟

코엔자임이라는 원료는 피부의 노화를 방지하는데
그 효과를 높이려면 필요한 부위에 집중적으로 바르면 좋겠지요.
코엔자임Q10에 로즈힙 오일과 시벅턴 오일을 혼합하여 안티에이징 효과를 더욱 높였어요.

난이도 ●◇◇
피부 타입 건성, 노화
효능 보습, 탄력, 주름 개선
보관 실온
사용기간 2~3개월

재료(8g)

유상층
올리브에스테르 오일 4g
유기농 로즈힙 오일 2g
시벅턴 오일 1g

첨가물
코엔자임Q10(지용성) 1g

에센셜 오일
프랑킨센스 E. O. 1방울

도구

유리 비커 1개
저울
주걱
롤온 용기(10ml)

How to Make

1. 롤온 용기를 저울 위에 올리고 유상층(올리브에스테르 오일,
유기농 로즈힙 오일, 시벅턴 오일)을 계량한다.

2. 첨가물(코엔자임Q10)을 넣고 충분히 섞는다.

3. 에센셜 오일(프랑킨센스)을 넣고 충분히 섞는다.

4. 뚜껑을 닫은 다음 손으로 감싸 온기를 주며 충분히 흔들어 섞는다.

5. 하루 동안 숙성한 다음 사용한다.

How to Use

스킨 케어 마지막 단계에서 입가, 눈가 등 주름이 생기기 쉬운 곳에 살살 굴려 발라 줍니다.

토너처럼 바르면 되는 팩

코엔자임 아이 워터 팩

피부가 얇아 주름이 쉽게 생기는 눈가와 입가 부분에
매일매일 워터 팩을 하면 탄력 있는 피부로 가꿀 수 있습니다.
코엔자임Q10은 체내에서 주요한 역할을 하는 세포를 도와주는 원료입니다.
20대 이후 급격히 줄어드는 세포의 기능으로 노화가 발생하는데 이를 완화시켜주는 역할이죠.

난이도 ◐◐◉
피부 타입 건성, 노화
효능 보습, 탄력, 주름 개선
보관 실온
사용기간 2~3개월

재료(30g)

수상층
정제수 25g

유상층
로즈힙 오일 1g

첨가물
코엔자임Q10(지용성) 1g
올리브 리퀴드 1g
히아루론산 1g
글리세린 1g

도구

유리 비커 1개
저울
주걱
프레스캡 용기(30ml)

How to Make

1. 유리 비커를 저울에 올리고 유상층(로즈힙 오일)과
첨가물(코엔자임Q10, 올리브 리퀴드)을 계량한 다음 충분히 섞는다.

2. 나머지 첨가물(히아루론산, 글리세린)을 넣고 충분히 섞는다.

3. 수상층(정제수)을 넣고 충분히 섞는다.

4. 미리 소독한 프레스캡 용기에 넣는다.

How to Use

세안 후 스킨으로 피부 결을 정리한 다음 아이 워터 팩을 화장 솜에 충분히 적셔 눈 밑에 올리세요. 5분 정도 후에 떼어낸 다음 그 솜으로 얼굴 전체를 닦고 에센스, 로션, 크림 순으로 발라 마무리 하세요. 워터 팩은 시간이 지나면 유상층과 수상층이 분리될 수 있습니다. 사용에는 문제가 없지만 사용 전에 충분히 흔들어 섞어주세요.

페이스 크림에 아이 워터 팩을 3~5방울 섞으면 아이 크림 대신 눈가나 입가에 바를 수 있습니다.

번들거림 없는 주름 개선제
코엔자임 워터 세럼

피부가 쉽게 번들거리는 지성피부이거나 티 존 부위에는
워터 세럼을 이용해 주름 개선을 할 수 있어요.
사용감이 가볍고 오일 타입보다 흡수가 빨라 아침에 발라도 메이크업을 하는데 전혀 부담이 없어요.

난이도 ◐◐◯
피부 타입 건성, 노화
효능 보습, 탄력, 주름 개선
보관 실온
사용기간 2~3개월

재료(30g)

수상층
정제수 10g
로즈 워터 9g

유상층
로즈힙 오일 1g

첨가물
코엔자임Q10(수용성) 2g
히아루론산 5g
아쿠아 시어버터 2g
알로에베라 겔 1g

에센셜 오일
로즈앱솔루트 E. O. 1방울

도구

유리 비커 1개
저울
주걱
스포이드 용기(30ml)

How to Make

1. 유리 비커를 저울에 올리고 첨가물(코엔자임Q10, 히아루론산,
아쿠아 시어버터, 알로에베라 겔)을 계량한 다음 충분히 섞는다.

2. 유상층(로즈힙 오일)과 에센셜 오일(로즈앱솔루트)을 넣고 충분히 섞는다.

3. 수상층(정제수, 로즈 워터)을 순서대로 조금씩 나누어 넣으면서
충분히 섞는다.

4. 미리 소독한 스포이드 용기에 넣는다.

How to Use

스킨, 토너 다음 단계에 사용하세요. 세럼은 만들고 시간이 지나면 약간 분리될 수 있으니 사
용 전에 흔들어 주세요.

➡ **대체 재료**
로즈 워터 ⋯› **라벤터 워터**
로즈 앱솔루트 E. O. ⋯› **프랑킨센스 E. O.**

TRENDY
CARE

콜라겐

피부에 콜라겐이 부족하면 탄력이 떨어지고 노화가 촉진됩니다.
그렇기 때문에 동·식물에서 콜라겐을 추출하여 다양한 화장품에 첨가하는 것이죠.
이 책에서 주로 사용하는 마린콜라겐은 어류에서 추출한 것으로
피부의 탄력을 증진시키고 피부 결을 부드럽게 가꿔주는 역할을 합니다.

가볍고 산뜻한 느낌의

마린콜라겐 탄력 에센스

화장품에 콜라겐을 넣으면 텍스처가 좋아져 바르는 느낌도 부드럽고 보습력도 한결 나아집니다.
또한 마린콜라겐은 미백 기능이 있기 때문에 아침 저녁으로 탄력 에센스를 꾸준히 바르면
화사하고 탄력 있는 피부를 유지할 수 있죠.

난이도 ◐○○
피부 타입 건성, 노화
효능 보습, 탄력
보관 실온
사용기간 2~3개월

재료(50g)

수상층
알로에베라 겔 15g
네롤리 워터 30g

첨가물
마린콜라겐 3g
히아루론산 2g

에센셜 오일
레몬그라스 E. O. 1방울

도구

유리 비커 1개
저울
주걱
에센스 용기(50ml)

How to Make

1. 유리 비커를 저울에 올리고 수상층(알로에베라 겔)을 계량한다.

2. 나머지 수상층(네롤리 워터)을 조금씩 넣으면서 주걱으로 계속 저어 부드러운 겔 상태로 만든다.

3. 첨가물(마린콜라겐, 히아루론산)과 에센셜 오일(레몬그라스)을 넣고 충분히 섞는다.

4. 미리 소독한 에센스 용기에 넣는다.

5. 하루 동안 숙성 후 사용한다.

How to Use

세안 후 얼굴뿐 아니라 턱 아래와 목까지 골고루 바르며 가볍게 마사지하듯 문질러 잘 흡수시켜주세요.

➡ 대체 재료
알로에베라 겔 ⋯ **카보머프리젤**
레몬그라스 E. O. ⋯ **만다린 E. O.**

건조한 피부에 빠른 처방

마린콜라겐 보습 에센스

원래 피부가 건조한 타입은 주름과 각질 등 여러 면에서 꾸준한 관리가 필요합니다.
마린콜라겐은 건조한 피부에 빠르게 효과가 나타나는 원료이니
보습이 필요할 때는 에센스로 만들어 수시로 바르세요.
물론 봄, 가을 같은 환절기에는 모든 피부 타입에 보습 에센스가 필요하다는 것을 잊지마세요.

난이도 ◐◐◯
피부 타입 건성, 노화
효능 보습, 탄력, 주름 개선
보관 실온
사용기간 2~3개월

재료(50g)

수상층
알로에베라 겔 15g
라벤더 워터 30g

첨가물
마린콜라겐 3g
히아루론산 2g

에센셜 오일
프랑킨센스 E. O. 1방울

도구

유리 비커 1개
저울
주걱
에센스 용기(50ml)

How to Make

1. 유리 비커를 저울에 올리고 수상층(알로에베라 겔)을 계량한다.

2. 에센셜 오일(프랑킨센스)을 넣고 충분히 섞는다.

3. 첨가물(마린콜라겐, 히아루론산)을 넣고 충분히 섞는다.

4. 나머지 수상층(라벤더 워터)을 조금씩 넣으면서 주걱으로 계속 저어 부드러운 겔 상태로 만든다.

5. 미리 소독한 에센스 용기에 넣는다.

6. 하루 동안 숙성 후 사용한다.

How to Use

세안 후 토너로 피부결을 정리한 다음 특히 건조하다고 여겨지는 부위에 보습 에센스를 바르고 톡톡 여러 번 두드려 완전히 흡수시켜 줍니다. 일상 생활 중 메이크업 위에라도 조금씩 바르고 두드려 흡수시켜 주세요.

➡ **대체 재료**
알로에베라 겔 ···› **실크아미노산 겔**
프랑킨센스 E. O. ···› **라벤더트루 E. O.**

확실한 피부 보습제

마린콜라겐 세럼

에멀전 형태의 세럼이므로 저녁 세안 후 듬뿍 발라 충분히 흡수시켜주면 좋아요.
아침에 바른다면 외출 전에 조금씩 두 번 정도 덧발라 충분히 두드려 흡수시킨 다음 메이크업을 하세요.
건조함이 완화되어 화장이 들뜨지 않고 안색도 맑아집니다.

난이도 ◆◆◆
피부 타입 건성, 노화
효능 보습, 탄력
보관 실온
사용기간 2~3개월
rHLB 6.3

재료(100g)

수상층
정제수 39g
자음단 추출물 5g
리피듀어 3g

유상층
달맞이꽃 오일 4g
호호바 오일 5g
올리브 에스테르 오일 3g
올리브 유화왁스 2.1g
GMS 1.9g

첨가물
알로에베라 겔 30g
비타민E 1g
마린콜라겐 3g
황금 추출물 3g

에센셜 오일
스윗오렌지 E. O. 5방울
네롤리 E. O. 1방울

도구

유리 비커 2개
저울
주걱
핫플레이트
온도계
미니 핸드블렌더
에센스 용기(100ml)

How to Make

1. 유리 비커를 저울에 올리고 수상층(정제수, 자음단 추출물, 리피듀어)을
순서대로 계량한다.

2. 다른 유리 비커를 저울에 올리고 유상층(달맞이꽃 오일, 호호바 오일,
올리브 에스테르 오일, 올리브 유화왁스, GMS)을 계량한다.

3. 비커 2개를 핫플레이트에 같이 올린 다음, 약 70~75℃ 가 될 때까지
온도계로 체크하면서 가열한다.
수상층이 유상층보다 온도가 천천히 올라가기 때문에 먼저 가열하고,
유상층은 중간중간 저어주면 왁스가 더 잘 녹는다.

4. 수상층 비커에 유상층 비커를 천천히 부으면서 미니 핸드블렌더로
3~5초씩 끊어서 3회 정도 돌려서 혼합한다.

5. 주걱을 이용해 한 방향으로 꾸준히 저어준다. 유화가 잘 안되면
미니 핸드블렌더로 한번 더 혼합한다.
단, 블렌더를 과용하면 기포가 생길 수 있으니 주의한다.
기포가 생기면 주걱으로 저어 기포를 제거한다.

6. 유화가 안정되면 첨가물(알로에베라 겔, 비타민E, 마린콜라겐, 황금 추출물)을
차례대로 넣으면서 섞는다.

7. 에센셜 오일(스윗오렌지, 네롤리)을 넣고 잘 섞는다.

8. 미리 소독한 스포이드 용기에 넣고 하루 동안 숙성한 후 사용한다.

How to Use

스킨 다음 단계에 피부 전체에 부드럽게 펴 바르세요.

➡ 대체 재료
자음단 추출물 ⋯ **작약 추출물** | 달맞이꽃 오일 ⋯ **카렌듈라 인퓨즈드 오일**
마린콜라겐 ⋯ **아카시아콜라겐** | 황금 추출물 ⋯ **당귀 추출물**

TRENDY CARE

HOT ITEM. 4
히아루론산

히아루론산은 미생물을 발효시켜 얻어낸 천연 보습제입니다.
수분 유지 능력이 매우 탁월해 보습 원료로는 으뜸이라 할 수 있는 천연 화장품 재료입니다.
또 표피와 진피의 세포를 서로 결합시키는 간지질의 역할을 해주기 때문에 피부 탄력에도 도움이 됩니다.
히아루론산은 1g당 500g의 주변 수분을 끌어당겨 피부가 마르지 않도록 촉촉하게 유지시켜 주기 때문에
화장품에 넣으면 최고의 보습제 역할을 하는 것이죠.

초간단 **히아루론산** 크림

크림(로션) 50g + 히아루론산 2g

사용하고 있는 크림(로션)에 히아루론산을 잘 섞습니다. 또는 매번 사용할 때마다 크림이나 로션을 손에 덜어 히아루론산 1방울을 떨어뜨려 섞은 다음 얼굴에 골고루 펴 바르면 피부를 촉촉하게 가꿀 수 있습니다.

---

13. FACE WATER

촉촉하고 화사한 피부를 원한다면

히아루론산 진정 워터

보습 작용이 뛰어난 히아루론산, 피부를 진정시키며 톤업에 효과적인 로즈오또 워터를 베이스로 만든 워터 타입 화장품입니다. 매일 아침 저녁으로 스킨이나 토너처럼 활용하고 가끔은 팩으로도 쓸 수 있는 만능 보습제이죠.

난이도 ◗○○
피부 타입 모든 피부
효능 진정, 톤업
보관 실온
사용기간 2~3개월

재료(100g)

수상층
히아루론산 10g
로즈오또 워터 35g

첨가물
녹차 추출물 5g

에센셜 오일
로즈앱솔루트 E. O. 1방울

도구

유리 비커 1개
저울
주걱
스킨 용기(100ml)

How to Make

1. 유리 비커를 저울에 올리고 수상층(히아루론산, 로즈오또 워터), 첨가물(녹차 추출물), 에센셜 오일(로즈앱솔루트)을 계량한다.

2. 주걱으로 충분히 저어 섞는다.

3. 미리 소독한 스킨 용기에 넣는다.

How to Use

부직포 마스크 팩이나 화장솜에 진정 워터를 듬뿍 적셔 얼굴에 올리고 10~15분 후 떼어냅니다. 층이 분리될 수 있으니 사용 전에 충분히 흔들어주세요.

➜ **대체 재료**
로즈앱솔루트 E. O. ···› **프랑킨센스 E. O.**
녹차 추출물 ···› **병풀 추출물**

탄력과 재생을 동시에

히아루론산 세럼

히아루론산의 보습력과 보르피린의 피부 탄력 및 재생 효과를 결합한 천연 화장품입니다.
낮에는 조금씩 가볍게 바르고 밤에는 듬뿍 발라 충분히 흡수시켜 주세요.
아침 저녁으로 꾸준히 사용하면 촉촉한 피부는 물론 맑은 안색을 되찾게 될거에요.

난이도	●●○
피부 타입	건성, 노화
효능	보습, 탄력
보관	실온
사용기간	2~3개월

재료(30g)

수상층
정제수 20g

첨가물
히아루론산 5g
알로에베라 겔 3g
보르피린 1g
나프리 0.5g

에센셜 오일
프랑킨센스 E. O. 1방울
레몬그라스 E. O. 1방울

도구

유리 비커 1개
저울
주걱
에센스 용기(30ml)

How to Make

1. 유리 비커를 저울에 올리고 첨가물(히아루론산, 알로에베라 겔, 보르피린, 나프리)을 계량한 다음 주걱으로 잘 섞어 겔 상태로 만든다.

2. 에센셜 오일(프랑킨센스, 레몬그라스)을 넣고 잘 섞는다.

3. 수상층(정제수)을 조금씩 나눠 넣으면서 잘 섞는다.

4. 미리 소독한 에센스 용기에 넣는다.

5. 하루 동안 숙성 후 사용한다.

➡ 대체 재료
보르피린 ┄⟩ **워터호호바 오일**
프랑킨센스 E. O. ┄⟩ **라벤더트루 E. O.**
레몬그라스 E. O. ┄⟩ **팔마로사 E. O.**

자극 없이 노폐물 제거

히아루론산 스크럽

피부 표면과 모공에 쌓이는 노폐물 제거에 효과적이며 수분을 공급하기 때문에
자극이 적어 자주 사용할 수 있는 스크럽입니다.
피부가 민감하다면 주 1~2회, 그렇지 않다면 주 2~3회 정도 사용하여
집중적으로 각질을 관리하고 피부 결을 다듬으면 얼굴색이 한결 맑고 밝아지는 것을 느낄 수 있어요.

난이도 ●○○
피부 타입 모든 피부
효능 각질 제거, 브라이트닝
보관 실온
사용기간 1개월

재료(50g)

첨가물
히아루론산 10g
유기농 흑설탕 30g
올리브 리퀴드 5g

유상층
포도씨 오일 5g

에센셜 오일
레몬 E. O. 1방울

도구

유리 비커 1개
저울
주걱
크림 용기(50ml)

How to Make

1. 유리 비커를 저울에 올리고 첨가물(히아루론산, 유기농 흑설탕, 올리브 리퀴드),
유상층(포도씨 오일), 에센셜 오일(레몬)을 계량한다.

2. 주걱으로 충분히 저어 섞는다.

3. 미리 소독한 크림 용기에 넣는다.

How to Use

세안 후 물기가 없는 얼굴에 적당량을 덜어 1분 정도 살살 마사지한다.
얼굴 전체에 활용할 때는 눈가와 입가는 최대한 부드럽게 마사지한다.
코 주변은 여러 번 문질러 노폐물을 제거한다.

민감한 피부는 흑설탕을 믹서에 넣어 곱게 갈아 사용하면 좋다.
입자를 작게 하면 피부 자극을 줄일 수 있기 때문이다.

➡ **대체 재료**
히아루론산 ⋯⋯ **알로에베라 겔**
레몬 E. O. ⋯⋯ **그레이프프룻 E. O.**

식물성 플라센터

식물성 플라센터는 콩에서 얻어낸 식물 추출물로 동물태반의 기능과 동일한 식물계 성분입니다.
피부의 산소 흡수력을 증가시키고 피부 속 신진대사와 세포재생을 촉진하기 때문에
단순한 노화방지 효과를 넘어 피부재생 효과가 있습니다.
최근에는 손상피부 재생, 피부 활성화 등의 효능이 입증된 바도 있습니다.

초간단 **식물성 플라센터** 스킨

스킨 100g + 식물성 플라센터 3g

사용 중인 스킨에 식물성 플라센터를 넣어 잘 섞습니다.
세안 후 화장솜에 묻혀 피부와 목 전체에 충분히 발라 흡수시킵니다. 촉촉함과 더불어 피부 톤 개선에 도움이 되어요.

효과적인 영양 공급원

식물성 플라센터 재생 스킨

자생 스킨은 세안 후 피부결을 관리하고 닦아내는 역할보다는
빠르게 영양을 공급하는 스킨입니다. 그렇기 때문에 세안 직후 물기 없는 얼굴에
바로 발라 흡수시켜주면 더욱 좋은 효과를 볼 수 있지요.

난이도 ●○○
피부 타입 건성, 노화
효능 보습, 재생
보관 실온
사용기간 2~3개월

재료(50g)

수상층
정제수 45g

첨가물
식물성 플라센터 2g
글리세린 2g
인디가드 1g

도구

유리 비커 1개
저울
주걱
스킨 용기(50ml)

How to Make

1. 유리 비커를 저울에 올리고 수상층(정제수)과
첨가물(식물성 플라센터, 글리세린, 인디가드)을 계량한다.

2. 주걱으로 충분히 저어 섞는다.

3. 미리 소독한 스킨 용기에 넣는다.

4. 하루 동안 숙성 후 사용한다.

➡ 대체 재료
인디가드 ┄ 에코프리

주름과 미백을 동시에 케어

식물성 플라센터 브라이트닝 스킨

주름 개선과 미백을 동시에 원한다면 꼭 만들어 사용해보세요.
단, 레몬 에센셜 오일은 자외선을 받게 되면 피부 트러블이 생길 수 있으니
될 수 있으면 나이트 케어로 사용하면 좋습니다.
사용 전에 충분히 흔들어주세요.

난이도	●○○
피부 타입	모든 피부
효능	주름 개선, 미백
보관	실온
사용기간	2~3개월

재료(50g)

수상층
라벤더 워터 39g

첨가물
레몬 추출물 5g
식물성 플라센터 2g
글리세린 2g
나이아신아마이드 분말 1g
인디가드 1g

에센셜 오일
레몬 E. O. 2방울

도구

유리 비커 1개
저울
주걱
스킨 용기(60ml)

How to Make

1. 유리 비커를 저울에 올리고 수상층(라벤더 워터),
첨가물(레몬 추출물, 식물성 플라센터, 글리세린, 나이아신아마이드 분말, 인디가드),
에센셜 오일(레몬)을 계량한다.

2. 주걱으로 충분히 저어 섞는다.

3. 미리 소독한 스킨 용기에 넣는다.

4. 하루 동안 숙성 후 사용한다.

How to Use

가용화제가 들어가지 않는 스킨입니다. 사용 전에 충분히 흔들어 주는 것이 좋아요.

레몬 에센셜 오일은 자외선을 받게 되면 피부 트러블이 생길 수 있으니 나이트 케어로 사용하세요. 낮에 사용한다면 자외선 차단제를 꼼꼼하게 바르는 것이 좋습니다. 식물성 플라센터도 피부 톤업 효과가 있고, 나이아신아마이드 분말은 미백 원료이기 때문에 화사함과 미백이 필요한 피부에 자기 전에 사용하면 좋습니다.

환절기 피부를 촉촉하게

식물성 플라센터 재생 크림

겨울이나 봄처럼 피부가 건조해지는 때에 로션 대용으로 사용하면 좋습니다.
충분한 보습을 위해서는 나이트 케어로 얼굴에 듬뿍 발라 잘 흡수시켜줘야 효과가 좋습니다.
메이크업 하지 않는 주말이라면 낮에도 이 재생크림을 듬뿍 발라주세요.

난이도	◆◆◇
피부 타입	건성, 노화
효능	보습, 재생, 탄력
보관	실온
사용기간	2~3개월
rHLB	7

재료(100g)

수상층
정제수 54g
라벤더 워터 10g
글리세린 3g

유상층
유기농 펌프킨 오일 4g
유기농 달맞이꽃 오일 7g
유기농 로즈힙 오일 3g
올리브 유화왁스 3.7g
GMS 2.3g

첨가물
식물성 플라센터 5g
베타글루칸 3g
히아루론산 3g
보르피린 1g
인디가드 1g

에센셜 오일
스윗오렌지 E. O. 5방울
패츌리 E. O. 1방울

도구

유리 비커 2개
저울
핫플레이트
온도계
주걱
미니 핸드블렌더
크림 용기(100ml)

How to Make

1. 유리 비커를 저울에 올리고 수상층(정제수, 라벤더 워터, 글리세린)을 순서대로 계량한다.

2. 다른 유리 비커를 저울에 올리고 유상층(유기농 펌프킨 오일, 유기농 달맞이꽃 오일, 유기농 로즈힙 오일, 올리브 유화왁스, GMS)을 계량한다.

3. 비커 2개를 핫플레이트에 같이 올린 다음, 약 70~75℃ 가 될 때까지 온도계로 체크하면서 가열한다.
수상층이 유상층보다 온도가 천천히 올라가기 때문에 먼저 가열하고, 유상층은 중간중간 저어주면 왁스가 더 잘 녹는다.

4. 수상층 비커에 유상층 비커를 천천히 부으면서 미니 핸드블렌더로 3~5초씩 끊어서 3회 정도 돌려서 혼합한다.

5. 주걱을 이용해 한 방향으로 꾸준히 저어준다.
유화가 잘 안되면 미니 핸드블렌더로 한번 더 혼합한다.
단, 블렌더를 과용하면 기포가 생길 수 있으니 주의한다.
기포가 생기면 주걱으로 저어 기포를 제거한다.

6. 유화가 안정되면 첨가물(식물성 플라센터, 베타글루칸, 히아루론산, 보르피린, 인디가드)을 차례대로 넣으면서 섞는다.

7. 에센셜 오일(스윗오렌지,패츌리)을 넣고 잘 섞는다.

8. 미리 소독한 크림 용기에 넣고 하루 동안 숙성한 후 사용한다.

➔ **대체 재료**
글리세린 ⋯ **히아루론산** | 유기농 펌프킨 오일 ⋯ **유기농 호호바 오일**
유기농 달맞이 오일 ⋯ **동백 오일** | 베타글루칸 ⋯ **실크아미노산** | 보르피린 ⋯ **워터아르간 오일**
스윗오렌지 E. O. ⋯ **만다린 E. O.** | 패츌리 E. O. ⋯ **프랑킨센스 E. O.**

TRENDY
CARE

HOT ITEM. 6
브로콜리 추출물

브로콜리 속에 풍부한 셀레늄은 노화를 촉진하는 활성산소를 중화시키는 항산화 작용을 하는 것으로 유명합니다.
또한 비타민C는 레몬의 2배, 감자의 7배나 많아 피부 톤을 개선하는 데 매우 효과적이죠.
비타민A는 피부나 점막의 저항력을 강화해 피부 트러블을 예방하고 면역력을 증진해줍니다.
또한 브로콜리는 미백 효과와 면역력 증가를 도와주므로 트러블이 많거나 톤이 어두운 피부에 도움이 됩니다.

20. FACE WASH

초간단 **브로콜리** 솔트 미온수

초간단
레시피

정제수 95g + 브로콜리 추출물 4g + 히말라야 솔트 1g

재료를 유리 비커에 넣고 히말라야 솔트가 녹을 때까지 잘 저어 완성하세요.
세안 마지막 단계에서 브로콜리 솔트 미온수로 10회 이상 얼굴을 헹구고 수건으로 톡톡 두드려 닦으면 됩니다.

---

21. FACE SKIN

쉽게 만들어도 효과 만점

브로콜리 항산화 미스트

만들기도 사용하기도 무척 간단하지만 피부 관리에 굉장히 도움이 되는 제품입니다.
항산화 미스트를 지속적으로 사용할 경우 보습은 물론이며
피부 톤이 밝아지고 피부의 면역력이 좋아져 쉽게 트러블이 생기지 않습니다.

난이도 ●○○
피부 타입 건성, 노화
효능 보습, 항산화
보관 실온
사용기간 2~3개월

재료(100g)

수상층
정제수 87g

첨가물
브로콜리 추출물 10g
글리세린 2g
인디가드 1g

에센셜 오일
팔마로사 E. O. 2방울

도구

유리 비커 1개
저울
주걱
미스트 용기(100ml)

How to Make

1. 유리 비커를 저울에 올리고 수상층(정제수), 첨가물(브로콜리 추출물, 글리세린, 인디가드), 에센셜 오일(팔마로사)을 계량한다.

2. 주걱으로 충분히 저어 섞는다.

3. 미리 소독한 미스트 용기에 넣는다.

4. 하루 동안 숙성 후 사용한다.

How to Use

가용화제가 들어가지 않는 미스트입니다. 사용 전에 충분히 흔들어 주는 것이 좋아요.

TRENDY
CARE

손쉽게 피부 진정

브로콜리 진정 스팟

피부를 빠르게 진정시키는 네롤리 워터를 베이스로 사용한 제품으로
피부에 자극을 주지 않으면서 피부 트러블을 빠르게 진정시키는 롤온 스팟입니다.
가지고 다니면서 트러블이 생겼거나 자극을 받은 피부 부위에 조금씩 바를 수 있답니다.

난이도 ●○○
피부 타입 트러블 피부
효능 보습, 진정
보관 실온
사용기간 2~3개월

재료(10g)

수상층
네롤리 워터 5g

첨가물
브로콜리 추출물 4g
올리브 리퀴드 1방울

에센셜 오일
네롤리 E. O. 1방울

도구

유리 비커 1개
저울
주걱
롤온 용기(10ml)

How to Make

1. 유리 비커를 저울에 올리고 수상층(네롤리 워터),
첨가물(브로콜리 추출물, 올리브 리퀴드), 에센셜 오일(네롤리)을 계량한다.

2. 주걱으로 충분히 저어 섞는다.

3. 미리 소독한 롤온 용기에 넣는다.

How to Use

피부 트러블이 생긴 부위에 수시로 꾸준하게 덧바르세요.

내추럴한 자외선 차단 효과

브로콜리 크림

브로콜리 크림에는 기본적으로 자외선을 차단하는 효과가 있습니다.
아침 세안 후 크림을 바른 다음 메이크업 전에 자외선 차단제를 한번 더 덧바르면
2중 자외선 차단 효과가 있겠죠.
또한 톤업 및 재생 효과가 있기 때문에 밤에 듬뿍 발라도 좋아요.

난이도 ●●○

피부 타입 트러블, 노화, 칙칙한 피부

효능 보습, 항산화, 모공수렴

보관 실온

사용기간 2~3개월

rHLB 6.8

재료(100g)

수상층
정제수 59g
브로콜리 추출물 5g

유상층
브로콜리씨드 오일 6g
녹차씨 오일 5g
호호바 오일 3g
올리브 유화왁스 3.4g
GMS 2.6g

첨가물
알로에베라 겔 5g
은행잎 추출물 3g
히아루론산 3g
모이스트24 2g
코엔자임Q10(지용성) 2g
인디가드 1g

에센셜 오일
팔마로사 E. O. 6방울
페퍼민트 E. O. 1방울

도구
유리 비커 2개
저울
핫플레이트
온도계
주걱
미니 핸드블렌더
크림 용기(100ml)

How to Make

1. 유리 비커를 저울에 올리고 수상층(정제수, 브로콜리 추출물)을 순서대로 계량한다.

2. 다른 유리 비커를 저울에 올리고 유상층(브로콜리씨드 오일, 녹차씨 오일, 호호바 오일, 올리브 유화왁스, GMS)을 계량한다.

3. 비커 2개를 핫플레이트에 같이 올린 다음, 약 70~75℃ 가 될 때까지 온도계로 체크하면서 가열한다.
   수상층이 유상층보다 온도가 천천히 올라가기 때문에 먼저 가열하고, 유상층은 중간중간 저어주면 왁스가 더 잘 녹는다.

4. 수상층 비커에 유상층 비커를 천천히 부으면서 미니 핸드블렌더로 3~5초씩 끊어서 3회 정도 돌려서 혼합한다.

5. 주걱을 이용해 한 방향으로 꾸준히 저어준다.
   유화가 잘 안되면 미니 핸드블렌더로 한번 더 혼합한다.
   단, 블렌더를 과용하면 기포가 생길 수 있으니 주의한다.
   기포가 생기면 주걱으로 저어 기포를 제거한다.

6. 유화가 안정되면 첨가물(알로에베라 겔, 은행잎 추출물, 히아루론산, 모이스트24, 코엔자임Q10, 인디가드)을 차례대로 넣으면서 섞는다.
   겔이 들어갔으므로 골고루 섞어야 덩어리가 지지 않는다.

7. 에센셜 오일(팔마로사, 페퍼민트)을 넣고 잘 섞는다.

8. 미리 소독한 크림 용기에 넣고 하루 동안 숙성한 후 사용한다.

➡ 대체 재료
정제수 ⋯▸ 라벤더 워터 | 브로콜리씨드 오일 ⋯▸ 바오밥 오일 | 녹차씨 오일 ⋯▸ 살구씨 오일
모이스트24 ⋯▸ 글리세린 | 팔마로사 E. O. ⋯▸ 제라늄 E. O.

시어버터

아프리카의 극건조 지역에서 야생으로 자라는 시어 트리(shea tree)의 열매에서 채취한 식물성 유지입니다.
보습효과가 매우 뛰어나며 자외선을 차단하는 기능까지 있죠.
피부 침투력이 뛰어나며 세포 재생과 모세혈관을 튼튼하게 하는 효과가 있어요.
심하게 민감한 피부나 트러블이 있는 피부에 연고처럼 바르면 증상을 완화하고 피부결을 개선할 수 있어요.
또한 항산화 및 항염효과가 있어 노화방지와 진균성 트러블 개선에 도움이 됩니다.

초간단 **시어버터** 고보습 크림

초간단 레시피

크림 50g + 시어버터 3g + 히아루론산 2g + 나프리 0.5g

시어버터를 전자레인지에 넣고 30초 동안 가열합니다. 액상 상태가 된 시어버터를 사용 중인 페이스 크림에 넣고 잘 섞습니다. 히아루론산, 나프리를 넣고 잘 섞은 다음 기존 크림처럼 사용하면 됩니다.

천연 원료를 통한 습진 개선

시어버터 습진 케어 크림

피부 습진으로 고민을 하는 분들이 의외로 많습니다.
생활 습관에서 오는 피부 트러블이라 개선이 어렵기 때문에 꾸준한 관리가 필요하지요.
피부 전체에 고르게 펴 바르고 흡수가 될 때까지 오랫동안 살살 문질러 주세요.
습진 부분에 과하다 싶을 정도로 듬뿍 바르고 흡수시키면 습진 완화 효과를 볼 수 있습니다.

난이도 ◆◇◇
피부 타입 악건성, 트러블
효능 보습, 항균, 재생
보관 실온
사용기간 2~3개월

재료(48g)

유상층
호호바골드 오일 23g
시어버터 23g

첨가물
비타민E 2g

에센셜 오일
미르 E. O. 2방울

도구
유리 비커 1개
저울
주걱
크림 용기(50ml)

How to Make

1. 유리 비커를 저울에 올리고 유상층(호호바골드 오일, 시어버터)을 계량한 주걱으로 잘 섞는다.

2. 첨가물(비타민E)과 에센셜 오일(미르)을 계량하여 넣고 잘 섞는다.

3. 미리 소독한 스킨 용기에 넣는다.

4. 하루 동안 숙성 후 사용한다.

How to Use

유난히 건조한 피부 부위에 부드럽게 펴 바르세요. 처음에는 시어버터 입자가 느껴지지만 체온에 의해 자연스럽게 녹으며 피부에 잘 스며듭니다.

➡ **대체 재료**
호호바 오일 ⋯ **올리브퓨어 오일**
미르 E. O. ⋯ **샌달우드 E. O.**

거칠거칠한 피부에 영양과 보습을

시어버터 핸드 로션

일상 생활 중 손의 청결은 무엇보다 중요하기 때문에 자주 씻게 됩니다.
이럴 때 조금 번거롭더라도 핸드 로션을 꼭 챙겨 바르는 것이 좋습니다.
한번 거칠어진 피부를 되돌리고 싶다면 시어버터 핸드 로션을 꾸준히 바르세요.
혹 번들거림이 싫다면 손에 물기가 남았을 때 바르면 됩니다.

난이도 ♦♦♦
피부 타입 모든 피부
효능 보습, 재생
보관 실온
사용기간 2~3개월
rHLB 7.1

재료(100g)

수상층
정제수 60g
갈락토미세스 발효용해물 13g
히아루론산 3.5g

유상층
시어버터 6g
올리브퓨어 오일 5g
호호바골드 오일 5g
올리브 유화왁스 4g
올리왁스 LC 0.5g

첨가물
카보머프리젤 2g
인디가드 1g

에센셜 오일
만다린 E. O. 1방울
로즈우드 E. O. 1방울

도구
유리 비커 2개
저울
주걱
미니 핸드블렌더
로션 용기(100ml)

How to Make

1. 유리 비커를 저울에 올리고 수상층(정제수, 갈락토미세스 발효용해물, 히아루론산)을 순서대로 계량한다.

2. 다른 유리 비커를 저울에 올리고 유상층(시어버터, 올리브퓨어 오일, 호호바골드 오일, 올리브 유화왁스, 올리왁스 LC)을 계량한다.

3. 비커 2개를 핫플레이트에 같이 올린 다음, 약 70~75℃가 될 때까지 온도계로 체크하면서 가열한다.
수상층이 유상층보다 온도가 천천히 올라가기 때문에 먼저 가열하고, 유상층은 중간중간 저어주면 왁스가 더 잘 녹는다.

4. 수상층 비커에 유상층 비커를 천천히 부으면서 미니 핸드블렌더로 3~5초씩 끊어서 3회 정도 돌려서 혼합한다.

5. 주걱을 이용해 한 방향으로 꾸준히 저어준다.
유화가 잘 안되면 미니 핸드블렌더로 한번 더 혼합한다.
단, 블렌더를 과용하면 기포가 생길 수 있으니 주의한다.
기포가 생기면 주걱으로 저어 기포를 제거한다.

6. 유화가 안정되면 첨가물(카보머프리젤, 인디가드)을 차례대로 넣으면서 섞는다. 젤이 들어갔으므로 골고루 섞어야 덩어리가 지지 않는다.

7. 에센셜 오일(만다린, 로즈우드)을 넣고 잘 섞는다.

8. 미리 소독한 로션 용기에 넣고 하루 동안 숙성한 후 사용한다.

➜ 대체 재료

갈락토미세스 발효용해물 ┈ **락토바실러스 발효여과물** | 히아루론산 ┈ **글리세린**
시어버터 ┈ **올리브버터** | 카보머프리젤 ┈ **알로에베라 겔**
만다린 E. O. ┈ **스윗오렌지 E. O.** | 로즈우드 E. O. ┈ **샌달우드 E. O**

HOME MADE
SHEA BUTTER
BODY BUTTER

HOT ITEM. 8
알로에베라 겔

알로에 잎 내부의 조직에서 나오는 묽고 투명한 젤리 같은 점액 겔은
글루코만난(glucomannans), 펙틴산(pectic acid)과 같은 다당체와 기타 유기화합물, 무기화합물 등을 함유하고 있습니다.
이는 자외선에 오랜 시간 노출되어 붉게 된 피부를 빠르게 진정시켜 주며 보습효과도 탁월합니다.
이 외에도 아미노산, 사포닌, 항생물질, 상처치유 호르몬 등이 다량 함유되어
피부에 영양을 공급하고 피부 균형을 조절하는데 효과가 좋습니다.

초간단 **알로에** 수분 크림

크림 30g + 알로에베라 겔 15g

사용 중인 크림에 알로에베라 겔을 넣고 잘 섞습니다. 스킨케어 마지막 단계에 얼굴 전체에 잘 펴 바르세요.
자는 내내 얼굴에 수분을 공급하며 피부를 빠르게 진정시켜줍니다.

초간단 **피부 타입별** 맞춤 수분 크림

건성 피부 | 알로에베라 겔 67g + 라벤더 워터 30g + 히아루론산 3g
지성 피부 | 알로에베라 겔 68g + 로즈마리 워터 30g + 히아루론산 2g
트러블 피부 | 알로에베라 겔 69g + 티트리 워터 30g + 히아루론산 1g

피부 타입에 따라 정해진 양의 재료를 잘 혼합합니다. 스킨 케어 마지막 단계에 얼굴에 골고루 펴 바릅니다.

초간단 **알로에** 풋 팩

알로에베라 겔 10g + 티트리 워터 3g + 티트리 E. O. 1방울

재료를 잘 섞어 자기 전에 발가락 사이와 발 진체에 골고루 바르고 양말을 신고 잡니다.
발 전체가 촉촉해지며 자주 풋 팩을 하면 각질이 쉽게 생기지 않고 피부 갈라짐 현상도 줄일 수 있습니다.

간단하게 섞어서 만드는

알로에 한방 크림

알로에베라 겔과 자운고 오일이 함께 들어가기 때문에
보습과 진정 효과가 매우 뛰어난 크림이에요.
천연 화장품 크림 레시피 중에 굉장히 쉬운 편이므로 초보자도 어렵지 않게 만들 수 있어요.
보습과 진정 효과가 매우 뛰어난 크림이에요.

난이도 ●○○
피부 타입 건성, 트러블 피부
효능 보습, 트러블 진정
보관 실온
사용기간 2~3개월

재료(100g)

수상층
알로에베라 겔 70g
라벤더 워터 10g
티트리 워터 9g

유상층
자운고 인퓨즈드 오일 4g
워터호호바골드 오일 1g

첨가물
글리세린 2g
삼백초 추출물 1g
인프라신 1g
자음단 추출물 1g

에센셜 오일
라벤더트루 E. O. 5방울
프랑킨센스 E. O. 2방울

도구

유리 비커 1개
저울
주걱
크림 용기(100ml)

How to Make

1. 유리 비커를 저울에 올리고 수상층(알로에베라 겔, 라벤더 워터,
티트리 워터)을 순서대로 계량한다.

2. 유상층(자운고 인퓨즈드 오일, 워터호호바골드 오일)을 계량하여 넣고
주걱으로 잘 섞는다.

3. 첨가물(글리세린, 삼백초 추출물, 인프라신, 자음단 추출물)을
계량하여 넣고 주걱으로 잘 섞는다.

4. 에센셜 오일(라벤더트루, 프랑킨센스)을 넣고 잘 섞는다.

5. 미리 소독한 크림 용기에 넣고 하루 동안 숙성한 후 사용한다.

How to Use

토너와 로션 다음 단계에 알로에 한방 크림을 얼굴 전체에 골고루 펴 바르세요.

➜ **대체 재료**
라벤더 워터 ┄➤ **티트리 워터**
티트리 워터 ┄➤ **라벤더 워터**
삼백초 추출물 ┄➤ **녹차 추출물**
자음단 추출물 ┄➤ **은행잎 추출물**

락토바실러스 발효여과물

락토바실러스는 주로 김치, 우유 및 치즈 등 발효식품 전반에 걸쳐 사용되는 미생물로 모유 속에도 다량 존재합니다.
멜라닌색소 생성을 억제하여 피부 미백에 효과적이며, 피부 면역력 증진, 피부 염증 완화에도 도움이 됩니다.
최근 여러 가지 효능이 입증되면서 가장 인기 있는 천연 화장품 재료 중 하나이지요.

초간단 **락토바실러스 발효여과물** 세럼

정제수 21g + 알로에베라 겔 8g + 락토바실러스 발효여과물 1g + 일랑일랑 E. O. 1방울

재료를 잘 섞어 아침 저녁 세안 후 토너와 스킨 다음에 사용합니다.
꾸준히 사용하면 피부결이 부드러워지고 얼굴 색이 맑고 밝아집니다.

초간단 **락토바실러스 발효여과물** 보습 에센스

정제수 10g + 알로에베라 겔 17g + 워터아르간 오일 2g + 락토바실러스 발효여과물 1g + 라벤더트루 E. O. 1방울

재료를 잘 섞어 아침 저녁 세안 후 토너와 스킨 다음에 사용합니다.
유난히 건조한 부위나 민감한 부위에 충분히 발라주세요.

초간단 **팔꿈치, 발꿈치** 톤업 팩

락토바실러스 발효여과물 10g + 레몬 1/4조각

락토바실러스 발효여과물에 레몬 즙을 짜 넣고 잘 섞습니다.
화장솜에 듬뿍 묻혀 팔꿈치나 발꿈치 등 피부 색이 칙칙한 곳에 여러 번 문지릅니다.
헹궈내지 않아도 되기 때문에 매일 자기 전에 건조한 곳에 바르면 빠르게 효과를 볼 수 있습니다.

피부에 듬뿍 선사하세요

락토바실러스 발효여과물 스킨

락토바실러스 발효여과물은 면역력과 염증 완화에 도움이 되기 때문에
트러블이 있는 피부 전체나 부위에 꾸준히 사용하면 좋습니다.
스킨이지만 에센스처럼 피부에 흡수시킨다는 생각으로 사용하면 좋습니다.

난이도 ●○○
피부 타입 모든 피부
효능 미백, 브라이트닝
보관 실온
사용기간 2~3개월

재료(100g)

수상층
정제수 87g
락토바실러스 발효여과물 6g

첨가물
레몬 추출물 3g
글리세린 2g
인디가드 1g

에센셜 오일
만다린 E. O. 5방울

도구

유리 비커 1개
저울
주걱
스킨 용기(100ml)

How to Make

1. 유리 비커를 저울에 올리고 수상층(정제수, 락토바실러스 발효여과물)을
계량한다.

2. 첨가물(레몬 추출물, 글리세린, 인디가드)과 에센셜 오일(만다린)을 계량하여
넣고 주걱으로 잘 섞는다.

3. 미리 소독한 스킨 용기에 넣는다

4. 하루 동안 숙성한 후 사용한다.

How to Use

세안 직후 화장솜에 듬뿍 묻혀 얼굴을 부드럽게 닦아내 듯 바르세요.

➡ **대체 재료**
락토바실러스 발효여과물 ⋯▶ **갈락토미세스 발효용해물**
정제수 ⋯▶ **로즈오또 워터**
레몬 추출물 ⋯▶ **녹차 추출물**
인디가드 ⋯▶ **에코프리**
만다린 E. O. ⋯▶ **그레이프프룻 E. O.**

HOT ITEM. 10
과일산

사과, 포도, 레몬, 사탕수수에서 얻어지는 하이드록시산 복합물로 피부의 자극을 주지 않으면서
각질 제거와 피부결을 부드럽게 가꾸는데 도움을 주는 천연 화장품 원료입니다.
꾸준히 사용하면 피부 톤을 화사하게 하는데도 무척 효과적입니다.
단, 과다한 양을 피부에 사용하면 오히려 피부 자극을 일으킬 수 있으니 레시피에 정해진 양만큼 사용하여 화장품을 만드세요.

초간단 **과일산** 코 스크럽

초간단
레시피

흑설탕 10g + 포도씨 오일 2g + 과일산 1g + 올리브 리퀴드 2g

재료를 잘 섞어 세안 후 물기가 없는 상태에서 코 주변에 적당량을 발라 5분 정도 충분히 문지른 다음
따뜻한 물로 헹굽니다. 민감한 피부라면 흑설탕을 믹서에 넣어 곱게 갈아 만드세요.
피지가 많이 분비되는 피부라면 스크럽 후 가볍게 천연 비누로 다시 한번 세안하는 것이 좋습니다.

초간단 **과일산** 풋 스크럽

초간단
레시피

흑설탕 10g + 살구씨 분말 3g + 과일산 5g + 티트리 E. O. 1방울

재료를 잘 섞어 깨끗하게 씻은 발에 물기가 없는 상태에서 적당량을 덜어 5분 정도 꼼꼼히 문지른 다음
따뜻한 물로 헹구세요. 각질 제거는 물론이며 무좀과 발냄새를 예방하는 효과도 있습니다.
스크럽을 바르면서 발을 가볍게 마사지하면 하루의 피로도 풀 수 있지요.
스크럽 후에는 시어버터 등으로 만든 보습 크림을 챙겨 바르면 보송보송한 피부로 가꿀 수 있습니다.

각질과 피지를 한번에 해결

과일산 클렌징 스킨

각질 제거와 피부 톤업에 탁월한 효과가 있는 과일산을 넣은 스킨으로
환절기에 꼭 필요한 아이템입니다.
피부결 정리에 도움이 되면서 칙칙한 피부 톤을 밝게 가꿔주니까요.
제라늄 에센셜 오일을 넣어 피지 조절까지 해결한 똑똑한 스킨입니다.

난이도 ●○○
피부 타입 모든 피부
효능 클렌징, 각질 제거, 톤업
보관 실온
사용기간 2~3개월

재료(100g)

수상층
티트리 워터 50g
정제수 45g

첨가물
과일산 3g
레몬 추출물 1g
인디가드 1g

에센셜 오일
제라늄 E. O. 5방울

도구

유리 비커 1개
저울
주걱
스킨 용기(100ml)

How to Make

1. 유리 비커를 저울에 올리고 수상층(티트리 워터, 정제수)을 계량한다.

2. 첨가물(과일산, 레몬 추출물, 인디가드)과 에센셜 오일(제라늄)을 계량하여 넣고 주걱으로 잘 섞는다.

3. 미리 소독한 스킨 용기에 넣는다

4. 하루 동안 숙성한 후 사용한다.

How to Use

세안 후 화장솜에 듬뿍 묻혀 얼굴을 부드럽게 닦아 내세요. 흡수보다는 닦아 내는 느낌으로
사용하세요. 눈에 들어가지 않도록 주의하세요.

➜ **대체 재료**
티트리 워터 ···› **캐모마일 워터**
과일산 ···› **꽃산**
제라늄 E. O. ···› **로즈마리 버베논 E. O.**
인디가드 ···› **에코프리**

유기농 로즈힙 오일

비타민A, 레티놀신, 오메가3, 오메가6 등이 풍부해 다양한 피부 트러블을 빠르게 진정시키고 노화 피부의 재생을 도와줍니다.
유기농 로즈힙 오일은 주름 개선에 효과적인 원료로 피부에 직접 사용할 수 있어 더욱 좋습니다.
최근 인기를 얻고 있는 여러 아이 크림에 들어가는 필수 재료로 알려져 있기도 합니다.
그만큼 섬세하고 약한 피부, 주름이 쉽게 지는 부위에 꼭 필요한 천연 화장품 원료입니다.
유기농 로즈힙 오일에서는 약간 특이한 향이 나지만 자연스러운 현상이니 걱정하지 않고 사용해도 됩니다.

초간단 **유기농 로즈힙** 페이스 오일

유기농 로즈힙 오일 20g + 호호바 오일(또는 마카다미아너트 오일) 10g + 라벤더트루(또는 팔마로사) E. O. 2방울

재료를 잘 섞어 스킨 케어 마지막 단계에서 손바닥에 3~4방울을 떨어뜨려 손바닥 전체를 마주하여 잘 문지른 다음
얼굴 전체에 지긋하게 눌러가며 흡수 시킵니다.
건조한 피부에 빠르게 효과를 전달하기 때문에 건성피부라면 잠자기 전에 꼭 사용하는 것이 좋습니다.

초간단 **유기농 로즈힙** 바디 워터

정제수 63g + 유기농 로즈힙 오일 5g + 히아루론산(또는 글리세린) 2g + 네롤리(또는 스윗오렌지) E. O. 5방울

재료를 잘 섞어 샤워 후 몸에 물기가 있는 상태에서 골고루 바르세요.
바디 워터 안에 오일 알갱이가 보이는 것이 정상입니다.
바디 워터를 몸 전체에 바르면 수분과 유분을 동시에 공급해 촉촉하고 부드러운 피부를 유지할 수 있습니다.

눈가 주름이 걱정된다면

유기농 로즈힙 오일 세럼

오일 세럼은 아이 크림처럼 눈가에 조금씩 펴 발라주면 됩니다.
이때 흡수가 되도록 톡톡 두드려 마사지해주는 것이 좋은데
오일이 눈에 들어가면 따가울 수 있으니 눈두덩이는 피해주세요.
페이스 크림에 로즈힙 오일 세럼을 1:1 비율로 섞으면 아이 크림으로 사용할 수 있답니다.

난이도 ●●○
피부 타입 건성, 노화
효능 보습, 재생
보관 실온
사용기간 3~4개월

재료(30g)

유상층
유기농 로즈힙 오일 28g
바세린(시판용) 1g

첨가물
비타민E 1g
보르피린 1g

에센셜 오일
로즈 앱솔루트 E. O. 1방울

도구

유리 비커 1개
저울
주걱
에센스 용기(30ml)

How to Make

1. 유리 비커를 저울에 올리고 유상층(유기농 로즈힙 오일, 바세린)을 계량한다.

2. 첨가물(비타민E, 보르피린)과 에센셜 오일(로즈 앱솔루트)을 계량하여 넣고 주걱으로 잘 섞는다.

3. 미리 소독한 에센스 용기에 넣는다

4. 하루 동안 숙성한 후 사용한다.

How to Use

스킨 케어 마지막 단계에서 눈가에 바르고 톡톡 두드려 흡수시킵니다.
민감한 부위이니 세게 문지르지 않는 것이 좋아요.
입가나 팔자 주름 등에도 바르고, 얼굴 전체가 건조할 때 페이스 오일처럼 사용해도 됩니다.

➡ 대체 재료
바세린 … 트렌젤

AROMA THERAPY

휴식을 위한 디스트레스 레시피

아로마테라피는 식물에서 추출한 순수한 에센셜 오일을 이용한 자연 치료법을 뜻합니다.
아로마테라피의 중심인 에센셜 오일은 상쾌하고 향긋한 향기로 질병 치료나
피부 미용뿐만 아니라 스트레스 감소와 심신의 안정에도 탁월한 효과를 가지고 있어요.
여러 가지 에센셜 오일을 넣은 디퓨저, 캔들, 향수, 룸 스프레이 등
다양한 아로마테라피 아이템을 만들어 보겠습니다.

아로마테라피의 중심인 에센셜 오일은
상쾌하고 향긋한 향기로 피부 미용뿐만 아니라
질병 치료나 스트레스 감소와 심신의 안정에도
탁월한 효과를 가지고 있습니다.

D.I.F.F.U.S.E.R

265 　로즈 아로마 디퓨저
266 　디스트레스 디퓨저
269 　다양한 기능성 디퓨저

P.E.R.F.U.M.E

277 　퍼퓸
278 　아로마 네크리스
279 　💧 나만의 향수 레시피

C.A.N.D.L.E

270 　베이식 아로마 캔들
273 　레인보우 캔들
274 　크레파스 캔들
275 　워터 캔들

F.R.E.S.H.E.N.E.R

281 　크리스탈 볼 방향제
282 　석고 방향제
285 　룸 스프레이
286 　디스트레스 룸 스프레이
287 　디스트레스 베딩 스프레이
288 　페브리즈

AROMA
THERAPHY

은은한 향기의 멋진 인테리어 포인트

로즈 아로마 디퓨저

디퓨저는 인공적인 향을 사용하는 일반 방향제보다 은은하고 고급스런 향이
오랫동안 퍼진다는 특징이 있어요. 발향뿐만 아니라 인테리어 소품으로도 활용할 수 있지요.
만드는 방법도 아주 간단해요. 마음에 드는 에센셜 오일이나 향유를 선택하고,
정제수와 에탄올을 섞어서 예쁜 디퓨저 용기에 담아 나무 스틱을 꽂으면 되니까요.
친숙한 향기인 로즈 향의 디퓨저부터 만들어 볼까요.

난이도 ●○○
효능 방향, 공기 청정
장소 침실용

재료(200g)

정제수 40g
에탄올 155g
캔들향 로즈 F. O. 80~100방울
수용성 글리세린 색소(선택) 2방울

도구

유리 비커
저울
주걱
스틱
디퓨저 용기(250ml)

How to Make

1. 저울에 유리 비커를 올려놓고 먼저 로즈 프래그런스 오일을 계량한다.

2. 좋아하는 컬러의 수용성 글리세린 색소를 첨가해서 색을 낸다.

3. 에탄올을 넣고 주걱으로 섞는다.

4. 정제수를 계량해서 넣는다.

5. 살짝 흔들어 준 다음 디퓨저 용기에 담고 스틱을 꽂는다.

How to Use

완성된 디퓨저는 2주 정도 숙성 후 사용하면 더 부드럽고 풍부한 향을 느낄 수 있습니다. 디퓨저 용기는 입구가 좁은 것을 선택하고, 디퓨저 스틱은 발향을 도와주는 재료인데 약 2달에 1번 정도 교체하는 것이 좋습니다. 시간이 지나면서 스틱에 색소의 컬러가 서서히 올라오는 모양을 감상할 수 있어요.

F. O.는 프래그런스 오일(Fragrance Oil)의 약자입니다. 프래그런스 오일은 인공적으로 만든 향으로 발향력이 강하고 다양한 종류의 향이 있기 때문에 디퓨저, 캔들에 많이 사용해요.

FL. O.는 플래이버 오일(Flavor Oil)을 뜻하는데 립밤 등의 제품에 향을 더할 수 있도록 만든 오일이에요. 프래그런스 오일로도 사용할 수 있는데 에센셜 오일에서는 얻을 수 없는 다양한 향을 느낄 수 있다는 것이 장점입니다.

★ 주의 사항

❶ 아이 손이 닿지 않는 곳에 두세요. 혹시 아이의 손에 디퓨저 액이 묻었다면 물로 씻어내면 됩니다.

❷ 디퓨저를 만들거나 리필하다가 에센셜 오일이 피부에 직접 닿았다면 먼저 우유로 씻어낸 다음 물로 헹구세요.

❸ 디퓨저 액이 눈에 들어갔다면 먼저 식물성 오일(식용유 등)로 씻어내고, 심한 경우 에센셜 오일을 잊지말고 챙겨서 병원으로 가야 합니다. 실수로 디퓨저 액을 마신 경우에도 마찬가지입니다. 외국의 병원은 에센셜 오일로 인한 응급 상황에 대한 대처 방법이 많이 알려져 있지만, 우리나라에서는 아직 에센셜 오일에 대한 응급 치료가 미숙하기 때문이에요.

AROMA
THERAPY

스트레스를 감소시키고 마음을 편안하게 해주는

디스트레스 디퓨저

스트레스를 느낄 때면 창문을 열어서 신선한 공기를 마시거나
깊은 호흡을 해서 마음을 가라앉히려고 합니다.
여러 가지 효능을 가지고 있는 에센셜 오일 역시 스트레스를 완화하는 역할을 합니다.
다양한 에센셜 오일을 블렌딩해서 내게 맞는 디스트레스 향을 찾아보세요.
스트레스가 많은 분에게 선물해도 좋은 아이템입니다.

난이도 ◗◯◯
효능 스트레스 완화
장소 실내

재료(100g)

디퓨저 베이스 97g
로즈마리 E. O. 36방울
페퍼민트 E. O. 12방울
로즈우드 E. O. 12방울

도구

유리 비커
저울
주걱
디퓨저 용기(100ml)

How to Make

1. 유리 비커를 저울에 올려놓고 디퓨저 베이스,
에센셜 오일(로즈마리, 페퍼민트, 로즈우드)을 계량한다.

2. 주걱으로 잘 섞은 다음 디퓨저 용기에 담는다.

3. 일주일 정도 숙성한 다음 발향한다.

How to Use

디퓨저를 만든 다음 1~2주 정도 숙성하면 더 깊고 풍부한 향을 느낄 수 있어요.

✚ **플러스 레시피**
스트레스를 완화해주는 에센셜 오일의 블렌딩입니다.
❶ 팔마로사 36방울, 로즈마리 12방울, 제라늄 2방울
❷ 버가못 36방울, 팔마로사 24방울

스트레스를 감소시키고 마음을 편안하게 해주는

다양한 **기능성** 디퓨저

디퓨저는 에센셜 오일 블렌딩에 따라 방향제 효과뿐만 아니라
릴렉싱, 불면증 해소, 집중력 향상, 모기 퇴치 등 여러 가지 시너지 효과를 낼 수 있어요.
글리세린 색소는 수용성으로 원하는 컬러를 선택해서 넣으면 됩니다.

난이도 ●○○
효능 스트레스 완화
장소 실내

불면증에 도움이 되는 디퓨저(200g)

정제수 40g
에탄올 154g
라벤더트루 E. O. 70방울
마조람 E. O. 50방울
수용글리세린 색소 2방울

몸과 마음이 피곤해서 녹초가 되었는데도 잠이 오지 않을 경우에는 라벤더트루 에센셜 오일 20방울, 마조람 에센셜 오일 100방울을 섞어서 침대 옆에 두세요.

집중력을 높여주는 디퓨저(200g)

정제수 40g
에탄올 154g
로즈마리 E. O. 80방울
페퍼민트 E. O. 50방울
수용글리세린 색소 2방울

수험생의 공부방이나 서재 책상 위에 놓아두세요.

스트레스를 덜어주는 디퓨저(200g)

정제수 40g
에탄올 154g
버가못 E. O. 100방울
제라늄 E. O. 30방울
수용글리세린 색소 2방울

좀 더 상쾌한 느낌을 위한다면 레몬 에센셜 오일 30방울을 추가하고, 스트레스 해소와 릴렉스를 원한다면 일랑일랑 에센셜 오일 30방울을 추가하세요.

사랑을 부르는 디퓨저(200g)

정제수 40g
에탄올 155g
재스민 E. O. 20방울
일랑일랑 E. O. 80방울
수용글리세린 색소 2방울

관능적이고 이국적인 향기가 특징인 일랑일랑 에센셜 오일을 넣은 디퓨저입니다. 침실 특히 침대 옆에 두는 것이 효과적입니다.

공기 청정 디퓨저(200g)

정제수 40g
에탄올 154g
레몬 E. O. 60방울
유칼립투스 E. O. 40방울
티트리 E. O. 30방울
수용글리세린 색소 2방울

요리를 하거나 아이들이 뛰어노는 집안의 거실, 많은 사람들이 함께 일하는 사무실 등 공기 청정 효과가 필요한 곳에 두세요.

❶ 아로마 디퓨저가 좀 더 은은하고 천천히 발향되기를 원한다면 에탄올 양을 조금 줄이고, 대신 정제수 양을 늘리면 됩니다. 반대로 향이 약하다면 에센셜 오일을 더 넣어주세요.

❷ 건조한 날씨일수록 디퓨저 액이 빨리 줄어들게 되죠. 정제수와 에탄올의 비율을 40:60 정도의 비율로 넣으세요. 유리병 입구를 뚜껑이나 랩으로 막는 것도 추천해요. 뚜껑이나 랩으로 막으면 향이 스틱을 통해서만 발향되기 때문에 더 오래 유지됩니다.

❸ 아이들이 있다면 손에 닿지 않두록 디퓨저를 조금 높은 곳에 두세요. 그런데 높은 곳에 둘 경우 발향이 제대로 이루어지지 않을 수 있기 때문에 에센셜 오일 양을 조금 늘리거나 에탄올 비율을 늘려주세요.

AROMA
THERAPHY

유해 물질이 없는 소이 왁스로 만든

베이식 아로마 캔들

소이 왁스를 녹여서 프래그런스 오일을 넣는 기본 캔들부터 만들어 보겠습니다.
콩과 식물에서 추출한 오일로 만든 소이 왁스는
캔들에 사용하는 왁스 중에서 가장 천연에 가까운 재료입니다.
기포가 많이 생기지 않고 여러 번 사용해도 깔끔하게 유지된다는 장점이 있어요.
캔들이 연소해도 인체에 유해한 물질이 발생하지 않기 때문에 안심하고 사용할 수 있습니다.

난이도 ♠♠◊
효능 공기 정화, 발향
연소 시간 45~50시간

재료(210g)

에코소야 소이 왁스 194g
캔들향 F. O.(선택) 16g

도구

유리 비커
저울
핫플레이트
온도계
스모크프리 심지 4호
심지탭 스티커
심지 클립(나무 젓가락)
캔들 용기(7oz)

How to Make

1. 비커를 저울에 올려놓고 소이 왁스를 계량한다.

2. 핫플레이트에 비커를 올리고 가열해서 소이 왁스를 녹인다.

3. 스모크프리 심지 4호에 심지 탭 스티커를 붙인다.

4. 미리 소독한 캔들 용기의 바닥 중앙에 심지탭 스티커를 붙인다.

5. 왁스의 온도가 약 60℃일 때 선택한 캔들향 프래그런스 오일을 넣고 잘 섞는다.

6. 약 50℃가 되면 캔들 용기에 붓고, 심지는 심지 클립이나 나무 젓가락을 이용해서 중앙으로 고정한다.

7. 왁스가 완전히 굳으면 심지를 약 5mm정도 남기고 가위로 자른다.

How to Use

소이 캔들은 환경 호르몬 등의 유해 물질이 발생하지 않아 오랜 시간동안 사용할 수 있지만, 되도록 4시간 이상은 연소하지 않는 것이 좋습니다. 4시간 정도가 되면 캔들을 끄고 실내 환기를 해주세요. 그리고 불을 붙여 사용하기 때문에 반려 동물이나 어린아이의 손에 닿지 않는 곳에 누세요.

소이 왁스는 100% 콩으로 제작된 왁스라서 연소할 때 유해 물질이 발생되지 않아요. 파라핀에 비해 연소 시간이 길고, 굳는 온도가 낮기 때문에 낮은 온도에서 에센셜 오일을 넣을 수 있습니다. 불을 붙였을 때 불꽃이 부드럽고 고르게 타고, 표면이 골고루 연소해서 기포가 많이 생기지 않기 때문에 여러 번 사용해도 깔끔하다는 특징이 있어요.

일곱 가지 아름다운 컬러가 조화를 이룬

레인보우 캔들

여러 가지 캔들을 만들면서 자신감이 생겼다면 레인보우 캔들에 도전해 보세요.
선명한 7가지 컬러가 투명한 유리 컵 속에서 무지개처럼 빛나는 캔들입니다.
컬러에 따라 프래그런스 오일을 다르게 넣으면 여러 가지 향을 느낄 수 있어요.
손이 많이 가는 캔들이지만 한 번 만들어 두면 인테리어 포인트로 손색이 없답니다.

난이도 ◆◆◆
효능 공기 정화, 발향
연소 시간 45~50시간

재료(205g)

빨강 에코소야 소이 왁스 27g
　　　고체 색소 레드 0.2g
　　　캔들 F. O. 2g

주황 에코소야 소이 왁스 27g
　　　고체 색소 피치블라썸 0.2g
　　　캔들 F. O. 2g

노랑 에코소야 소이 왁스 27g
　　　고체 색소 옐로 0.3g
　　　캔들 F. O. 2g

초록 에코소야 소이 왁스 27g
　　　고체 색소 헌터그린 0.2g
　　　캔들 F. O. 2g

파랑 에코소야 소이 왁스 27g
　　　고체 색소 블루 0.3g
　　　캔들 F. O. 2g

남색 에코소야 소이 왁스 27g
　　　고체 색소 블루+블랙 0.3g
　　　캔들 F. O. 2g

보라 에코소야 소이 왁스 27g
　　　고체 색소 바이올렛 0.3g
　　　캔들 F. O. 2g

도구

유리 비커, 저울, 핫플레이트
종이컵, 온도계, 알루미늄 몰드
심지, 심지 클립, 유리 막대
캔들 용기(70oz)

How to Make

1. 유리 비커를 저울에 올려놓고 소이 왁스를 계량한 다음
핫플레이트에서 가열한다.

2. 종이컵에 고체 색소 레드를 계량한다.

3. 왁스가 다 녹고 온도가 70~80℃ 정도 되었을 때
종이컵에 왁스를 붓는다.

4. 고체 색소 레드가 다 녹을 때까지 잘 저어준다.

5. 온도가 60~65℃ 정도로 떨어지면 캔들 프래그런스 오일을 넣고
잘 섞는다.

6. 캔들 용기의 심지를 고정한다.

7. 왁스 온도가 50~55℃로 떨어지면 용기에 붓는다.

8. 왁스가 완전히 굳으면 주황, 노랑, 초록, 파랑, 남색, 보라 순서로
같은 과정을 반복한다.

레인보우 캔들은 다양하게 활용할 수 있습니다. 1가지 향을 사용하고 컬러만 다르게 할 수도 있고, 컬러마다 다양한 향을 넣을 수도 있어요. 스트라이프 캔들도 만들 수 있는데, 1가지 색소를 사용해서 컬러, 컬러가 없는 것, 컬러 방식으로 구성하면 됩니다. 캔들 색소는 취향에 따라 농도를 조절할 수 있어요. 남색은 두 가지 컬러를 섞어서 표현했는데 블루를 메인으로 하고 블랙을 소량씩 첨가했어요. 비율로 치면 9:1 정도입니다.

캔들 전용 프래그런스 오일(F. O.)은 취향에 따라 선택하면 됩니다. 색소와 프래그런스 오일을 섞을 때는 유리 막대나 시약 스푼을 사용하세요. 나무 젓가락을 사용하면 표백제가 녹아나와 왁스를 탁하게 만들 수 있습니다.

➜ 대체 재료

에코소야 소이 왁스 ···› **네이처 왁스, 골든 왁스**

AROMA
THERAPHY

눈꽃 결정 모양이 독특하고 아름다운

크레파스 캔들

크리스탈 팜 왁스에 크레파스 조각을 넣어 녹인 캔들이에요.
야자 열매에서 추출한 크리스탈 팜 왁스는 붓는 온도에 따라
눈꽃 결정 모양이 달라지기 때문에 여러 가지 디자인의 캔들을 만들 수 있어요.
온도를 계속 높이면서 어떤 모양이 나오는지 알아보는 것도 재미있지요.
캔들을 사용할 때는 반드시 받침을 사용하고 화재가 나지 않도록 주의하세요.

난이도 ◆◆◇
효능 공기 정화, 발향
연소 시간 40~45시간

재료(230g)

크리스탈 팜 왁스 213g
크레파스 조각(골드 컬러) 1g
캔들 F. O. 롬브르단로 16g

도구

유리 비커
저울
핫플레이트
온도계
알루미늄 몰드
심지
심지 클립
유리 막대

How to Make

1. 유리 비커를 저울에 올려놓고 왁스를 계량한다.

2. 비커를 핫플레이트에 올려 가열한다.

3. 알루미늄 몰드 아랫 부분의 구멍으로 심지를 넣고, 접착 고무로 고정한다.

4. 몰드를 똑바로 세우고 심지가 움직이지 않도록 심지 클립으로 고정한다.

5. 왁스가 다 녹고 온도가 95~100℃ 정도 되었을 때 크레파스 조각을 넣는다.

6. 크레파스 조각이 완전히 녹을 때까지 유리 막대로 잘 저어준다.

7. 마지막으로 캔들 프래그런스 오일을 넣고 잘 섞는다.

8. 왁스 온도가 95℃ 이하로 떨어지기 전에 알루미늄 몰드에 붓는다.

9. 완전히 굳으면 심지를 고정했던 접착 고무를 떼고 살살 돌려가면서 캔들을 빼낸다.

롬브르단로는 '물 위의 그림자'라는 뜻을 가지고 있는 캔들 전용 프래그런스 오일(F. O.)입니다. 고급스런 캔들 브랜드에서 특히 인기가 있는 향인데, 불가리안 장미와 블랙 커런트가 조화를 이룬 것입니다. 달콤한 장미보다는 풀과 숲의 향기인데 중성적이면서도 시크한 매력이 있습니다. 여러 가지 프래그런스 오일을 사용하면서 내게 가장 잘 어울리는 향을 선택하는 것도 캔들을 만드는 재미 중의 하나랍니다.

크리스탈 팜 왁스는 밀착력이 낮은 매트한 느낌의 왁스입니다. 캔들을 만들 때 손에 묻지 않아서 편리하고, 몰드나 컨테이너에서 쉽게 빼낼 수 있어요. 특히 붓는 온도, 주변 환경, 몰드에 따라 다양한 결정 모양이 나타나기 때문에 만드는 재미가 있죠. 일반 심지보다 2호수 정도 큰 심지를 사용하는 것을 추천합니다.

만들기 쉽고 안전한 캔들

워터 캔들

워터 캔들은 만들기도 쉽고 안전해서 아이들이 있는 가정이나
캠핑 등 야외에서 사용할 수 있는 캔들이에요.
종이컵이나 알루미늄 컵 등 다양한 용기를 활용할 수 있고,
발화점이 높기 때문에 워터 캔들 자체에는 불이 붙지 않아요.
다양한 컬러의 워터 캔들과 에센셜 오일을 선택하고
전용 심지를 넣으면 간단하게 만들 수 있어요.

난이도 ◉◇◇
효능 공기 정화, 탈취, 습도 조절
장소 실내, 실외
연소 시간 20~25시간

재료(100g)

워터 캔들 베이스 무향 97g
파인 E. O. 25방울
라임 E. O. 15방울
프랑킨센스 E. O. 10방울
캔들 전용 액상 색소 1방울
워터 캔들 전용 심지

도구

유리 비커
저울
주걱
캔들 용기(5oz)

How to Make

1. 유리 비커를 저울에 올려놓고 워터 캔들 베이스와 액상 색소,
에센셜 오일을 차례대로 계량한다.

2. 워터 캔들 전용 심지를 용기에 고정한다.

3. 잘 섞은 다음 캔들 용기에 담는다.

How to Use

워터 캔들 용기는 직경 5cm 이상의 컵을 사용하고, 세척해서 다시 사용해도 됩니다. 여러 가
지 향의 워터 캔들은 불을 켜지 않아도 자체적으로 은은한 향이 나고, 촛농이 없어 그을림 없
이 완전하게 연소되는 것이 특징이에요.

워터 캔들의 원료는 고도로 정제된 미네랄 오일에 식물성 카놀라 오일이 함유되어 있어 인체
에 무해합니다. 파라핀 오일은 온도가 올라가면 불이 붙기도 하지만, 워터 캔들은 발화점이 높
아서 오일 자체에는 불이 붙지 않아요. 장소와 공간에 따라 사용량을 조절할 수 있는데, 심지
를 여러 개 넣으면 발향 효과를 높일 수 있습니다.

➕ **플러스 레시피**
집중력 향상을 위한 액상 캔들
❶ 액상 캔들 베이스 무향 100g, 로즈마리 E. O. 25방울, 페퍼민트 E. O. 15방울,
  패츌리 E. O. 10방울
❷ 액상 캔들 베이스 무향 100g, 바질 E. O. 25방울, 라임 E. O. 15방울, 로즈우드 E. O. 10방울

AROMA
THERAPHY

취향을 표현하는 나만의 향수 만들기

퍼퓸

향기는 취향을 표현하기도 합니다.
그래서 누구나 좋아하는 향수 하나쯤은 가지고 있지요.
기분 전환을 위해서 또는 선물하기에 알맞은 향수를 만들어 볼까요.
향수 전용 향유를 넣어서 유명한 브랜드에서 사랑받고 있는 스테디셀러 향수를 만들었어요.
향의 강도를 조절할 수 있고 작은 용기에 넣어서 휴대할 수도 있습니다.

난이도 ◐◌◌
보관 방법 실온

재료(40g)

에탄올 30g
정제수 6g
DPG 1g
향수 전용 F. O. 3g

도구

유리 비커
저울
주걱
향수 용기(50ml)

How to make

1. 유리 비커를 저울에 올려놓고 에탄올과 향수 전용 프래그런스 오일을 먼저 섞는다.

2. 나머지 재료를 차례대로 계량한다.

3. 주걱으로 잘 저어준 다음 미리 소독한 향수 용기에 담는다.

4. 약 일주일 동안 숙성한 다음 사용한다.

How to Use

여러 가지 프래그런스 오일(F. O.)이나 이미지 향 중에서 좋아하는 향기를 선택하세요. 향수를 만들고 난 다음 약 일주일 동안 숙성하면 향이 더 풍성해진답니다. 만들어서 바로 뿌리면 에탄올의 향이 강해서 기침이 날 수도 있어요.
향수는 손목 안쪽이나 귀 뒤에 살짝 뿌려주면 되는데, 향이 너무 강하지 않도록 취향에 맞게 조절해주세요. 생각했던 것보다 향이 진한 편이라면 에탄올의 양을 조금 늘리고, 향을 더 오래 유지하려면 정제수의 양을 늘리면 됩니다.

DPG는 D-프로필렌글리콜의 약자인데, 보습 효과를 유지하고 피부 침투력이 좋은 재료입니다. 디퓨저나 향수에 쓰이는 DPG는 향의 기화 속도를 늦춰주는 역할을 합니다. 향이 너무 빨리 날아가버리거나, 디퓨저 액의 양이 빨리 줄어드는 것을 방지해 줍니다.

✚ 플러스 레시피
퍼퓸 롤온(14g)
해바라기씨 오일 1g, 향수 전용 F. O. 30방울, 비타민E 5방울을 섞어 롤온 용기에 담아 속캡까지 닫은 후 잘 흔들어 섞어 만듭니다.

09. PERFUME

은은한 향이 오래 지속되는 목걸이 타입

아로마 **네크리스**

여러 가지 에센셜 오일을 블렌딩해서
작은 목걸이에 넣는 휴대용 향수입니다.
손목이나 목에 직접 뿌리지 않고 목에 거는 목걸이 타입이라서
액세서리로 활용할 수 있고, 은은한 향이 계속 지속된다는 장점이 있어요.
에센셜 오일이 새거나 옷에 묻지 않도록 주의하세요.

난이도 ●○○

효능 향수

보관 방법 실온

사용기간 2~3개월

재료(2ml)

에센셜 오일(선택) 30~40방울
플라워 아로마 발향 목걸이

How to Make

1. 목걸이의 코르크 마개를 열고 에센셜 오일을 1방울씩 떨어뜨린다.

2. 코르크 마개를 닫고 일주일 정도 숙성한 후 착용한다.

How to Use

뚜껑이 코르크 재질로 되어 있기 때문에 은은하게 발향되는 것이 특징이에요. 에센셜 오일이 샐 수 있기 때문에 눕히지 말고 걸어서 보관하거나, 오일을 빼내서 보관해야 합니다. 옷에 묻지 않도록 주의하세요.

✚ 플러스 레시피

프레시 업 블렌딩
레몬 E. O. 5방울, 티트리 E. O. 10방울, 로즈우드 E. O. 5방울

릴렉싱 블렌딩
만다린 E. O. 5방울, 라벤더트루 E. O. 13방울, 샌달우드 E. O. 2방울

집중력 강화 블렌딩
파인 E. O. 3방울, 페퍼민트 E. O. 12방울, 제라늄 E. O. 5방울

상쾌하고 매혹적인 향을 지닌 향수는
스트레스를 완화해주고 자신만의 개성을 드러내 주기도 합니다.
대중적이거나 천편일률적인 향에서 벗어나 나만의 향기를 만들어 볼까요.
에센셜 오일을 여러 가지로 블렌딩해서 새로운 향기를 만들 수도 있고,
다양한 프래그런스 오일을 활용하는 방법도 있습니다.

수상층

향수를 만드는 가장 기본적인 재료로 에탄올, 정제수 두 가지를 사용합니다. 에탄올은 향의
발향을 도와주고 정제수는 향의 유지를 위해 사용하는데, 에탄올과 정제수의 비율을 다양하게
바꿔줌으로써 부향률이 다른 여러 가지 향수를 만들 수 있습니다.

	정제수(%)	에탄올(%)	부향률(%)	지속 시간
퍼퓸(Perfume)	0	100	15~30	5~7시간
오 드 퍼퓸(Eau de Perfume)	10	90	8~15	5~6시간
오 드 투알레트(Eau de toilette)	20	80	4~8	3~4시간
오 드 코롱(Eau de cologne)	30	70	3~5	1~2시간
샤워 코롱(shower cologne)	60~70	30~40	1~3	30분 이내

향수 블렌딩

아로마테라피를 활용해 나만을 위한 맞춤형 향수를 만들거나, 다양한 향을 블렌딩해서 아름답
고 풍부한 향을 만들어 볼 수 있습니다. 에센셜 오일을 블렌딩할 때는 베이스 노트, 미들 노
트, 탑 노트 순서로 넣어야 향이 더욱 오래 유지됩니다.

크리스천 디올 이미지 향	샤넬 이미지 향
그레이프프룻 5방울, 네롤리 4방울, 로즈 3방울, 일랑일랑 3방울, 샌달우드 3방울, 캐모마일로먼 2방울	레몬 6방울, 사이프러스 4방울, 프랑킨센스 3방울, 라벤더트루 3방울, 로즈마리 3방울, 제라늄 2방울

아로마 향기가 가득한 천연 방향제

크리스탈 볼 방향제

차 안이나 화장실 등 방향제가 꼭 필요한 공간이 있지요.
그래서 합성향이 아니라 천연 아로마 오일을 사용해서
상쾌하고 기분까지 좋아지는 방향제를 만들었어요.
크리스탈 볼은 방향제 베이스로 사용되는 재료인데,
물을 넣고 시간이 지나면 색소와 향을 머금은 작은 볼이 커지는 것을 볼 수 있어요.

난이도 ●○○
효능 냄새 제거, 방향
보관 실온
사용기간 2~3개월

재료(65g)

크리스탈 볼 2g
정제수 54g
에탄올 3g
천연 색소 1/4작은술
러브 스펠 F. O. 5~8g
자몽씨 추출물 5방울
DPG 0.5~1g

도구

유리 비커
저울
주걱
방향제 용기(100ml)

How to Make

1. 저울에 방향제 용기를 올려놓고 에탄올, 러브 스펠 프래그런스 오일, 자몽씨 추출물, DPG를 먼저 계량해서 잘 섞는다.

2. 정제수, 천연 색소를 넣고 주걱으로 저어서 혼합한다.

3. 크리스탈 볼을 넣고 5~7시간 정도 두면 불어난다.

How to Use

일주일에서 15일 정도에 한 번씩 정제수를 조금씩 부어줍니다. 방향이나 탈취가 필요한 곳에 놓아두세요. 아이들의 손이 닿지 않도록 주의하세요.

천연 색소는 레드, 블루, 그린, 옐로 중에서 선택할 수 있습니다. 천연 색소가 아닌 색소나 입욕제를 넣으면 크리스탈 볼이 불어나지 않을 수 있으니 주의하세요.

프래그런스 오일(F. O.)은 장미, 레몬, 민트 등 여러 가지 오일 중에서 취향에 맞는 것을 골라 배합하세요. DPG는 향을 보존해 주는 역할을 합니다.

크리스탈 볼은 방향제 베이스를 만드는 재료입니다. 방향제에는 향을 잡아주는 베이스가 필요한데 크리스탈 볼이 그 역할을 합니다. 전해질이나 소금기가 있는 재료를 넣으면 녹아버리기 때문에 주의하세요.

AROMA
THERAPHY

아로마 향기 가득한 오너먼트 방향제

석고 방향제

석고로 만든 오너먼트에서 은은한 프래그런스 오일 향이 나는 방향제입니다.
석고 분말과 몰드를 이용해서 곰돌이, 열쇠, 천사, 티스푼 등
여러 가지 모양의 석고를 만들 수 있어요.
인테리어 소품으로 활용할 수 있는 석고 방향제를 만들어 보겠습니다.

난이도 ◆◇◇

효능 공기 정화, 발향

사용기간 반영구

재료(165g)

석고 분말 100g
정제수 50g
올리브 리퀴드 5g
슈가 레몬 F. O. 10g

도구

유리 비커
저울
유리 막대
몰드

How to Make

1. 유리 비커를 저울에 올려놓고 석고 분말을 계량한다.

2. 정제수를 첨가하고 1~2분 정도 지나면 기포가 생긴다.

3. 기포 생성이 거의 사라지면 유리 막대로 저어서 석고를 잘 섞는다.

4. 석고를 곱게 갠 다음 올리브 리퀴드, 슈가 레몬 프래그런스 오일을
넣고 혼합한다.

5. 몰드에 천천히 붓는다.

6. 완전히 굳으면 몰드에서 빼내고 하루 정도 건조한 다음 사용한다.

How to Use

석고 방향제는 2~3달 정도 향이 유지되는데, 그 후에는 에센셜 오일, 캔들향 F. O., 이미지
향 F. O. 등을 방울방울 떨어뜨리면 계속 사용할 수 있어요. 사용하다 남은 향수를 뿌려도 좋
아요. 스푼 모양의 석고 방향제를 만들 때 향을 넣지 않고 만들면 디퓨저의 스틱으로 사용할
수 있어요.

아로마 향이 가득한 천연 탈취제

룸 스프레이

요리를 하고 나서 음식 냄새가 나거나,
애완 동물이 있는 경우 등 집에서는 늘 이런저런 냄새가 나기 마련입니다.
그래서 냄새를 없애주는 스프레이 타입의 천연 탈취제를 만들었어요.
에센셜 오일의 블렌딩에 따라 다양한 향기를 즐길 수 있는 것이 장점입니다.
간단하게 섞어서 만드는 룸 스프레이를 만들어 볼까요.

난이도 ●○○
효능 탈취, 방향
사용기간 3~6개월

재료(200g)

정제수 77g
에탄올 120g
티트리 E. O. 10방울
레몬 E. O. 30방울
주니퍼베리 E. O. 20방울

도구

유리 비커
저울
유리 막대
스프레이 용기(250ml)

How to Make

1. 유리 비커를 저울에 올려놓고 에탄올, 에센셜 오일(티트리, 레몬,
주니퍼베리)을 계량해서 유리 막대로 섞는다.
에탄올과 정제수를 먼저 섞고 나서 에센셜 오일을 넣으면
분리될 수 있다.

2. 정제수를 넣고 혼합한다.

3. 미리 소독한 스프레이 용기에 넣는다.

How to Use

사용 전에 잘 흔들어서 20cm 정도 거리를 두고 분사해주세요. 에센셜 오일의 색에 따라 옷,
침구 등에 묻어날 수 있기 때문에 꼭 거리를 두고 뿌려야 합니다.

티트리 에센셜 오일은 항바이러스, 항균 작용, 면역력 향상 작용으로 신체의 저항력을 길러주
는 효능을 가지고 있습니다.

레몬 에센셜 오일은 새콤달콤한 향기가 나며 항균, 살균, 탈취 효과가 뛰어나 섬유 유연제로도
사용됩니다.

몸과 마음을 편안하게 풀어주는

디스트레스 룸 스프레이

신경 쓸 일도 많고 시간을 쪼개듯 바쁜 사람들은 대부분 극심한 스트레스 상태로 지내게 됩니다. 심한 스트레스는 불면증, 면역력 저하, 우울증 등 여러 가지 부작용을 가져오게 되죠. 바쁜 하루를 끝내고 휴식을 취하는 침실에 아로마 향을 뿌려보세요. 몸과 마음을 편안하게 이완해주고 스트레스를 날려줄 룸 스프레이를 만들어 볼까요.

난이도 ●○○
효능 스트레스 완화
보관 실온
사용기간 3~6개월

재료(100g)

아로메이드 베이스 70   97g
라벤더트루 E. O.   40방울
스윗오렌지 E. O.   10방울
샌달우드 E. O.   10방울

도구

유리 비커
저울
유리 막대
스프레이 용기(120ml)

How to Make

1. 유리 비커를 저울에 올려놓고 아로메이드 베이스, 에센셜 오일(라벤더트루, 스윗오렌지, 샌달우드)을 계량해서 잘 섞는다.

2. 미리 소독한 스프레이 용기에 담고 일주일 정도 숙성한다.

에탄올은 발향에 도움을 줄뿐만 아니라 소독 효과도 뛰어난 재료입니다. 그래서 우리가 사용하는 방향제나 살균 소독제에는 정제수에 희석된 에탄올이 첨가되어 있습니다. 에탄올은 자체 미생물이 번식할 수 없는 조건이기 때문에 상할 염려가 없어요.

아로메이드 베이스는 에탄올, 정제수, DPG가 첨가된 베이스로 방향제, 탈취제, 해충 스프레이 등 여러 가지로 활용할 수 있어요.

✚ **플러스 레시피**
거실용 룸 스프레이
버가못 E. O.   30방울, 라임 E. O.   20방울, 파인 E. O.   10방울

숙면을 도와줄 침구용 아로마 스프레이

디스트레스 베딩 스프레이

푹 자고 개운하게 일어나는 것만큼 건강에 좋은 일은 없는 것 같아요. 마음을 편안하게 가라앉혀
서 쉽게 잠이 들고, 숙면을 취하게 해줄 디스트레스 아로마 스프레이입니다. 잠을 자기 전 이불과
베개 등 침구에 뿌려주세요. 라벤더트루, 네롤리는 정서적 긴장과 스트레스 해소에 효과가 있는
에센셜 오일입니다. 향긋한 향기와 함께 잠이 들고 개운하게 깨어나세요.

난이도 ●△△
효능 스트레스 완화
보관 실온
사용기간 3~6개월

재료(100g)

아로메이드 베이스70 99g
라벤더트루 E. O. 12방울
네롤리 E. O. 3방울

도구

유리 비커
저울
유리 막대
스프레이 용기(120ml)

How to Make

1. 유리 비커를 저울에 올려놓고 아로메이드 베이스,
에센셜 오일(라벤더트루, 네롤리)을 계량해서 잘 섞는다.

2. 미리 소독한 스프레이 용기에 담고 일주일 정도 숙성해서 사용한다.

✚ 플러스 레시피

성인용 디스트레스 베딩 스프레이
버가못 E. O. 10방울, 프랑킨센스 E. O. 5방울

유아, 청소년용 디스트레스 베딩 스프레이
❶ 라벤더트루 E. O. 12방울
❷ 스윗오렌지 E. O. 10방울, 캐모마일로먼 E. O. 2방울

AROMA
THERAPHY

방향과 탈취까지 한 번에

페브리즈

원래의 뜻은 섬유 탈취제지만 방향제로도 많이 쓰이는 페브리즈입니다.
차 안이나 화장실 등의 퀴퀴한 냄새를 없애고
상쾌하고 은은한 향을 남기는 페브리즈를 만들어 보겠습니다.
에센셜 오일의 블렌딩은 취향에 따라 여러 가지로 섞어서 만들어 보세요.

난이도 ◑○○
효능 탈취, 방향
사용기간 3~6개월

재료(200g)

정제수 138g
에탄올 50g
HCO60 3g
티트리 E. O. 40방울(2g)
레몬 E. O. 80방울(4g)
라임 E. O. 60방울(3g)

도구

유리 비커
저울
핫플레이트
유리 막대
스프레이 용기(250ml)

How to Make

1. 유리 비커를 저울에 올려놓고 정제수, HCO60을 계량한다.

2. 비커를 핫플레이트에 올려 약 50~60℃로 가열한다.

3. 에탄올을 넣고 유리 막대로 잘 섞는다.

4. 온도가 약 40~50℃가 되면 에센셜 오일(티트리, 레몬, 라임)을 넣고 혼합한다.

5. 미리 소독한 스프레이 용기에 담는다.

How to Use

땀 냄새 등의 퀴퀴한 냄새가 밴 옷, 냄새가 나는 신발, 패브릭 소파, 커튼 등에 뿌려주세요. 차 안, 화장실, 기타 냄새가 나는 공간에 뿌려도 됩니다. 냄새를 없애는 탈취가 목적이라면 에탄올 양을 조금 더 늘리고, 상쾌한 향기가 나는 것이 더 좋다면 에탄올 양을 줄이면 됩니다.

HCO60은 가용화제로 물에 녹지 않는 물질을 용해되도록 해주는 재료입니다. 즉 정제수에 에센셜 오일이 잘 섞이도록 해주는 재료입니다. 기존의 가용화제는 물과 섞을 때 오일량의 2~3배 이상을 넣어야 하지만, HCO60 반만 넣어도 깨끗하게 용해할 수 있어요. HCO60은 팜 오일이나 야자 오일처럼 굳어있는 상태이기 때문에 중탕해서 녹인 다음 사용하세요.

✛ 플러스 레시피

노 스모킹 페브리즈
정제수 25g, 에탄올 73g, 레몬 E. O. 30 방울, 티트리 E. O. 20방울, 레몬그라스 E. O. 10방울

공기 청정 페브리즈
정제수 27g, 에탄올 70g, 파인 E. O. 30 방울, 레몬 E. O. 20방울, 레몬그라스E. O. 10방울

곰팡이 제거 페브리즈
정제수 10g, 에탄올 82g, 시나몬리프 E. O. 25방울, 레몬 E. O. 20방울,
라벤더트루 E. O. 30방울

살균 페브리즈
정제수 10g, 에탄올 82g, 제라늄 E. O. 30 방울, 레몬 E. O. 20방울, 티트리 E. O. 20방울

SUPER SIMPLE CARE

수퍼 심플 케어 레시피

천연 화장품을 만들기 위해 준비한 원료가 남았다면
'수퍼 심플 케어' 레시피를 활용해보세요.
기존 제품에 천연 원료를 섞어 효과적으로 사용하는 방법,
생활 속 에센셜 오일 활용법 등 친연 화장품뿐 아니리
두구나 실천 가능한 라이프 케어 레시피를 알려드립니다.
초보자라면 'PART 7'부터 도전해 보는 것도 좋은 방법이겠죠!

천연 화장품을 만들다 보면 늘 소량씩 여러가지 재료가 남을 수 밖에 없습니다.

천연 화장품은 재료의 비율이 굉장히 중요하기 때문에

남은 재료를 아무렇게나 더 넣을 수도 없지요.

이럴때 유용하게 활용할 수 있는 생활 속 천연 재료 레시피를 알려 드릴게요.

FACIAL & SKIN CARE

• 영양 스킨 •

EGF 또는 FGF

기존에 사용하던 스킨이나 미스트에 2방울씩 떨어뜨려
잘 섞은 다음 피부에 바르세요.
콜라겐을 생성하여 피부 탄력이 좋아지며
피부결이 부드러워 집니다.

• 보습 크림 •

히아루론산

기존에 사용하던 크림에 2방울씩 떨어뜨려 사용합니다.
얼굴과 몸에 모두 사용할 수 있습니다.

• 페이스 오일 •

유기농 호호바 오일 10g
라벤더트루 E. O. 2방울
제라늄 E. O. 1방울

재료를 섞어 스포이드 용기에 넣어 사용합니다.
세안 후 물기기 있는 상태에서 얼굴 전체
마사지하듯 흡수시켜 주세요.

• 안티에이징 페이스 오일 •

유기농 로즈힙 오일 5g
유기농 호호바 오일 5g
프랑킨센스 E. O. 1방울
로즈앱솔루트 E. O. 1방울

재료를 골고루 섞어 스포이드 용기에 넣습니다.
스킨 케어 마지막 단계에서 원하는 양만큼 손에 덜어
비빈 다음 얼굴 전체를 감싸고 지그시 누르면서 바릅니다.
건조하고 노화된 피부에 좋습니다.

• 피부 재생 페이스 오일 •

유기농 호호바 오일 5g
유기농 로즈힙 오일 5g
제라늄 E. O. 2방울
프랑킨센스 E. O. 1방울

호호바 오일과 로즈힙 오일을 먼저 계량하고
에센셜 오일을 차례대로 넣어 충분히 섞은 다음
스포이드 용기에 넣습니다.
스킨 케어 마지막 단계에서 얼굴 전체에 충분히
마사지하세요.

• 주름 방지 •

보르피린

스킨 케어 마지막 단계에서 눈가와 입가, 팔자 주름 부위에
바르고 톡톡 두드려 흡수시킵니다.

• 보습 세안 •

브로콜리 추출물

얼굴 세안 마지막 단계에서 차가운 물을 받아
브로콜리 추출물 10방울을 섞으세요.
이 물로 얼굴을 헹궈 마무리 합니다.

• 보습 클렌징 •

올리브 리퀴드

사용 기한이 임박한 페이스 크림에 올리브 리퀴드를 넣으면
클렌징 크림으로 활용할 수 있습니다.
기존 크림 30g에 올리브 리퀴드 5g을 넣고 잘 섞어
사용합니다.

• 슬리핑 팩 •

올리브 리퀴드 1g
네롤리 E. O. 5방울
패츌리 E. O. 1방울
알로에베라 겔 30g
네롤리 워터 30g
나프리 1g

올리브 리퀴드, 네롤리 · 패츌리 에센셜 오일을
먼저 계량하여 섞으세요.
알로에베라 겔을 넣고 충분히 섞습니다.
네롤리 워터를 조금씩 넣어 가면서 섞은 다음
나프리를 첨가합니다. 취침 전 얼굴에 골고루 펴 바르고
수면을 취한 다음 아침에 따뜻한 물로 헹궈 냅니다.

• 여드름, 뾰루지 진정 •

티트리 E. O.

면봉에 1방울을 묻힌 다음 여드름이나 뾰루지가 난 곳에
살짝 찍듯이 바릅니다.

• 지성 · 여드름 피부용 스팟 •

어성초 추출물 1g
감초 추출물 1g
티트리 워터 8g
올리브 리퀴드 2방울
나프리 0.1g
샌들우드 E. O. 2방울
티트리 E. O. 2방울

올리브 리퀴드, 샌들우드 · 티트리 에센셜 오일을
먼저 섞은 다음 나머지 재료를 충분히 섞어
롤온 용기나 스포이드 용기에 넣고
피부 트러블이 생긴 곳에 집중적으로 바릅니다.

• 화농성 여드름, 지루성 피부염 완화 •

베르가모트 E. O.
티트리 E. O.

1 : 1 동일한 비율로 섞어 염증 부위에 면봉을 이용해
1방울씩 바르세요.
진정 및 살균 소독 효과가 있습니다.

• 입술 포진 완화 오일 •

베르가모트 E. O. 2방울
티트리 E. O. 2방울
로즈우드 E. O. 2방울
호호바골드 오일 9g
비타민E 1방울

롤온 용기에 차례로 넣고 충분히 섞은 다음
입술 포진 부위에 굴리듯이 바릅니다.

• 속눈썹 영양 •

피마자 오일

속눈썹에 조금씩 꾸준히 바르면 눈썹 성장에 도움이 되며
탄력과 윤기를 갖게 됩니다.

HAIR & BODY CARE

• 탈모 방지 두피 에센스 •

엑스트라버진코코넛 오일 10g
바질 E. O. 1방울
로즈마리 버베논 E. O. 2방울

재료를 골고루 섞어 완성합니다.
샴푸 전 일정량을 두피에 바르고 5~10분 정도 마사지 후
샴푸합니다. 엑스트라버진 코코넛 오일이 고체 상태일 경우
전자레인지에 살짝 돌려 녹여주세요.

• 탈모 방지 두피 에센스 •

동백 오일 10g
제라늄 E. O. 2방울
로즈마리 버베논 E. O. 1방울
바질 E. O. 1방울

재료를 골고루 섞어 완성합니다.
샴푸 전 모발이 젖지 않은 상태에서 적당량을 덜어 두피에
바른 다음 약 5~6분 정도 마사지한 다음 샴푸합니다.

• 헤어 에센스 •

아르간 오일 18g
엑스트라버진코코넛 오일 10g
비타민E 2g
로즈마리 버베논 E. O. 5방울
네롤리 E. O. 1방울

샴푸 후 머리카락이 충분히 마른 다음에 머리카락 끄트머리에
골고루 바르세요. 두피에 닿지 않도록 주의하세요.
다른 재료가 없다면 워터 아르간 오일만 바르는 것도
효과가 있습니다.

• 트러블 두피 샴푸 •

샴푸베이스 190g
로즈마리 추출물 50g
D-판테놀 5g
실크아미노산 5g
미르 E. O. 10방울
로즈마리 버베논 E. O. 5방울
라벤더트루 E. O. 5방울

순서대로 계량하여 충분히 섞은 다음 샴푸합니다.

• 바디 미스트 •

정제수 50g
알로에 워터 30g
글리세린 3g
알란토인 분말 0.1g
에탄올 5g
네롤리 E. O. 1방울
페티그레인 E. O. 2방울
로즈우드 E. O. 1방울

유리 비커에 에탄올과 네롤리·페티그레인·로즈우드
에센셜 오일을 먼저 섞으세요.
다른 비커에 정제수와 알란토인 분말을 넣어 잘 섞은 다음
나머지 재료를 넣어 섞으세요.
2개의 비커를 합하여 골고루 섞은 다음 스프레이 용기에
담습니다. 이틀 정도 숙성한 다음 사용해야
그윽한 향이 충분히 우러납니다.

• 입욕제 •

배스 솔트 50g
스윗오렌지 E. O. 3방울
레몬 E. O. 2방울
티트리 E. O. 2방울

배스 솔트에 에센셜 오일을 떨어뜨려 흡수시킨 후
사용하세요. 목욕할 때 욕조에 풀어서 사용하면
피부를 매끄럽게 해주는 효과가 있습니다.

• 전신 마사지 •

살구씨 오일 20g
만다린 E. O. 10방울

원하는 신체 부위에 바르고 충분히 마사지 합니다.
특히 만다린 에센셜 오일은 담즙 분비, 지방 분해를 돕고
혈액순환을 촉진하며 피부 재생에 도움이됩니다.

• 셀룰라이트 제거 •

살구씨 오일 10g
호호바골드 오일 10g
스윗오렌지 E. O. 5방울
그레이프프룻 E. O. 2방울

재료를 섞어 완성합니다.
셀룰라이트가 심한 부위에 직접 발라 충분히 마사지합니다.

· 튼살 방지 ·

살구씨 오일 15g
윗점 오일 5g
만다린 E. O. 3방울
네롤리 E. O. 1방울
라벤더트루 E. O. 1방울

급격한 성장이나 체중 증가 시에 수시로 튼살이 생길 수
있는 부위에 바릅니다.
특히 임신 5개월 이후 배 부분을 꾸준히 마사지하면
튼살이 생기는 것을 방지하는 데 도움이 됩니다.

· 피부 열감 저하 ·

알로에베라 겔

화끈거리는 피부 부위에 알로에베라 겔을 바른 다음
10분 후 가볍게 씻어 내면 화끈거리는 피부가 진정됩니다.
얼굴과 몸에 모두 사용할 수 있습니다.

· 습진 완화 ·

시어버터

피부 습진이 생긴 부위에 꾸준하게 발라주세요.
고체 형태이나 체온에 의해 자연스럽게 녹아 흡수됩니다.

· 흉터 완화 ·

유기농 로즈힙 오일
카렌듈라 인퓨즈드 오일

두 가지 오일을 1:1로 섞어서 흉터가 있는 자리에 꾸준히
발라 마사지 하면 흉터를 완화하는데 도움이 됩니다.

· 큐티클 크림 ·

레몬 E. O.

기존에 사용하던 페이스 또는 바디 크림을 약간 덜어
레몬 에센셜 오일 1방울을 섞으면 큐티클 크림으로
활용할 수 있습니다. 큐티클 부위에 발라 마사지하면
보습 및 각질 제거에 효과적입니다.

• 만성 아토피 연고 •

달맞이꽃 오일 5g
동백 오일 5g
호호바골드 오일 10g
엑스트라버진코코넛 오일 5g
유기농 비즈 왁스 3g(또는 비즈왁스 정제)
비타민E 1g
캐모마일저먼 E. O. 5방울
라벤더트루 E. O. 10방울
샌들우드 E. O. 3방울(또는 로즈우드나 프랑킨센스)

유리 비커에 달맞이꽃 오일, 동백 오일, 호호바골드 오일,
엑스트라버진코코넛 오일, 유기농 비즈 왁스, 비타민E를
계량 후 골고루 섞어 핫플레이트에서 가열합니다.
온도가 60℃ 이하로 내려가면 에센셜 오일을 넣고
잘 섞은 다음 연고 용기에 담습니다.
아토피 트러블이 심한 부위에 보습을 해준 다음
연고를 바릅니다.

• 베이비 올인원 샤워젤 •

올리브 리퀴드 0.2g
캐모마일로만 E. O. 1방울
라벤더트루 E. O. 3방울
로즈우드 E. O. 1방울
올리브 계면활성제 15g
애플 계면활성제 10g
코코베타인 5g
라벤더 워터 60g
히아루론산 3g
실크아미노산 3g
세라마이드(수상용) 3g
나프리 1g

올리브 리퀴드와 에센셜 오일을 먼저 섞은 다음
나머지 재료를 차례대로 넣어 섞습니다.
계면활성제가 첨가되기 때문에 과하게 저으면
거품이 많이 날 수 있으니 최대한 천천히 저으세요.
샤워타월에 묻혀 충분히 거품을 낸 다음 사용합니다.

• 잠투정 아기 아로마 케어 •

호호바골드 오일 10g
라벤더트루 E. O. 5방울
캐모마일로만 E. O. 5방울

손수건에 한 방울 떨어뜨려 아이의 목에 둘러주면 됩니다.
캐모마일로만 에센셜 오일은 신경계 진정효과로
ADHD(주의력결핍과잉행동장애) 아이에게도
효과가 있습니다.

• 예민한 아기 아로마 케어 •

호호바골드 오일 10g
네롤리 E. O. 10방울

거즈나 휴지에 1~2방울 떨어뜨려 코 가까이 가져가
향을 맡게 한 다음 잠자리 가까이에 둡니다.
아침에 일어났을 때 한 번 더 향을 맡게 합니다.

• 유아용 비염 오일 •

호호바골드 오일 10g
유칼립투스 글로블루스 E. O. 2방울

콧방울 주변에 살짝 문질러 바른 다음 코 주변을 가볍게
지압하면서 마사지합니다.

• 유아용 모기 퇴치 스프레이 •

정제수 70g
에탄올 30g
시트로넬라 E. O. 10방울
유칼립투스 시트리오도라 E. O. 5방울
라벤더트루 E. O. 10방울

아이의 몸에 직접 분사하지 않고 신발, 양말, 옷깃 등에
뿌려 줍니다. 외출 30분 전에 뿌려야 효과가 좋습니다.

SUPER
SIMPLE
CARE

WOMAN'S CARE

• 생리통 완화 •

❶ 헤이즐넛 오일 10g
마저럼 E. O. 3방울
클라리세이지 E. O. 2방울

❷ 호호바골드 오일 10g
클라리세이지 E. O. 2방울
재스민 E. O. 1방울
라벤더트루 E. O. 1방울

❸ 달맞이꽃 오일 10g
살구씨 오일 10g
비타민E 1g
라벤더트루 E. O. 4방울
캐모마일저먼 E. O. 1방울
클라리세이지 E. O. 1방울
재스민 E. O. 1방울

❹ 달맞이꽃 오일 10g
호호바골드 오일 10g
마저럼 E. O. 2방울
라벤더트루 E. O. 2방울
클라리세이지 E. O. 1방울

오일을 복부와 치골 주변에 바르며 천천히 골고루
마사지합니다. 생리통이 없을 때라도 꾸준히 오일 마사지를
하면 생리통 완화에 도움이 됩니다.
음주 전후에는 클라리세이지가 들어간 마사지 오일은
사용하지 않는 것이 좋습니다.

• 폐경기 마사지 오일 •

유기농 달맞이꽃 오일 10g
유기농 로즈힙 오일 10g
유기농 호호바 오일 9g
비타민E 1g
로즈앱솔루트 E. O. 2방울
클라리세이지 E. O. 1방울
사이프러스 E. O. 1방울
펜넬 E. O. 1방울

취침 전 복부와 등에 바르고 마사지합니다.
2~3회 정도 나눠서 사용할 수 있는 양입니다.
호르몬 균형에 도움이 되기 때문에 갱년기 증상을 겪을 때
사용하면 좋습니다.

• 질염 예방 •

티트리 E. O. 1방울
라벤더트루 E. O. 1방울

속옷에 1방울을 떨어뜨리면 됩니다.
에센셜 오일이 건조되면 착용하세요.

• 여성 청결제 •

베르가모트 E. O. 50%
티트리 E. O. 40%
제라늄 E. O. 10% 비율

속옷에 1방울 뿌리고 오일이 건조된 후에 착용하세요.
질염 등 기타 염증을 예방할 수 있습니다.

• 오일풀링 •

에탄올 2g
올리브버진 오일 10g
미르 E. O. 1g

에탄올에 미르 에센셜 오일을 잘 섞은 다음
올리브 오일과 혼합하세요.
따뜻한 물 한 컵에 블렌딩한 오일을 1~2방울 떨어뜨려
입안을 헹궈줍니다.
오일을 섭취하지 않도록 주의합니다.

• 비염 디퓨저 •

에탄올 65g
티트리 E. O. 10g
유칼립투스 글로블루스 E. O. 10g
샌들우드 E. O. 10g
정제수 5g

에탄올과 에센셜 오일을 먼저 섞은 다음 정제수를 섞어
2주 이상 숙성한 다음 사용하세요.

• 비염 완화 •

호호바골드 오일 10g
유칼립투스 글로블루스 E. O. 3방울
라벤더트루 E. O. 1방울

코 밑과 콧방울에 오일을 바르고 코 주변을
지그시 누르면서 마사지합니다.

• 코 막힘 •

유칼립투스 글로블루스 E. O. 1방울
페퍼민트 E. O. 1방울

가만히 코로 흡입하며 편안하게 호흡합니다.
깨끗한 휴지에 떨어뜨린 다음 코 가까이 대고 1분 정도
호흡합니다. 아침 저녁으로 꾸준히 하면 코 막힘 증상을
완화할 수 있습니다.

SUPER
SIMPLE
CARE

• 기관지염 완화 •

카렌듈라 인퓨즈드 오일 10g
호호바골드 오일 10g
비타민E 4방울
유칼립투스 글로블루스 E. O. 2방울
라벤더트루 E. O. 2방울
파인 E. O. 1방울

목과 등 부분에 골고루 펴 바른 다음 마사지합니다.

• 호흡기 질환 목욕 솔트 •

히말라야 솔트 50g
프랑킨센스 E. O. 3방울

솔트에 에센셜 오일을 떨어뜨립니다. 따뜻한 목욕물에
솔트를 넣고 수증기를 흡입하며 목욕을 즐깁니다.
2회 정도 사용할 수 있는 양입니다.

• 호흡기 강화 •

에탄올 3g
올리브 에스테르 오일 2g
올리브 리퀴드 3g
미르 E. O. 5방울
유칼립투스 글로블루스 E. O. 10방울
티트리 E. O. 10방울

에탄올에 미르 에센셜 오일을 충분히 섞은 다음
나머지 재료와 섞습니다.
종이컵에 따뜻한 물을 넣고 블렌딩한 오일 1방울을
떨어뜨린 다음 코에 가까이 대고 눈을 감고 호흡합니다.

• 편두통 롤온 •

올리브 에스테르 오일 9g
비타민E 2방울
페퍼민트 E. O. 2방울
로즈마리 버베논 E. O. 2방울

롤온 용기에 담고 관자놀이에 바르면 됩니다.

• 두통 완화 •

알로에베라 겔 1g
올리브 리퀴드 3방울
로즈마리 버베논 E. O. 1방울
페퍼민트 E. O. 1방울
라벤더트루 E. O. 1방울
라벤더 워터 8g

알로에베라 겔, 올리브 리퀴드,
로즈마리 버베논·페퍼민트·라벤더트루 에센셜 오일을
넣고 잘 섞은 다음 라벤더 워터를 조금씩 넣으면서
유액 타입으로 만들어롤온 용기에 담습니다.
두통이 있을 때 관자놀이에 바릅니다.

• 해열 시트 •

에탄올 2g
팔마로사 E. O. 3방울
페퍼민트 E. O. 1g
글리세린 E. O. 1g
정제수 20g

에탄올에 에센셜 오일을 먼저 섞고 글리세린, 정제수를
넣어 잘 혼합합니다.
손수건에 용액을 적신 다음 열이 나는 부분에 덮어 줍니다.

• 환절기 목욕 오일 •

시트로넬라 E. O. 2방울
티트리 E. O. 1방울

청주(또는 화이트 와인) 1큰술에 에센셜 오일을 희석한 다음
따뜻한 목욕물에 넣습니다. 근육통을 완화시키며,
피로 회복을 돕고, 면역력 증진에 좋습니다.

• 화상 •

라벤더트루 E. O. 1~2방울

거즈나 화장솜에 떨어뜨려 화상 부위에 덮어둡니다.
화상 부위가 좁으면 원액을 1~2방울 떨어뜨려 둡니다.
가벼운 화상의 열감을 빼주고 흉터가 생기는 것을
방지하는 효과가 있습니다.

• 대상포진 연고 •

베르가모트 E. O. 1방울

대상포진 환부에 오일을 살살 바릅니다.
리모넨(Limonene) 성분이 진균, 진정, 항염효과가 있습니다.
환부가 넓은 경우에는 호호바골드 오일과 1:1 비율로 섞어
발라주세요.

• 근육통 완화 •

❶ 살구씨 오일 15g
유칼립투스 글로블루스 E. O. 2방울
제라늄 E. O. 1방울
페퍼민트 E. O. 1방울

재료를 섞어 완성한 다음 통증이 있는 부위에 바르고
마사지하세요.

❷ 블랙페퍼 E. O. 3방울
라벤더트루 E. O. 5방울
레몬그라스 E. O. 2방울
올리브 리퀴드 3방울
정제수 50g

수건에 적셔 통증 부위를 덮어 주세요.

• 어깨 결림 완화 •

에뮤 오일 10g
시더우드 E. O. 1방울
유칼립투스 글로블루스 E. O. 2방울

에뮤 오일을 계량한 다음 핫플레이트에서 가열합니다.
온도가 60℃ 이하로 내려가면 에센셜 오일을 첨가해
잘 섞은 다음 틴케이스에 넣습니다.
어깨 통증이 있는 부위에 마사지하듯 바릅니다.

• 관절염 완화 •

❶ 카렌듈라 인퓨즈드 오일 10g
보리지 오일 5g
살구씨 오일 13g
비타민E 5방울
캐모마일 저먼 E. O. 5방울
마저럼 E. O. 10방울
진저 E. O. 1방울(또는 블랙페퍼)

❷ 살구씨 오일 5g
카렌듈라 인퓨즈드 오일 5g
시트로넬라 E. O. 2방울
유칼립투스 글로블루스 E. O. 1방울
페퍼민트 E. O. 1방울

각각의 재료를 섞어 완성한 다음
관절염이 있는 부위에 바르고 부드럽게 마사지합니다.

• 통풍 완화 •

❶ 호호바골드 오일 20g
파인 E. O. 2방울
주니퍼베리 E. O. 2방울
레몬 E. O. 2방울

❷ 호호바골드 오일 10g
라벤더트루 E. O. 4방울
레몬 E. O. 2방울
타임 E. O. 2방울

각각의 재료를 섞어 완성한 다음 롤온 용기에 넣어서
바르거나 통증이 있는 부위에 1~2방울 떨어뜨려
마사지합니다.

• 배앓이 완화 •

호호바골드 오일 20g
만다린 E. O. 5방울

복부, 척추, 등 부분에 바르며 마사지합니다.
잠자기 전에 1~2방울을 손바닥에 떨어뜨려 잘 문지른 다음
배꼽 주변에 마사지하듯 발라주세요.

• 소화 촉진 디퓨저 •

에탄올 35g
만다린 E. O. 10g
정제수 5g

에탄올에 만다린 에센셜 오일을 넣고 잘 섞은 다음
정제수를 넣어 다시 한 번 잘 섞어 일주일 정도 숙성한 뒤
사용합니다.

• 멀미 완화 •

스윗오렌지 1~2방울

옷 끝자락, 스카프, 양말, 신발에 1~2방울 정도 떨어뜨립니다.
차량 바닥 매트에 떨어뜨립니다.

• 변비 완화 오일 •

❶ 만다린 E. O. 3방울
블랙페퍼 E. O. 2방울
살구씨 오일 10g
비타민E 1g

❷ 호호바골드 오일 50g
해바라기씨 오일 50g
마저럼 E. O. 20방울
페퍼민트 E. O. 10방울
펜넬 E. O. 5방울

각각의 재료를 섞어 완성한 다음 복부 주변에 오일을
바르고 시계 방향으로 가볍게 누르면서 마사지합니다.
성인 기준 1일 사용량은 6~8방울이 적합합니다.

• 버물리 연고 •

호호바골드 오일 10g
코코넛 오일 10g
살구씨 오일 10g
비타민E 1g
비즈 왁스 7g
페퍼민트 E. O. 5방울
라벤더트루 E. O. 8방울
티트리 E. O. 5방울

유리 비커에 에센셜 오일을 제외한 모든 재료를 계량하여
핫플레이트에서 가열합니다.
비즈 왁스를 녹인 다음 60℃ 이하로 온도를 내립니다.
3가지 에센셜 오일을 넣고 잘 섞어 스틱 롤온이나
틴케이스에 담아서 사용합니다.

• 벌레 물림 •

티트리 E. O. 1방울

면봉에 티트리 1방울을 묻힌 다음 벌레 물린 곳에
살짝 찍듯이 바릅니다.

• 무좀 예방 •

티트리 E. O. 1방울

신발에 1방울 떨어뜨려 주세요.

STRESS CARE

· 명상, 요가 ·

프랑킨센스 E. O. 1방울

깨끗한 수건에 프랑킨센스 에센셜 오일 한 방울을 떨어뜨려 가까이 두면 됩니다.

· 스트레스 완화 마사지 오일 ·

호호바골드 오일 20g
샌들우드 E. O. 2방울

등 부분에 넓게 바른 다음 마사지합니다.

· 스트레스 완화 미니 스프레이 ·

에탄올 8g
네롤리 E. O. 15방울
페티그레인 E. O. 3방울
로즈우드 E. O. 2방울
정제수 1g

작은 스프레이 용기에 에탄올과 에센셜 오일을 먼저 섞은 다음 정제수를 넣고 2주 동안 숙성합니다.
맥박이 뛰는 곳이나 속옷에 분사하세요.
심하게 긴장되거나 불안감을 느끼는 상황에 활용하면 좋습니다.

· 디스트레스 퍼퓸 ·

로즈앱솔루트 E. O. 5방울
로즈우드 E. O. 1방울
에탄올 1g

아로마 목걸이에 차례대로 넣고 코르크 마개를 닫은 다음 하루 정도 숙성하여 사용합니다.

· 디스트레스 스팟 ·

호호바골드 오일 10g
스윗오렌지 E. O. 10방울
네롤리 E. O. 5방울

롤온 용기에 담아서 향수 대용으로 맥박이 뛰는 곳에 바르세요. 아이들에게 사용해도 괜찮습니다.

• 디톡스 마사지 오일 •

❶ 호호바골드 오일 10g
시더우드 E. O. 2방울
제라늄 E. O. 1방울

❷ 호호바골드 오일 50g
해바라기씨 오일 50g
그레이프프룻 E. O. 25방울
주니퍼베리 E. O. 15방울
펜넬 E. O. 5방울
로즈마리 버베논 E. O. 10방울

①번은 모두 섞어서 등 부분에 바르고 마사지합니다.
②번은 2가지 오일을 먼저 섞고 4가지 에센셜 오일을
차례대로 넣으면서 섞습니다.
등, 허벅지, 다리 등에 바르고 마사지 해주세요.

• 림프 순환 마사지 오일 •

호호바골드 오일 20g
레몬 E. O. 3방울
로즈마리 버베논 E. O. 2방울
그레이프프룻 E. O. 2방울
제라늄 E. O. 1방울

호호바골드 오일에 에센셜 오일을 차례대로 섞어
완성합니다. 턱 아래, 겨드랑이, 사타구니 등
림프 부분에 바르고 마사지 하세요.

• 숙면 •

라벤더트루 E. O. 1방울

베개에 라벤더트루 에센셜 오일 1방울을 떨어뜨리면
신경 안정 및 불면증 해소에 도움이 됩니다.
은은한 발향을 원한다면 건티슈에 1방울을 떨어뜨려
침대 근처에 두세요.

• 불면증 완화 •

마저럼 E. O. 2방울
스윗오렌지 E. O. 1방울

오일 램프에 2가지 에센셜 오일을 넣고 발향합니다.

• 힐링 목욕 오일 •

일랑일랑 E. O. 1~3방울

욕조에 따뜻한 물을 채우고 1~3방울 정도 넣으면 됩니다.

• 힐링 족욕 솔트 •

히말라야 솔트

따뜻한 눌에 히말리아 솔트 한 줌을 넣고 잘 풀어서 족욕을
합니다. 피로 회복은 물론이며 부종 완화에 아주 좋습니다.
다리 부종이 심하다면 히말라야 솔트에 펜넬 에센셜 오일
1방울 떨어뜨려 족욕하세요.

HOME CARE

• 룸 스프레이 •

에탄올 75g
레몬 E. O. 20방울
티트리 E. O. 10방울
패츌리 E. O. 3방울
정제수 23g

에탄올에 에센셜 오일을 섞은 다음 정제수를 넣고
혼합하여 일주일 정도 숙성 후 사용합니다.
은은한 방향과 살균 및 탈취 효과가 있습니다.

• 침구 스프레이 •

에탄올 40g
티트리 E. O. 20방울
라벤더트루 E. O. 20방울
스윗오렌지 E. O. 20방울
정제수 57g

에탄올에 에센셜 오일을 섞은 다음 정제수를 넣고
혼합하여 일주일 정도 숙성 후 사용합니다.
침구에 뿌린 후 30분 정도 지난 다음 가볍게 털어주세요.

• 해충 퇴치 스프레이 •

❶ 에탄올 40g
시트로넬라 E. O. 20방울
유칼립투스 글로블루스 E. O. 20방울
라벤더트루 E. O. 10방울
정제수 57g

❷ 에탄올 79g
라벤더트루 E. O. 7방울
제라늄 E. O. 5방울
패츌리 E. O. 4방울
시트로넬라 E. O. 4방울
정제수 20g

❸ 에탄올 40g
시트로넬라 E. O. 20방울
유칼립투스 시트리오도라 E. O. 20방울
레몬그라스 E. O. 20방울
정제수 57g

에탄올에 에센셜 오일을 섞은 다음 정제수를 넣고 혼합하여
일주일 정도 숙성 후 사용합니다.
모기를 비롯하여 해충을 쫓는 효과가 있습니다.
방충망과 창문 주변, 외출 시 유모차에 미리 뿌리거나
손수건에 뿌려서 아이들 팔목에 묶어주는 것도
좋은 방법입니다. 피부에 직접 뿌리지는 마세요.

• 탈취 & 살균 스프레이 •

❶ 에탄올 40g
티트리 E. O. 20방울
라벤더트루 E. O. 20방울
레몬 E. O. 20방울
정제수 57g

❷ 에탄올 78g
파인 E. O. 10방울
레몬 E. O. 10방울
티트리 E. O. 10방울
정제수 20g

❸ 에탄올 40g
그레이프프룻 E. O. 10방울
레몬 E. O. 10방울
티트리 E. O. 30방울
정제수 57g

❹ 에탄올 40g
레몬 E. O. 20방울
티트리 E. O. 30방울
라벤더트루 E. O. 10방울
정제수 57g

❺ 에탄올 40g
레몬 E. O. 20방울
사이프러스 E. O. 15방울
티트리 E. O. 10방울
레몬그라스 E. O. 5방울
정제수 57g

에탄올에 에센셜 오일을 섞은 다음 정제수를 넣고 혼합하여
일주일 정도 숙성 후 사용합니다. 오일 띠가 생길 경우
사용 전에 한 번씩 흔들어서 사용하세요.
싱크대 · 화장실 · 베란다 배수구에 적당히 뿌려주세요.
뿌린 후 바로 물을 사용하면 효과가 떨어지니
잠자리에 들기 전에 집안 곳곳에 뿌리면 좋습니다.
살균, 탈취, 공기 정화 효과가 있습니다.

• 집먼지 진드기 스프레이 •

에탄올 50g
시나몬 E. O. 2~3방울
라벤더트루 E. O. 13~14방울
정제수 50g

에탄올에 시나몬 · 라벤더트루 에센셜 오일을 섞은 다음
정제수를 넣고 혼합하여 일주일 정도 숙성 후 사용합니다.
사용 전에 충분히 흔들어 카펫, 침구 위에 뿌리고
1시간 정도 두었다가 가볍게 털어내거나 햇볕에 말려줍니다.
시나몬 향이 싫다면 양을 1~2방울로 줄이면 됩니다.

• 곰팡이 & 악취 제거 •

레몬그라스 E. O.

곰팡이가 있는 곳을 깨끗하게 닦은 다음 레몬그라스 에센셜
오일을 바르면 곰팡이가 다시 생기지 않습니다.
싱크대나 변기 등에 레몬그라스 에센셜 오일을 뿌리면
탈취 효과가 있습니다.

• 곰팡이 제거 스프레이 •

에탄올 40g
티트리 E. O. 20방울
레몬그라스 E. O. 50방울
정제수 56g

에탄올에 에센셜 오일을 섞은 다음 정제수를 넣고 혼합하여
일주일 정도 숙성 후 사용합니다.
화장실, 다용도실, 베란다 등에 곰팡이가 생길 수 있는 곳에
충분히 뿌리고 2시간 정도 지난 후 깨끗이 닦아주세요.
사용 전에는 잘 흔들어주세요.
곰팡이는 물론이며 집먼지 진드기를 없애는 데도
효과적입니다.

• 향수 •

❶ 그레이프프룻 E. O. 1방울

❷ 호호바골드 오일 15g
레몬 E. O. 2방울
스윗오렌지 E. O. 2방울
시더우드 E. O. 1방울

❸ 에탄올 10g
팔마로사 E. O. 20방울
제라늄 E. O. 10방울
로즈앱솔루트 E. O. 1방울
로즈우드 E. O. 1방울
정제수 1g

❹ 에탄올 8g
재스민 E. O. 3방울
로즈앱솔루트 E. O. 2방울
베르가모트 E. O. 3방울
만다린 E. O. 4방울
정제수 1g

①은 손목 또는 소매에 1~2방울 정도 떨어뜨립니다.
민감성피부는 호호바 오일에 희석해서 사용합니다.
②는 롤온 용기에 넣어 사용합니다.
③과 ④는 에탄올에 에센셜 오일을 먼저 섞은 다음
정제수를 넣고 혼합하여 약 2주 동안 숙성 후 사용합니다.

＊정제수가 들어가면 향수 용액이 분리될 수 있습니다.
정제수는 향의 지속력을 높이기 위해 넣는 재료이기 때문에
분리되는 현상이 싫다면 정제수를 빼면 됩니다.

원료 용어 정리

기능성 첨가물

갈락토미세스발효여과물 Galactomyces ferment filtrate :
발효 물질. 보습제, 유연제. 갈락토미세스는 발효 물질이며
그것을 여과해서 유통하는 것이 갈락토미세스발효여과물입니다.

나이아신아마이드 niacinamide : 미백 원료

디메치콘 Dimethicone : 컨디셔닝, 유화제

멘톨 Menthol Crystal : 수렴, 청량감, 소양감 완화

바다포도 Caulerpa lentillifera : 피부 보습, 탄력 증진

보르피린 Voulufiline : 피부 탄력 증진

비피다발효용해물 Bifida ferment lysate :
발효 물질. 보습제, 유연제

세라마이드(수상용) Ceramide 3B DPS : 보습, 피부 장벽 강화

세라마이드(유상용) Ceramide 3B Oil : 보습, 피부 장벽 강화

스쿠알란 Squalane : 피부 유연, 탄력 증진

식물성 플라센터 Vegetable placenta : 보습제, 피부톤 개선

아코마린검 Akomarin Gum :
보습제, 피부 자극 완화, 모 발탄력 증진

아데노신 리포좀 Adenosine liposome :
피부 보습, 재생에 도움을 주는 아미노산효소

알란토인 Allantoin : 보습제, 트러블 진정

알부틴 리포좀 Arbutin liposome :
피부 보습, 피부톤 개선에 도움을 주는 유기화합물

에스피노질리아 추출물 Espinosilla Extract :
탈모 예방, 비듬 예방, 지루성 피부 개선

인프라신 Inflacin : 염증 억제, 혈행 개선, 트러블 진정

쿠퍼펩타이드 Copper-tripepide-1 : 주름 개선, 모발 성장 촉진

트레할로스 추출물 Trehalose extract : 보습제, 세포 활성 도움

AHA Alpha Hydroxy Acid :
피부 보습, 각질 제거, 피부 유연, 미백 도움

BHA Beta Hydroxy Acid : 피지 조절, 피부 유연, 피부 재생 도움

D-판테놀 D-Panthenol : 보습제, 컨디셔닝, 염증 예방, 노화 예방

DPG Dipropylene Glycol : 점도 감소제, 착향제

EGF Epidermal Growth Factor : 표피재생세포인자.보습, 재생 도움

FGF Fibroblast Growth Factor : 섬유아세포증식인자

식물성오일

녹차씨 오일 Camellia Sinensis Seed Oil

달맞이꽃 오일 Oenothera Biennis(Evening Primrose) Oil

동백 오일 Camellia Japonica Seed Oil

라즈베리시드 오일 Rubusldaeus(raspberry) Seed Oil

로즈힙 오일 Rosa Canina Fruit Oil

로즈힙 오일 정제 Rosa Canina Fruit Oil(refine)

바오밥 오일 Adansonia Digitata Seed Oil

살구씨 오일 Prunus Armeniaca(Apricot) Kernel Oil

석류씨 오일 Punica Granatum Seed Oil

스윗아몬드 오일 Prunus Amygdalus Dulcis (Sweet Almond) Oil

시벅턴 오일 Hippophae Rhamnoides Fruit Oil

아르간 오일 Argania Spinosa Kernel Oil

아보카도 오일 Persea Gratissima(Avocado) Oil

에뮤 오일 Emu Oil

엑스트라버진코코넛 오일 Cocos Nucifera(Coconut) Oil

연꽃 오일 Nelumbium Speciosum Flower Extract (and) Olea
Europaea(Olive) Fruit Oil (and) Tocopherol

버진올리브 오일 Olea Europaea(Olive) Fruit Oil

올리브에스테르 오일 Ethylhexyl Olivate

올리브퓨어 오일 Olea Europaea(Olive) Fruit Oil (Refine)

워터아르간 오일 Hydrogenated Lecithin (and) Argania Spinosa
Kernel Oil (and) Glycerin (and) Water

워터호호바 오일 Hydrogenated Lecithin (and) Simmondsia Chinensis(Jojoba) Seed Oil (and) Glycerin (and) Water

윗점 오일 Wheat Germ Oil

카렌듈라 오일 Glycine Soja(Soybean) Oil

코코넛 오일 Cocos Nucifera(Coconut) Oil (Refine)

콜드포도씨 오일 Vitis Vinifera(Grape) Seed Oil

팜 오일 Elaeis Guineensis(Palm) Oil

포도씨 오일 Vitis Vinifera(Grape) Seed Oil(Refine)

해바라기씨 오일 Helianthus Annuus(Sunflower) Seed Oil

햄프시드 오일 Cannabis Sativa Seed Oil

헤이즐넛 오일 Corylus Avellana(Hazelnut) Seed Oil

호호바골드 오일 Simmondsia Chinensis(Jojoba) Seed Oil

호호바 오일 정제 Simmondsia Chinensis(Jojoba) Seed Oil (Refine)

보습제

글리세린 Refined Glycerine : 보습제

리피듀어 Lipidure-PMB-DK : 고보습제

모이스트24 Moist24) : 보습제

히아루론산1% Hyaluronic acid 1% : 보습제

IPM Isopropyl Myristate : 보습제, 습윤제

버터류

망고 버터 MangiferaIndica(Mango) Seed Butter

시어 버터 Butyrospermum Parkii(Shea) Butter

코코아 버터 Theobroma Cacao(Cocoa) Seed Butter

햄프시드 버터 Cannabis Sativa Seed Oil (and) Hydrogenated Vegetable Oil (and) Butyrospermum Parkii(Shea) Butter

유화제 / 유화보조제 / 점증제 / 계면활성제

글루카메이트 PEG-120 Methyl Glucose Dioleate : 점증제

세틸알콜 Cetyl Alcohol : 보조 유화제

올리브 유화왁스 Olivem 1000 : 유화제

이멀시파잉 왁스 Emulsifying wax : 유화제

잔탄검 Xanthan Gum : 유화제, 점증제

카보머프리젤 Carbomer 980 : 점증제

코코베타인 Cocamidopropyl Betaine : 계면활성제

트렌젤 Olive oil & Silica &Tocopheryl Acetate : 오일 점증제

폴리쿼터 Polyquarternium-10 : 점증제, 유화제

CDE Cocamide DEA : 계면활성제, 점증제

GMS Glyceryl Monostearate : 보조 유화제, 보습제

LES Sodium Laureth Sulfate : 계면활성제

RMA Flocare ET 76 : 점증 유화제

방부제

나프리 FI IRQ-NApre : 한방방부제

멀티나트로틱스 Naturotics : 한방방부제

에코프리 Ecofree : 한방방부제

인디가드 IndiGuard-N : 한방방부제

INDEX.

ㄱ

감초 추출물   118
거실용 룸 스프레이   286
건성 모발을 위한 비니거 린스   144
건성 피부를 위한 페이스 오일   94
계면활성제   23, 141
곡물 바디 스크럽   115
곰팡이 제거 페브리즈   288
곰팡이 제거   288, 312, 313
공기 청정 디퓨저   269
공기 청정 페브리즈   288
과일산   254
과일산 코 스크럽   255
과일산 클렌징 스킨   256
과일산 풋 스크럽   255
관절염 완화   306
그린티 클렌징 버터   49
그린티 클렌징 크림   48
그린티시드 클렌징 오일   24
글루카메이트   116
리세릴모노스테아레이트   33
기관지염 완화   304
기능성 첨가물   22, 75
근육통 완화   305

ㄴ

나이트 모이스처 크림   86
내추럴 모이스처 미스트   54
네롤리 에센셜 오일   83, 205
노 스모킹 페브리즈   288
녹차   25
니아울리 에센셜 오일   213

ㄷ

단호박 팩   104
달맞이꽃 오일   165
대상포진 연고   305
데오도란트 롤온   152
데오도란트 스틱   152
동백 오일   146
동백 헤어 린스   145
동백 헤어 에센스   146
두통 완화   304
두피 에센스   136
디메치콘   145
디스트레스 거실 스프레이   240
디스트레스 디퓨저   266
디스트레스 룸 스프레이   286
디스트레스 베딩 스프레이   287
디스트레스 스팟   308
디스트레스 퍼퓸   308
디톡스 마사지 오일   309
디톡스 족욕 솔트   148

ㄹ

라놀린 버터   184
라벤더트루에센셜 오일   195
라즈베리   98
락토바실러스 발효여과물   251
락토바실러스 발효여과물 보습 에센스
                                252
락토바실러스 발효여과물 세럼   252
락토바실러스 발효여과물 스킨   253
레몬 데오도란트 스프레이   151
레몬 에센셜 오일
                151, 205, 238, 285
레몬그라스 에센셜 오일   153

레인보우 캔들   273
레티놀   84
레티놀 아이 크림   84
로즈 립글로스   183
로즈 립밤   179
로즈 바디 클렌저   119
로즈 비니거 린스   143
로즈 아로마 디퓨저   265
로즈 워터   27, 54, 56, 183
로즈 워터 토너   56
로즈 클렌저   45
로즈마리 추출물   134
로즈앱솔루트 에센셜 오일   97
로즈우드 에센셜 오일   97, 153
로즈힙 오일   86, 257, 258, 259
롬브로단로   274
룸 스프레이   285, 311
리커버리 스팟   99
릴랙싱 바스 솔트   147
림프 순환 마사지 오일   309
링클 스팟   96

ㅁ

마린콜라겐   61
마린콜라겐 탄력 에센스   229
마린콜라겐 보습 에센스   230
마린콜라겐 세럼   231
마유   78
마유 크림   78
마유 페이스 오일   92
마일드 로우 푸   140
마일드 젤 바디 클렌저   116
마일드 핸드 클렌저   196
막걸리 발효액   91

만성 아토피 연고 300
망고 200
망고 립글로스 184
망고 핸드 버터 200
멀미 완화 306
맨즈 올인원 크림 174
멘톨 175
명상 308
모기 퇴치 스프레이 194
모이스처 바디 로션 121
모이스처 바디 오일 128
모이스처 클렌징 오일 44
무좀 연고 207
무좀 예방 307
미강 분말 115

ⓗ
바다포도 65, 91
바디 리프팅 오일 129
바디 미스트 298
바오밥 나무 80
바오밥 크림 80
발꿈치, 팔꿈치 톤업 팩 252
발효 브라이트닝 앰플 90
배앓이 306
버물리 연고 307
버블 블랙슈거 스크럽 113
벌레 물림 307
베이비 땀띠 스프레이 162
베이비 마사지 오일 160
베이비 모이스처 로션 161
베이비 올인원 샤워젤 300
베이비 올인원 워시 159
베이시 루우 푸 139
베이식 아로마 캔들 270
변비 완화 오일 307
병풀 추출물 83, 139
보르피린 33
보르피린 크림 32
보르피린 화이트닝 에센스 68
보습 세안 294

보습 크림 293
보습 클렌징 294
불면증에 좋은 디퓨저 269
불면증 완화 309
브로콜리 추출물 240
브로콜리 솔트 미온수 241
브로콜리 크림 243
브로콜리 톤업 스팟 242
브로콜리 항산화 미스트 241
블랙차콜 아토피 클렌저 166
블랙차콜 폼 클렌저 51
비염 디퓨저 303
비염 완화 303
비피다 발효용해물 72
비피다 에센스 72

ⓢ
사랑을 부르는 디퓨저 269
살구씨 107
살구씨 오일 46
살구씨 팩 107
살균 스프레이 352
살균 페브리즈 288
생리통 완화 302
서머 워터 핸드 로션 203
서머쿨링 바디 워시 173
서시 101
석고 방향제 282
석류 로션 62
석류씨 오일 62
선번 밤 212
성인용 디스트레스 베딩 스프레이 287
성인용 안티버그 자운고 연고 189
성인용 여드름 연고 188
벨튤라이트 제거 298
소이 왁스 271
소화 촉진 디퓨저 306
속눈썹 영양 295
솔잎 콜라겐 로션 61
수상층 22, 75, 89, 141, 233
숙면 309

숯 분말 51
스윗아몬드 오일 44, 179, 205
스윗아몬드 크림 85
스윗오렌지 에센셜 오일 122
스쿠알란 바디 밤 124
스쿠알란 바디 크림 123
스트레스 덜어주는 디퓨저 269
스트레스 완화 마사지 오일 308
스트레스 완화 스프레이 308
슬리핑 팩 294
슬림 바디 로션 122
습진 완화 299
시나몬 에센셜 오일 진드기 스프레이
                                        195
시나몬 오일 195
시벅턴 오일 65, 79
시벅턴 크림 79
시벅턴 페이스 오일 92
시어버터 121, 161, 244
시어버터 고보습 크림 245
시어버터 습진 케어 크림 245
시어버터 핸드 로션 246
식물성 스쿠알란 123
식물성 오일 23
식물성 플라센터 68, 236
식물성 플라센터 재생 스킨 237
식물성 플라센터 브라이트닝 스킨 238
식물성 플라센터 스킨 237
식물성 플라센터 재생 크림 239
실크아미노산 144, 203
심플 바디 클렌저 118
심플 핸드 클렌저 196

ⓞ
아데노신 리포좀 83
이로마 네크리스 278
아로메이드 베이스 326
아르간 오일 74, 97, 176
아보카도 오일 63, 161
아이 리무버 오일 46
아이의 숙면을 위한 바스피즈 148

317

아카시아 콜라겐　73
아쿠아 시어 버터　202
아쿠아 시어버터 핸드 로션　202
아토 마사지 버터　170
아토 자운고 롤온　170
아토 자운고 크림　168
아토 클렌징 오일　165
아토피(만성) 연고　340
아토프리 파우더　167
아토프리 파우더 로션　167
안티버그 연고　193
안티버그 오일　190
안티버그 자운고 연고　189
안티에이징 페이스 오일　293
알란토인　162
알로에　77
알로에베라 겔　248
알로에 수분 크림　77, 249
알로에 풋 팩　249
알로에 한방 크림　250
알로에 화이트닝 에센스　67
알부틴　67
애플 계면활성제　51, 159
야외용 안티 버그　194
어깨 결림 완화　305
어성초　168
에뮤 오일　211
에뮤 재생 밤　211
에스피노질리아　135, 176
에탄올　23, 53, 326
엑스트라버진코코넛 오일
　　　　　　　219, 220, 222
여드름 스팟　186, 295
여드름 연고　188
여드름 자운고 롤온　185
여드림 진정　294
여성청결제　302
연꽃 오일　44
영양 스킨　293
예민한 아기 아로마케어　301
오일 풀링　303
오트밀　106
오트밀 팩　106

옥수수 전분　153
올리브 계면활성제　116
올리브 버터　199
올리브 오일　128
올리브 오일 팩　103
올리브 핸드 크림　199
올리브에스테르 오일　184
요가　308
워터 캔들　275
워터아르간 오일　58
워터아르간 토너　58
워터 타입 비니거 린스　143
워터호호바 에센스　28
워터호호바 오일　29
윈터 모이스처 로션　63
유기농 로즈힙 보디 워터　258
유기농 로즈힙 오일　257
유기농 로즈힙 오일 세럼　259
유기농 로즈힙 페이스 오일　258
유상층　22, 88
유아 베딩 스프레이　287
유아용 모기 퇴치 스프레이　301
유아용 비염 오일　301
유아용 안티버그 연고　193
유칼립투스　97
유칼립투스 에센셜 오일　213
유화제　23, 89
인퓨즈드 오일　188
인프라신　185
입술 포진 완화 오일　295
입욕제　298

ㅈ
자운고 오일　171, 189
자음단 추출물　119
잠투정 아기 아로마케어　301
전신 마사지　298
점증제　75
정제수　22
제라늄 에센셜 오일　129
주름 방지　294

지성 피부를 위한 페이스 오일　95
지성 피부용 올인원 크림　174
진드기 스프레이　195
질염 예방　302
집먼지 진드기 스프레이　312
집중력 향상 액상 캔들　275
집중력을 높이는 디퓨저　269

ㅊ
창포 추출물　145, 175
천연 분말　23
천연 색소　281
첨가물　22, 89, 141
청소년 베딩 스프레이　287
초강력 안티 버그　194
초강력 진드기 스프레이　195
침구 스프레이　311

ㅋ
카렌듈라 인퓨즈드 오일　188
카렌듈라 추출물　56
카보머　198
카보머프리젤 핸드 클렌저　198
캐모마일 워터　53
캐모마일저먼 에센셜 오일　190
캐모마일저먼 워터 미스트　53
캐모마일저먼블루 워터　159
캐비어　84
커피 가루　114
커피 바디 스크럽　114
코막힘　303
코막힘 밤　213
코엔자임　224
코엔자임 리프팅 스팟　225
코엔자임 아이 워터 팩　226
코엔자임 워터 세럼
코엔자임Q10　55
코엔자임Q10 토너　55
코코넛 립밤　180

코코넛 만능 크림 220
코코넛 밤 221
코코넛 버터 크림 222
코코넛 오일 140, 180, 218, 223
코코넛 크림 218
코코넛 헤어 팩 223
콘스타치 153
콜드포도씨 오일 43
콜드포도씨 클렌징 오일 43
콜라겐 228
콜라겐 에센스 73
쿠퍼펩타이드 134
쿠퍼펩타이드 샴푸 134
쿨링 두피 에센스 176
쿨링 밤 178
쿨링 샴푸 175
큐티클 밤 204
큐티클 오일 204
큐티클 크림 299
크레파스 캔들 274
크리스탈 볼 281
크리스탈 볼 방향제 281
크리스탈 솔트 147, 148
크리스탈 팜 왁스 274

탈모 방지 두피 에센스 297
탈모 샴푸 135
탈취 스프레이 312
토마토 추출물 53
통풍 완화 306
트러블 두피 샴푸 297
트러블 스팟 96
트렌셀 103
튼살 방지 299
티트리 97
티트리 에센셜 오일 151, 186, 285

팔꿈치,발꿈치 톤 업 팩 252
팔마로사 에센셜 오일 129
퍼펙트 솔루션 로션 30
퍼펙트 솔루션 에센스 74
퍼퓸 277
퍼퓸 롤온 277
퍼퓸 샴푸 133
페브리즈 288
페이스 오일 293
페퍼민트 에센셜 오일 173
펜넬 에센셜 오일 122
편두통 롤온 304
편백 워터 162
폐경기 마사지 오일 302
포도씨 오일 113, 127
풋 밤 208
풋 스프레이 206
풋 오일 206
풋 크림 209
프랑킨센스 에센셜 오일 124
프래그런스 오일 133, 219
프레시 워터 미스트 27
프레시 워터 토너 26
플레이버 오일 23, 219
플로럴 워터 59, 65
피부에 분사하는 안티버그 194
피부 열감 저하 299
피부 재생 페이스 오일 293
피부 타입별 맞춤 수분 크림 249
피토 갈락토미세스 71
피토 갈락토미세스 앰플 90
피토 갈락토미세스 에센스 71

하수오 133
하수오 추출물 175
한방 샴푸 130
한방 필링젤 101
해바라기씨 오일 179
해열 시트 304

해충 퇴치 스프레이 311
향수 313
향수 블렌딩 233
헤나 비니거 린스 144
헤나 추출물 144
헤어 에센스 297
헤이즐넛 오일 188
헴프시드 로션 66
헴프시드 오일 66
호호바 오일 25, 95, 121, 160, 205
호흡기 강화 304
호흡기 질환 목욕 솔트 304
화농성 여드름 완화 295
화상 305
화이트닝 바디 밤 127
화이트닝 스팟 98
환절기 목욕 오일 305
흉터 완화 299
흑설탕 113
히아루론산 232
히아루론산 세럼 234
히아루론산 스크럽 235
히아루론산 진정 워터 233
히아루론산 크림 233
힐링 목욕 오일 309
힐링 족욕 솔트 309

3%로즈호호바오일 에센셜 오일 45, 83
AHA 추출물 102, 115
BHA 추출물 101
BHA 필링젤 102
DPG 231
DPG 317
D-판테놀 135
FGF 31, 65, 83
FGF 로션 64
FGF 리페어 아이 크림 83
F.O. 133, 219, 265, 273
FL.O. 265
GMS 33
HCO 60 288
RMA 185

◐○○

그린티시드 클렌징 오일 24
프레시 워터 토너 26
워터호호바 에센스 28
콜드포도씨 클렌징 오일 43
모이스처 클렌징 오일 44
로즈 클렌저 45
아이 리무버 오일 46
블랙차콜 폼 클렌저 51
캐모마일저먼 워터 미스트 53
내추럴 모이스처 미스트 54
코엔자임Q10 토너 55
로즈 워터 토너 56
워터아르간 토너 58
알로에 화이트닝 에센스 67
피토 갈락토미세스 에센스 71
비피다 에센스 72
알로에 수분 크림 77
발효 브라이트닝 앰플 90
피토 갈락토미세스 앰플 90
시벅턴 페이스 오일 92
건성 피부를 위한 페이스 오일 94
지성 피부를 위한 페이스 오일 95
트러블 스팟 96
링클 스팟 96
화이트닝 스팟 98
리커버리 스팟 99
올리브 오일 팩 103
단호박 팩 104
오트밀 팩 106
살구씨 팩 107
커피 바디 스크럽 114
곡물 바디 스크럽 115
심플 바디 클렌저 118
로즈 바디 클렌저 119
모이스처 바디 오일 128

바디 리프팅 오일 129
퍼퓸 샴푸 133
쿠퍼펩타이드 샴푸 134
두피 에센스 136
로즈 비니거 린스 143
헤나 비니거 린스 144
동백 헤어 에센스 146
릴랙싱 바스 솔트 147
디톡스 족욕 솔트 148
레몬 데오도란트 스프레이 151
데오도란트 롤온 152
베이비 마사지 오일 160
베이비 땀띠 스프레이 162
아토 클렌징 오일 165
블랙차콜 아토피 클렌저 166
아토 자운고 롤온 170
여드름 스팟 186
여드름 연고 188
안티버그 오일 190
모기 퇴치 스프레이 194
진드기 스프레이 195
심플 핸드 클렌저 196
마일드 핸드 클렌저 196
카보머프리젤 핸드 클렌저 198
아쿠아 시어버터 핸드 로션 202
서머 워터 핸드 로션 203
큐티클 오일 204
풋 오일 206
풋 스프레이 206
코코넛 헤어 팩 223
코엔자임 리프팅 스팟 225
히아루론산 크림 233
히아루론산 진정 워터 233
히아루론산스크럽 235
식물성 플라센터 스킨 237
식물성 플라센터 미백 스킨 237

식물성 플라센터 브라이트닝 스킨 238
브로콜리 솔트 미온수 241
브로콜리 항산화 미스트 241
브로콜리 톤 업 스팟 242
시어버터 고보습 크림 245
시어버터 습진 케어 크림 245
초간단 알로에 수분 크림 249
피부 타입별 맞춤 수분 크림 249
초간단 알로에 풋 팩 249
알로에 한방 크림 250
락토바실러스 발효여과물 세럼 252
락토바실러스 발효여과물 보습 에센스 252
팔꿈치, 발꿈치 톤 업 팩 252
락토바실러스 발효여과물 스킨 253
과일산 코 스크럽 255
과일산 풋 스크럽 255
과일산 클렌징 스킨 256
유기농 로즈힙 페이스 오일 258
유기농 로즈힙 보디 워터 258
유기농 로즈힙 오일 세럼 259
로즈 아로마 디퓨저 265
디스트레스 디퓨저 266
워터 캔들 275
퍼퓸 277
아로마 네크리스 278
크리스탈 볼 방향제 281
석고 방향제 282
룸 스프레이 285
디스트레스 룸 스프레이 286
디스트레스 베딩 스프레이 287
페브리즈 288

◆◆◇

그린티 클렌징 버터　49
보르피린 화이트닝 에센스　68
마유 페이스 오일　92
한방 필링젤　101
BHA 필링젤　102
버블 블랙슈거 스크럽　113
마일드 젤 바디 클렌저　116
스쿠알란 바디 밤　124
화이트닝 바디 밤　127
한방 샴푸　130
탈모 샴푸　135
베이식 로우 푸　139
데오도란트 스틱　152
베이비 올인원 워시　159
아토 마사지 버터　170
서머쿨링 바디 워시　173
쿨링 샴푸　175
쿨링 두피 에센스　176
쿨링 밤　178
로즈 립밤　179
코코넛 립밤　180
로즈 립글로스　183
망고 립글로스　184
여드름 자운고 롤온　185
안티버그 자운고 연고　189
안티버그 연고　193
망고 핸드 버터　200
큐티클 밤　204
풋 밤　208
에뮤 재생 밤　211
선번 밤　213
코막힘 밤　213
코코넛 크림　219
코코넛 만능 크림　220
코코넛 밤　221
코코넛 버터 크림　222

코엔자임 아이 워터 팩　226
코엔자임 워터 세럼　227
마린콜라겐 탄력 에센스　229
마린콜라겐 보습 에센스　230
히아루론산 세럼　234
식물성 플라센터 재생 크림　239
브로콜리 크림　243
베이식 아로마 캔들　270
크레파스 캔들　274

◆◆◆

퍼펙트 솔루션 로션　30
보르피린 크림　32
그린티 클렌징 크림　48
솔잎 콜라겐 로션　61
석류 로션　62
윈터 모이스처 로션　63
FGF 로션　64
헴프시드 로션　66
콜라겐 에센스　73
퍼펙트 솔루션 에센스　74
마유 크림　78
시벅턴 크림　79
바오밥 크림　80
FGF 리페어 아이 크림　83
레티놀 아이 크림　84
스윗아몬드 크림　85
나이트 모이스처 크림　86
모이스처 바디 로션　121
슬림 바디 로션　122
스쿠알란 바디 크림　123
마일드 로우 푸　140
동백 헤어 린스　145
베이비 모이스처 로션　161
아토프리 파우더 로션　167
아토 자운고 크림　168
맨즈 올인원 크림　174
올리브 핸드 크림　199
풋 크림　209
마린콜라겐 세럼　231
시어버터 핸드 로션　246
레인보우 캔들　273

고르고 고른
천연 화장품
레시피

펴낸 날 초판   2016년 9월 8일
        개정 3쇄 2023년 1월 20일

지은이 채병제 · 채은숙 · 김근섭
펴낸이 김민경

편집 · 진행 최유리
디자인 이윤임(디자인아임)
사진 기성율(키 스튜디오)
스타일링 김수경(스튜디오 잇다)

펴낸곳 팬앤펜(pan.n.pen)
출판등록 제307-2015-17호
주소 서울 성북구 삼양로43 IS빌딩 201호
전화 02-6384-3141 팩스 0507-090-5303
이메일 panpenpub@gmail.com
SNS @pan_n_pen

문의 내용과 레시피(070-8983-1920), 구입(팬앤펜 02-6384-3141)
ISBN 979-11-958828-7-8 13590
값 22,000원